수학 좀 한다면

디딤돌 초등수학 원리 5-2

펴낸날 [개정판 1쇄] 2025년 2월 18일 | **펴낸이** 이기열 | **펴낸곳** (주)디딤돌 교육 | **주소** (03972) 서울특별시 마포구 월드컵북로 122 청원선와이즈타워 | **대표전화** 02-3142-9000 | **구입문의** 02-322-8451 | **내용문의** 02-323-9166 | **팩시밀리** 02-338-3231 | **홈페이지** www.didimdol.co.kr | **등록번호** 제10-718호 | 구입한 후에는 철회되지 않으며 잘못 인쇄된 책은 바꾸어 드립니다.

내 실력에 딱!
최상위로 가는 '맞춤 학습 플랜'

STEP 1 On-line

나에게 맞는 공부법은?
맞춤 학습 가이드를 만나요.

교재 선택부터 공부법까지! 디딤돌에서 제공하는 시기별 맞춤 학습 가이드를 통해 아이에게 맞는 학습 계획을 세워 주세요. (학습 가이드는 디딤돌 학부모카페 '맘이가'를 통해 상시 공지합니다. cafe.naver.com/didimdolmom)

STEP 2 Book

맞춤 학습 스케줄표
계획에 따라 공부해요.

교재에 첨부된 '맞춤 학습 스케줄표'에 맞춰 공부 목표를 달성합니다.

STEP 3 On-line

이럴 땐 이렇게!
'맞춤 Q&A'로 해결해요.

궁금하거나 모르는 문제가 있다면, '맘이가' 카페를 통해 질문을 남겨 주세요. 디딤돌 수학쌤 및 선배맘님들이 친절히 답변해 드립니다.

STEP 4 Book

다음에는 뭐 풀지?
다음 교재를 추천받아요.

학습 결과에 따라 후속 학습에 사용할 교재를 제시해 드립니다. (교재 마지막 페이지 수록)

★ 디딤돌 플래너 만나러 가기

디딤돌 초등수학 원리 5-2

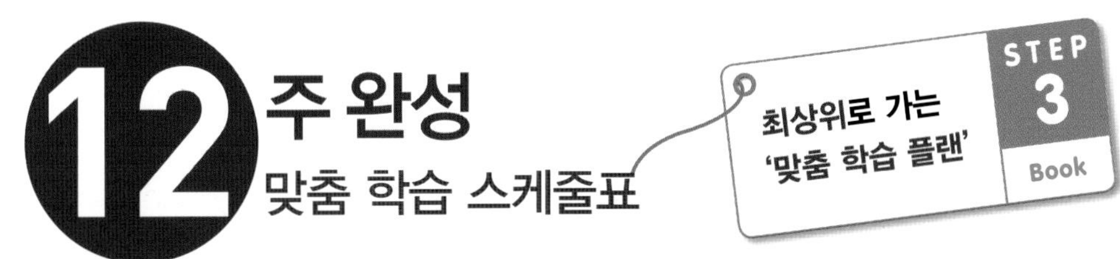

여유를 가지고 깊이 있게 한 학기 과정을 완성할 수 있도록 설계하였습니다.
학기 중 교과서와 함께 공부하고 싶다면 주 5일 12주 완성 과정을 이용해요.

공부한 날짜를 쓰고 하루 분량 학습을 마친 후, 부모님께 확인 check ☑를 받으세요.

1 수의 범위와 어림하기									
1주 월 일	월 일	월 일	월 일	월 일	2주 월 일	월 일	월 일	월 일	월 일
8~9쪽	10~11쪽	12~13쪽	14~16쪽	17~19쪽	20~21쪽	22~23쪽	24~25쪽	26~28쪽	29~30쪽

1 수의 범위와 어림하기		2 분수의 곱셈							
3주 월 일	월 일	월 일	월 일	월 일	4주 월 일	월 일	월 일	월 일	월 일
31~32쪽	33~35쪽	38~39쪽	40~41쪽	42~44쪽	45~47쪽	48~49쪽	50~51쪽	52~53쪽	54~57쪽

2 분수의 곱셈			3 합동과 대칭						
5주 월 일	월 일	월 일	월 일	월 일	6주 월 일	월 일	월 일	월 일	월 일
58~60쪽	61~62쪽	63~65쪽	68~69쪽	70~71쪽	72~73쪽	74~76쪽	77~78쪽	79~80쪽	81~82쪽

3 합동과 대칭	4 소수의 곱셈								
7주 월 일	월 일	월 일	월 일	월 일	8주 월 일	월 일	월 일	월 일	월 일
83~85쪽	88~89쪽	90~91쪽	92~94쪽	95~97쪽	98~99쪽	100~101쪽	102~103쪽	104~105쪽	106~108쪽

4 소수의 곱셈			5 직육면체						
9주 월 일	월 일	월 일	월 일	월 일	10주 월 일	월 일	월 일	월 일	월 일
109~111쪽	112~114쪽	115~117쪽	120~121쪽	122~123쪽	124~125쪽	126~128쪽	129~130쪽	131~132쪽	133~134쪽

5 직육면체		6 평균과 가능성							
11주 월 일	월 일	월 일	월 일	월 일	12주 월 일	월 일	월 일	월 일	월 일
135~136쪽	137~139쪽	142~143쪽	144~145쪽	146~147쪽	148~149쪽	150~152쪽	153~154쪽	155~157쪽	158~160쪽

효과적인 수학 공부 비법

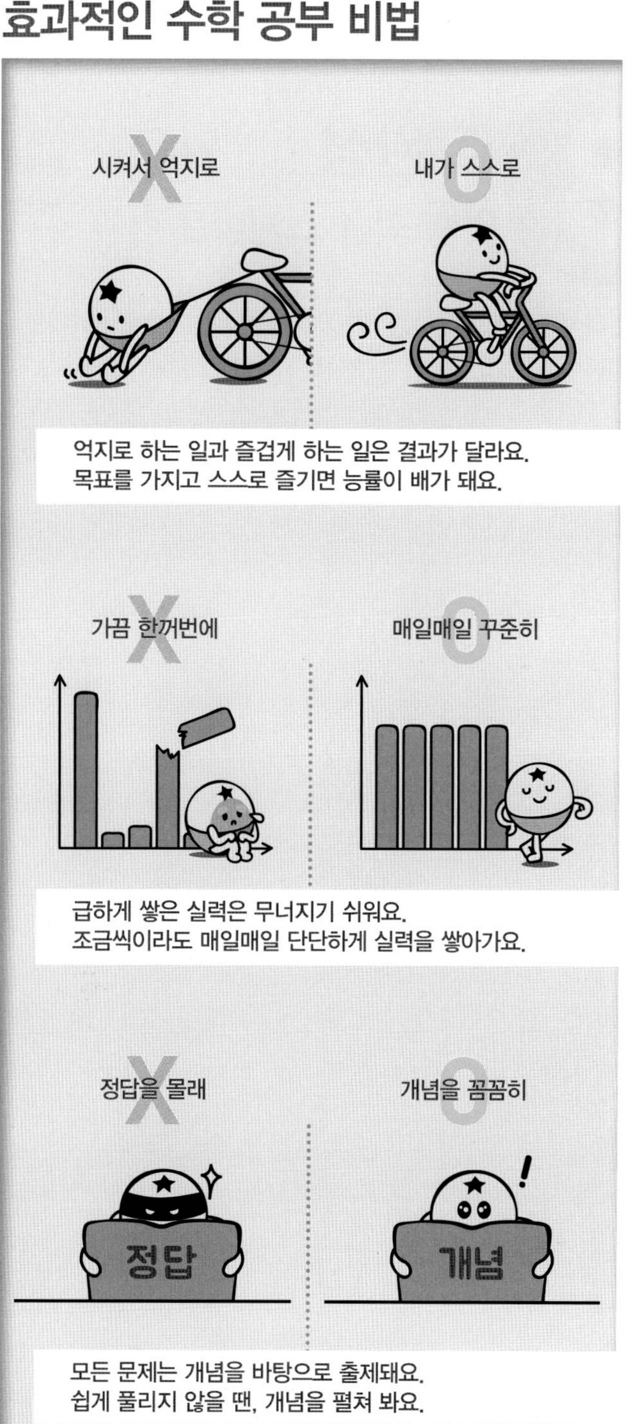

왜 틀렸는지 알아야 다시 틀리지 않겠죠?
틀린 문제와 어림짐작으로 맞힌 문제는 꼭 다시 풀어 봐요.

자르는 선

디딤돌 초등수학 원리 5-2

짧은 기간에 집중력 있게 한 학기 과정을 완성할 수 있도록 설계하였습니다.
방학 때 미리 공부하고 싶다면 주 5일 8주 완성 과정을 이용해요.

공부한 날짜를 쓰고 하루 분량 학습을 마친 후, 부모님께 확인 check ☑를 받으세요.

1 수의 범위와 어림하기							2 분수의 곱셈		
1주 ☐ 월 일	☐ 월 일	☐ 월 일	☐ 월 일	☐ 월 일	2주 ☐ 월 일	☐ 월 일	☐ 월 일	☐ 월 일	☐ 월 일
8~11쪽	12~15쪽	16~19쪽	20~23쪽	24~28쪽	29~32쪽	33~35쪽	38~41쪽	42~45쪽	46~49쪽

2 분수의 곱셈				3 합동과 대칭					
3주 ☐ 월 일	☐ 월 일	☐ 월 일	☐ 월 일	☐ 월 일	4주 ☐ 월 일	☐ 월 일	☐ 월 일	☐ 월 일	☐ 월 일
50~53쪽	54~58쪽	59~62쪽	63~65쪽	68~71쪽	72~73쪽	74~76쪽	77~79쪽	80~82쪽	83~85쪽

4 소수의 곱셈								5 직육면체	
5주 ☐ 월 일	☐ 월 일	☐ 월 일	☐ 월 일	☐ 월 일	6주 ☐ 월 일	☐ 월 일	☐ 월 일	☐ 월 일	☐ 월 일
88~91쪽	92~95쪽	96~98쪽	99~101쪽	102~105쪽	106~110쪽	111~114쪽	115~117쪽	120~123쪽	124~127쪽

5 직육면체				6 평균과 가능성					
7주 ☐ 월 일	☐ 월 일	☐ 월 일	☐ 월 일	☐ 월 일	8주 ☐ 월 일	☐ 월 일	☐ 월 일	☐ 월 일	☐ 월 일
128~130쪽	131~133쪽	134~136쪽	137~139쪽	142~145쪽	146~149쪽	150~152쪽	153~154쪽	155~157쪽	158~160쪽

MEMO

효과적인 수학 공부 비법

억지로 하는 일과 즐겁게 하는 일은 결과가 달라요.
목표를 가지고 스스로 즐기면 능률이 배가 돼요.

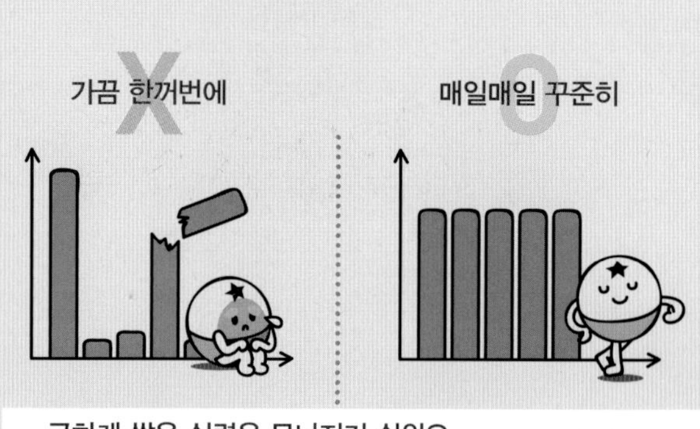

급하게 쌓은 실력은 무너지기 쉬워요.
조금씩이라도 매일매일 단단하게 실력을 쌓아가요.

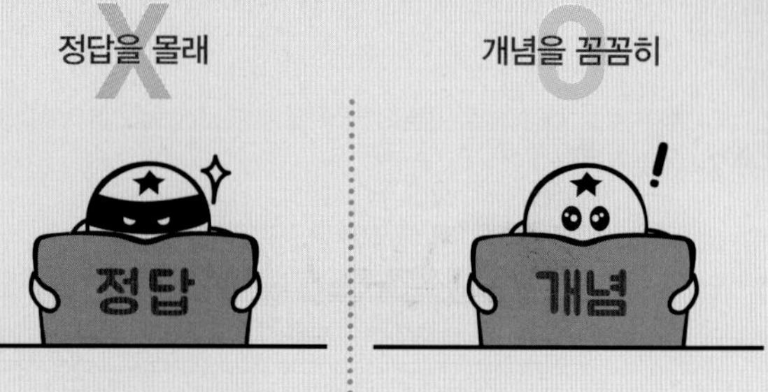

모든 문제는 개념을 바탕으로 출제돼요.
쉽게 풀리지 않을 땐, 개념을 펼쳐 봐요.

왜 틀렸는지 알아야 다시 틀리지 않겠죠?
틀린 문제와 어림짐작으로 맞힌 문제는 꼭 다시 풀어 봐요.

자르는 선 ✂

수학 좀 한다면

디딤돌

초등수학 원리

상위권을 향한 첫걸음

5-2

교과서의 핵심 개념을 한눈에 이해하고

교과서 개념

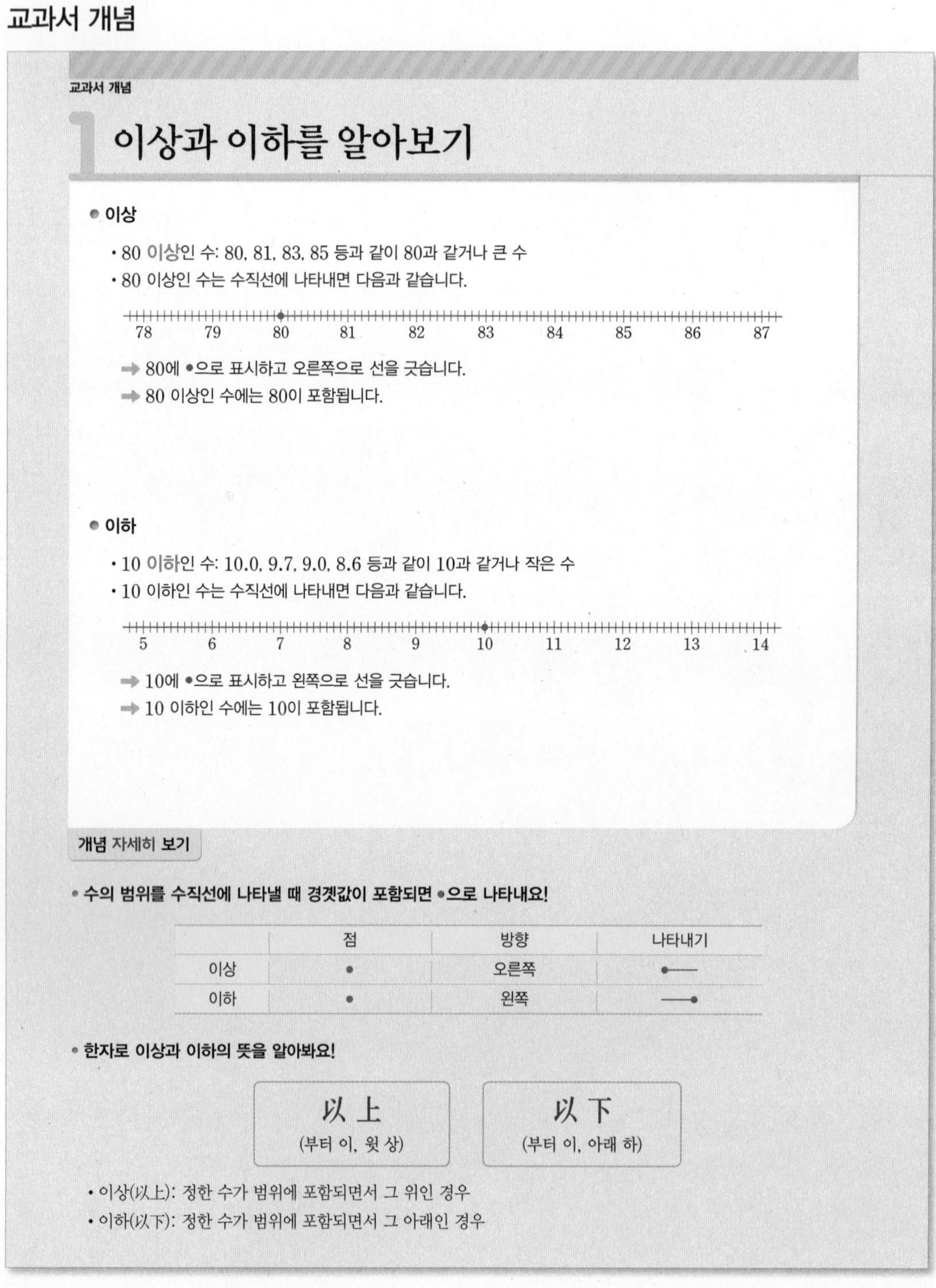

교과서 개념

1 이상과 이하를 알아보기

● 이상

- 80 이상인 수: 80, 81, 83, 85 등과 같이 80과 같거나 큰 수
- 80 이상인 수는 수직선에 나타내면 다음과 같습니다.

78 79 80 81 82 83 84 85 86 87

➡ 80에 ●으로 표시하고 오른쪽으로 선을 긋습니다.
➡ 80 이상인 수에는 80이 포함됩니다.

● 이하

- 10 이하인 수: 10.0, 9.7, 9.0, 8.6 등과 같이 10과 같거나 작은 수
- 10 이하인 수는 수직선에 나타내면 다음과 같습니다.

5 6 7 8 9 10 11 12 13 14

➡ 10에 ●으로 표시하고 왼쪽으로 선을 긋습니다.
➡ 10 이하인 수에는 10이 포함됩니다.

개념 자세히 보기

- 수의 범위를 수직선에 나타낼 때 경곗값이 포함되면 ●으로 나타내요!

	점	방향	나타내기
이상	●	오른쪽	●—
이하	●	왼쪽	—●

- 한자로 이상과 이하의 뜻을 알아봐요!

以上 (부터 이, 윗 상)

以下 (부터 이, 아래 하)

- 이상(以上): 정한 수가 범위에 포함되면서 그 위인 경우
- 이하(以下): 정한 수가 범위에 포함되면서 그 아래인 경우

쉬운 유형의 문제를 반복 연습하여 기본기를 강화하는 학습

기본기 강화 문제

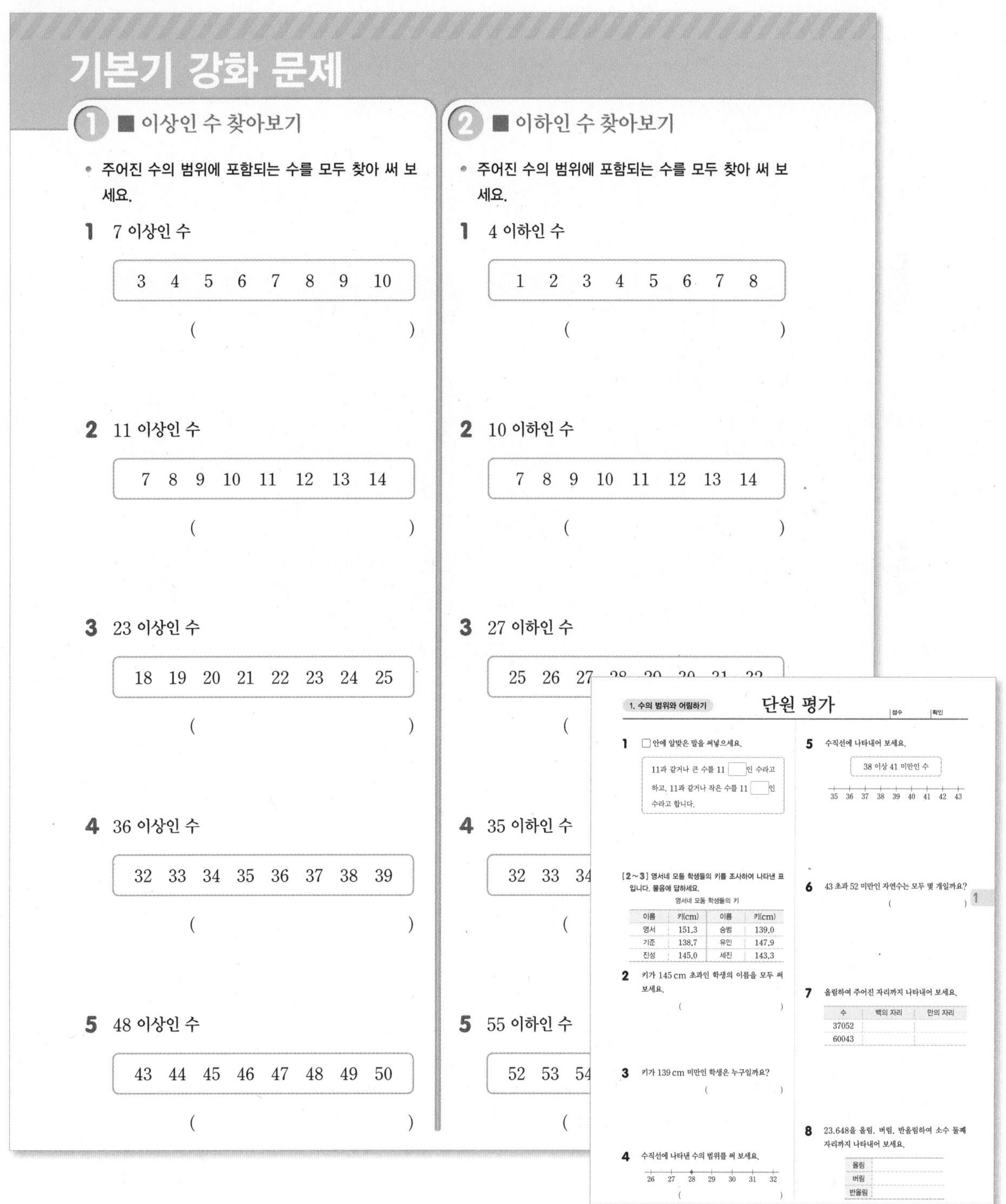

기본기 강화 문제

① ■ 이상인 수 찾아보기

• 주어진 수의 범위에 포함되는 수를 모두 찾아 써 보세요.

1 7 이상인 수

3 4 5 6 7 8 9 10

( )

2 11 이상인 수

7 8 9 10 11 12 13 14

( )

3 23 이상인 수

18 19 20 21 22 23 24 25

( )

4 36 이상인 수

32 33 34 35 36 37 38 39

( )

5 48 이상인 수

43 44 45 46 47 48 49 50

( )

② ■ 이하인 수 찾아보기

• 주어진 수의 범위에 포함되는 수를 모두 찾아 써 보세요.

1 4 이하인 수

1 2 3 4 5 6 7 8

( )

2 10 이하인 수

7 8 9 10 11 12 13 14

( )

3 27 이하인 수

25 26 27

4 35 이하인 수

32 33 34

5 55 이하인 수

52 53 54

1. 수의 범위와 어림하기 단원 평가

단원 평가

차례

1 수의 범위와 어림하기

2 분수의 곱셈

3 합동과 대칭

4 소수의 곱셈

5 직육면체

6 평균과 가능성

1 수의 범위와 어림하기

줄넘기 대회 예선

학생 1	학생 2	학생 3
총 225 회	총 224 회	총 227 회
예선 통과	예선 탈락	예선 통과

학교에서 실내 체육대회가 열렸어요. 모둠별로 줄넘기와 제기차기 대회 예선을 하고 있네요.

□ 안에 알맞은 자연수를 써넣으세요.

제기차기 대회 예선

학생4	학생5	학생6
총 008 회	총 006 회	총 005 회
예선 통과	예선 통과	예선 탈락

1 이상과 이하를 알아보기

● 이상

- 80 **이상**인 수: 80, 81, 83, 85 등과 같이 80과 같거나 큰 수
- 80 이상인 수는 수직선에 나타내면 다음과 같습니다.

➡ 80에 ●으로 표시하고 오른쪽으로 선을 긋습니다.
➡ 80 이상인 수에는 80이 포함됩니다.

● 이하

- 10 **이하**인 수: 10.0, 9.7, 9.0, 8.6 등과 같이 10과 같거나 작은 수
- 10 이하인 수는 수직선에 나타내면 다음과 같습니다.

➡ 10에 ●으로 표시하고 왼쪽으로 선을 긋습니다.
➡ 10 이하인 수에는 10이 포함됩니다.

개념 자세히 보기

● 수의 범위를 수직선에 나타낼 때 경곗값이 포함되면 ●으로 나타내요!

	점	방향	나타내기
이상	●	오른쪽	●——
이하	●	왼쪽	——●

● 한자로 이상과 이하의 뜻을 알아봐요!

以 上 (부터 이, 윗 상)	以 下 (부터 이, 아래 하)

- 이상(以上): 정한 수가 범위에 포함되면서 그 위인 경우
- 이하(以下): 정한 수가 범위에 포함되면서 그 아래인 경우

정답과 풀이 1쪽

1 진수네 모둠 학생들의 몸무게를 조사하여 나타낸 표입니다. 물음에 답하세요.

진수네 모둠 학생들의 몸무게

이름	진수	윤호	희원	민수	아진	현우
몸무게(kg)	34.0	31.3	32.7	37.6	29.1	30.5

① 몸무게가 32 kg과 같거나 큰 학생의 이름을 모두 써 보세요.

( )

② 몸무게가 32 kg 이상인 학생의 몸무게를 모두 써 보세요.

( )

3학년 때 배웠어요

무게 비교하기

32 kg과 같거나 큰 무게는 34.0 kg, 32.7 kg, 37.6 kg입니다.

2 민아네 모둠 학생들의 키를 조사하여 나타낸 표입니다. 물음에 답하세요.

민아네 모둠 학생들의 키

이름	민아	소현	재혁	승주	예호	준희
키(cm)	135.7	141.5	149.6	148.5	138.2	140.0

① 키가 140 cm와 같거나 작은 학생의 이름을 모두 써 보세요.

( )

② 키가 140 cm 이하인 학생의 키를 모두 써 보세요.

( )

140 이하인 수는 140과 같거나 작은 수예요.

3 18 이상인 수에 ○표, 18 이하인 수에 △표 하세요.

11 12 13 14 15 16 17 18 19 20 21 22

■ 이상인 수 또는 ■ 이하인 수에는 ■가 포함되어요.

4 수직선에 나타내어 보세요.

17 이상인 수

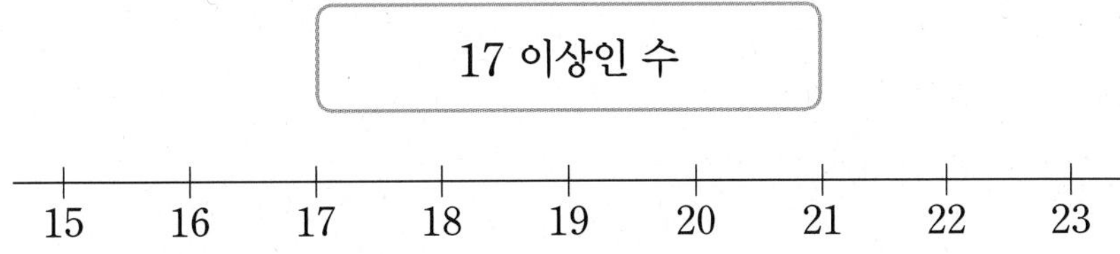

초과와 미만을 알아보기

초과

- 15 **초과**인 수: 15.3, 16.9, 20 등과 같이 15보다 큰 수
- 15 초과인 수는 수직선에 나타내면 다음과 같습니다.

➡ 15에 ○으로 표시하고 오른쪽으로 선을 긋습니다.

➡ 15 초과인 수에는 15가 포함되지 않습니다.

미만

- 120 **미만**인 수: 119.5, 117.0, 115.7 등과 같이 120보다 작은 수
- 120 미만인 수는 수직선에 나타내면 다음과 같습니다.

➡ 120에 ○으로 표시하고 왼쪽으로 선을 긋습니다.

➡ 120 미만인 수에는 120이 포함되지 않습니다.

개념 자세히 보기

- **수의 범위를 수직선에 나타낼 때 경곗값이 포함되지 않으면 ○으로 나타내요!**

	점	방향	나타내기
초과	○	오른쪽	○——
미만	○	왼쪽	——○

- **한자로 초과와 미만의 뜻을 알아봐요!**

超 過 (뛰어넘을 초, 지날 과)	未 滿 (아닐 미, 찰 만)

- 초과(超過): 정한 수를 넘어선 경우
- 미만(未滿): 정한 수를 포함하지 않으면서 그 아래인 경우

정답과 풀이 1쪽

1 재영이네 반 학생들의 키를 조사하여 나타낸 표입니다. 물음에 답하세요.

135 초과인 수는 135보다 큰 수예요.

재영이네 반 학생들의 키

이름	재영	희원	우진	아진	현우	민수
키(cm)	139	144	135	150	134	131

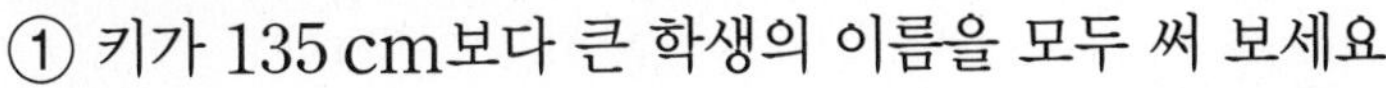

① 키가 135 cm보다 큰 학생의 이름을 모두 써 보세요.

( )

② 키가 135 cm 초과인 학생의 키를 모두 써 보세요.

( )

2 은지네 반 학생들이 한 학기 동안 한 봉사 활동 시간을 조사하여 나타낸 표입니다. 물음에 답하세요.

20 미만인 수는 20보다 작은 수예요.

은지네 반 학생들이 한 학기 동안 한 봉사 활동 시간

이름	은지	수아	재민	지원	태민	현준
봉사 활동 시간(시간)	21	15	22	18	25	20

① 봉사 활동 시간이 20시간보다 적은 학생의 이름을 모두 써 보세요.

( )

② 봉사 활동 시간이 20시간 미만인 학생의 봉사 활동 시간을 모두 써 보세요.

( )

3 31 초과인 수에 ○표, 31 미만인 수에 △표 하세요.

26 27 28 29 30 31 32 33 34 35 36 37

■ 초과인 수 또는 ■ 미만인 수에는 ■가 포함되지 않아요.

4 수직선에 나타내어 보세요.

45 초과인 수

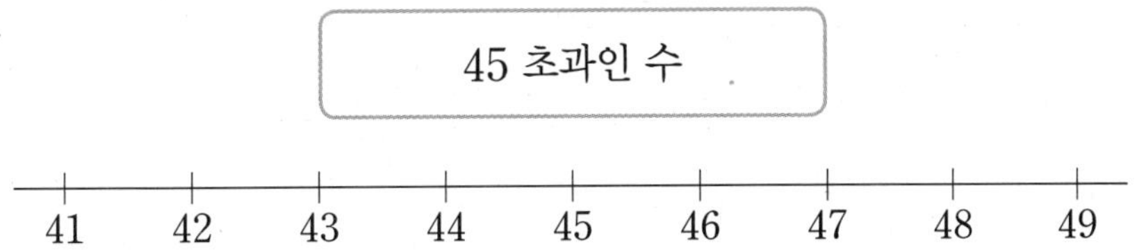

수의 범위를 활용하여 문제 해결하기

● 수의 범위를 수직선에 나타내기

• 4 이상 7 이하인 수 ⟶ 4와 같거나 크고 7과 같거나 작은 수

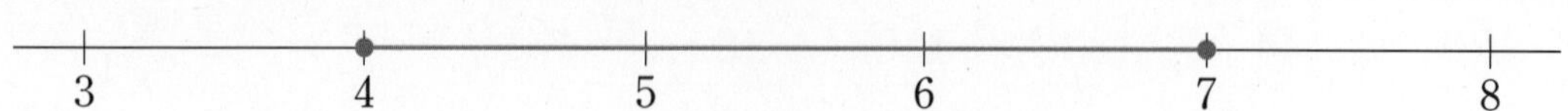

➡ 4와 7에 •으로 표시하고 4와 7 사이에 선을 긋습니다.

➡ 4 이상 7 이하인 수에는 4와 7이 모두 포함됩니다.

• 4 이상 7 미만인 수 ⟶ 4와 같거나 크고 7보다 작은 수

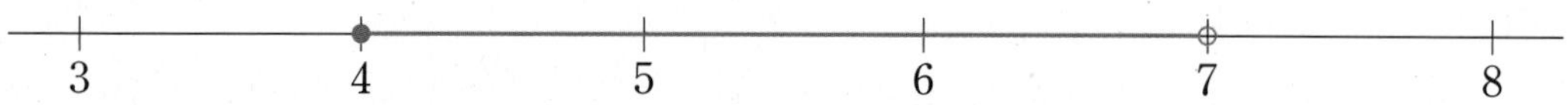

➡ 4에 •, 7에 ∘으로 표시하고 4와 7 사이에 선을 긋습니다.

➡ 4 이상 7 미만인 수에는 4는 포함되고 7은 포함되지 않습니다.

• 4 초과 7 이하인 수 ⟶ 4보다 크고 7과 같거나 작은 수

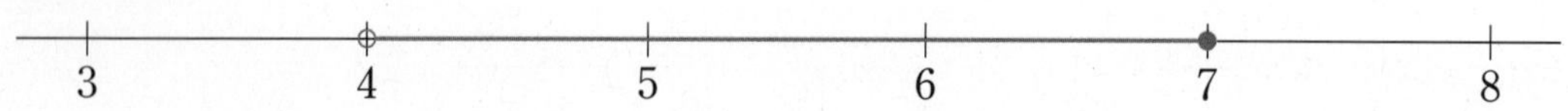

➡ 4에 ∘, 7에 •으로 표시하고 4와 7 사이에 선을 긋습니다.

➡ 4 초과 7 이하인 수에는 4는 포함되지 않고 7은 포함됩니다.

• 4 초과 7 미만인 수 ⟶ 4보다 크고 7보다 작은 수

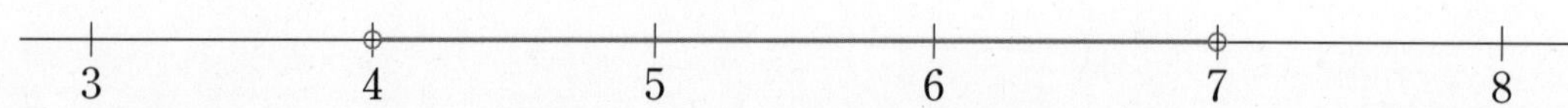

➡ 4와 7에 ∘으로 표시하고 4와 7 사이에 선을 긋습니다.

➡ 4 초과 7 미만인 수에는 4와 7이 모두 포함되지 않습니다.

● 수의 범위를 활용하여 문제 해결하기

예 서아가 2단 줄넘기를 17회 하였습니다. 서아의 기록이 어느 등급에 속하는지 알아보세요.

등급별 횟수(초등학교 5학년 여학생용)

등급	횟수(회)
1	20 이상
2	16 이상 19 이하
3	12 이상 15 이하
4	9 이상 11 이하
5	8 이하

➡ 서아의 기록인 17회는 16회 이상 19회 이하의 범위에 속하므로 2등급입니다.

➔ 정답과 풀이 2쪽

1

27 이상 33 미만인 수에 ○표 하세요.

25	26	27	28	29	30	31	32	33	34	35

■ 이상 ▲ 미만인 수에는 ■는 포함되고 ▲는 포함되지 않아요.

2

수직선에 나타내어 보세요.

36 이상 41 이하인 수

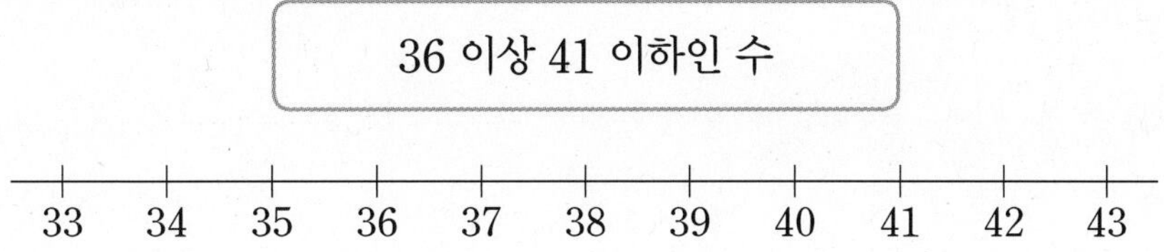

수의 범위를 수직선에 나타낼 때 이상과 이하는 ●으로, 초과와 미만은 ○으로 나타내요.

3

진우네 학교 남자 태권도 선수들의 몸무게와 체급별 몸무게를 나타낸 표입니다. 물음에 답하세요.

진우네 학교 남자 태권도 선수들의 몸무게

이름	진우	현우	준호	석규	성현	민호
몸무게(kg)	37.3	35.0	36.8	41.4	38.5	33.7

체급별 몸무게(초등학교 남학생용)

체급	몸무게(kg)
핀급	32 이하
플라이급	32 초과 34 이하
밴텀급	34 초과 36 이하
페더급	36 초과 39 이하
라이트급	39 초과

① 진우와 같은 체급에 속한 학생의 이름을 모두 써 보세요.

( )

② 진우와 같은 체급에 속한 학생의 몸무게를 모두 써 보세요.

( )

③ 민호가 속한 체급의 몸무게 범위를 수직선에 나타내어 보세요.

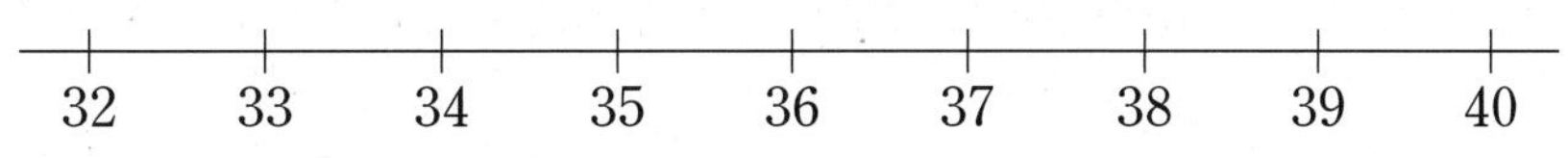

기본기 강화 문제

1 ■ 이상인 수 찾아보기

• 주어진 수의 범위에 포함되는 수를 모두 찾아 써 보세요.

1 7 이상인 수

3	4	5	6	7	8	9	10

( )

2 11 이상인 수

7	8	9	10	11	12	13	14

( )

3 23 이상인 수

18	19	20	21	22	23	24	25

( )

4 36 이상인 수

32	33	34	35	36	37	38	39

( )

5 48 이상인 수

43	44	45	46	47	48	49	50

( )

2 ■ 이하인 수 찾아보기

• 주어진 수의 범위에 포함되는 수를 모두 찾아 써 보세요.

1 4 이하인 수

1	2	3	4	5	6	7	8

( )

2 10 이하인 수

7	8	9	10	11	12	13	14

( )

3 27 이하인 수

25	26	27	28	29	30	31	32

( )

4 35 이하인 수

32	33	34	35	36	37	38	39

( )

5 55 이하인 수

52	53	54	55	56	57	58	59

( )

3 ■ 이상과 ▲ 이하인 수 찾아보기

• 주어진 수의 범위에 포함되는 수에 표시해 보세요.

1 19 이상인 수에 ○표, 19 이하인 수에 △표

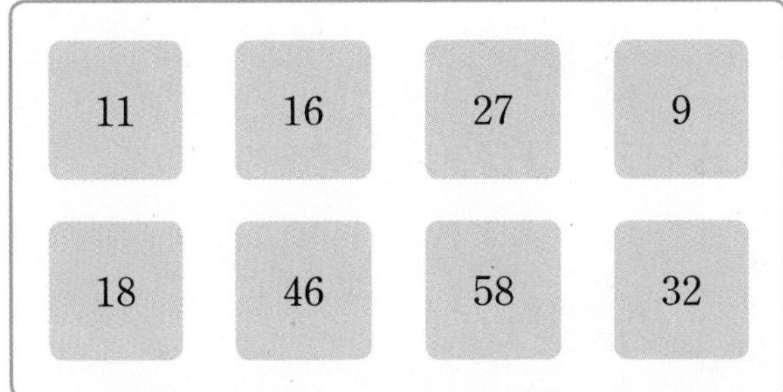

2 45 이상인 수에 ○표, 21 이하인 수에 △표

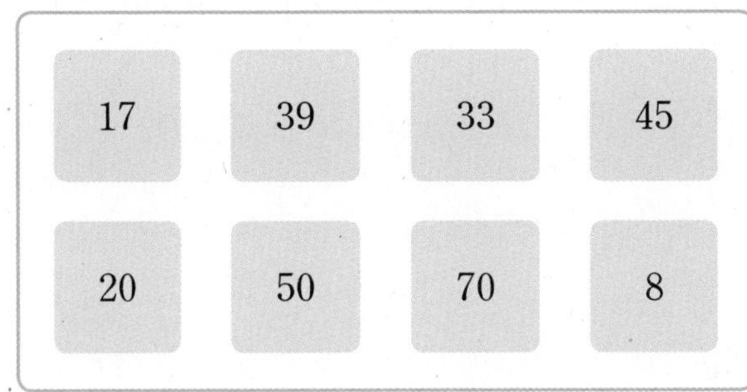

3 78 이상인 수에 ○표, 63 이하인 수에 △표

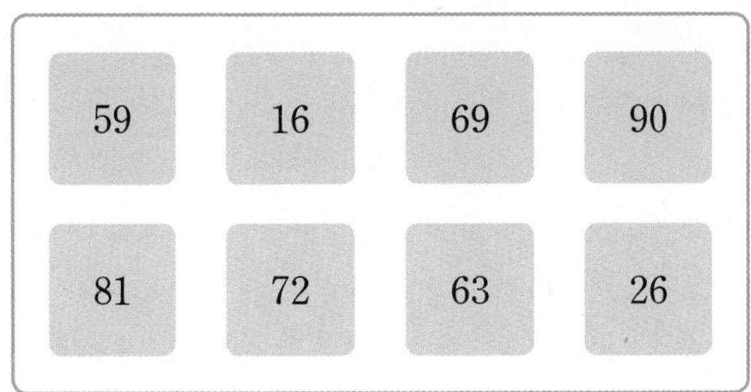

4 94 이상인 수에 ○표, 85 이하인 수에 △표

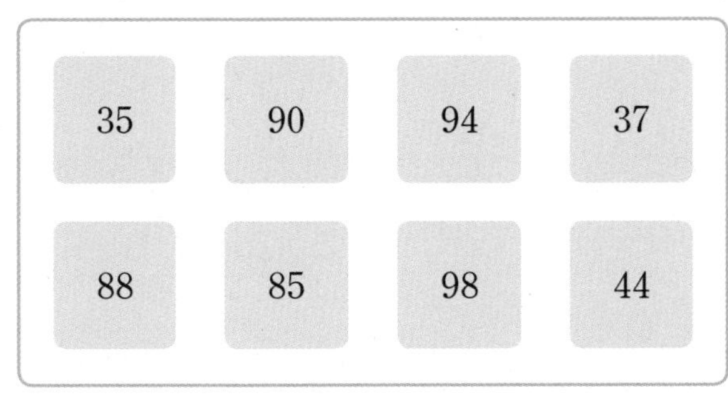

4 수직선에 나타내기(1)

• 수직선에 나타내어 보세요.

1 8 이하인 수

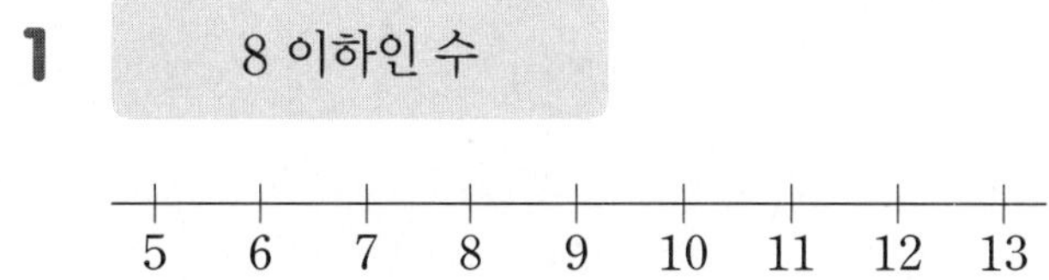

2 16 이상인 수

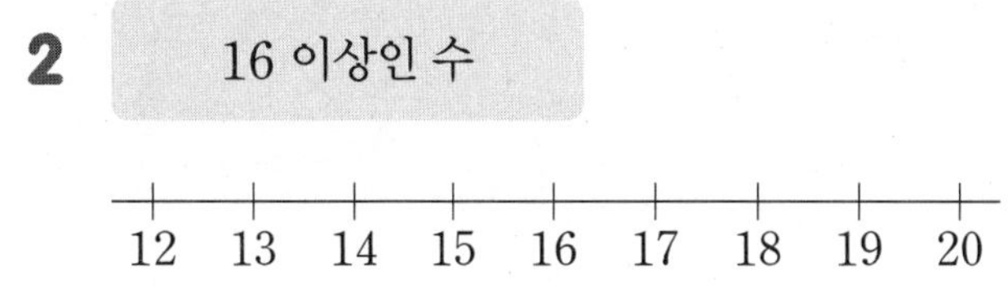

3 31 이하인 수

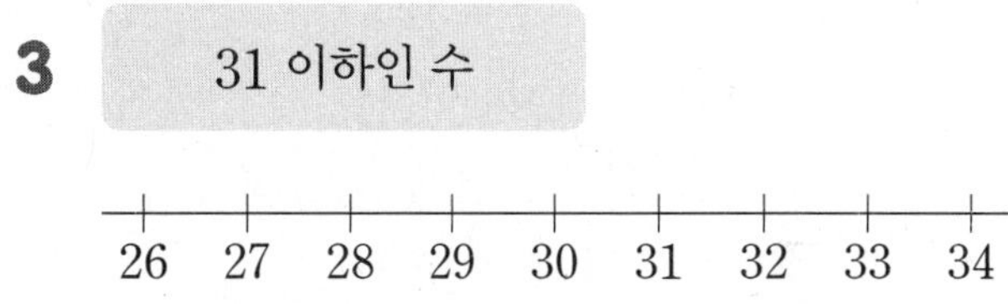

4 49 이상인 수

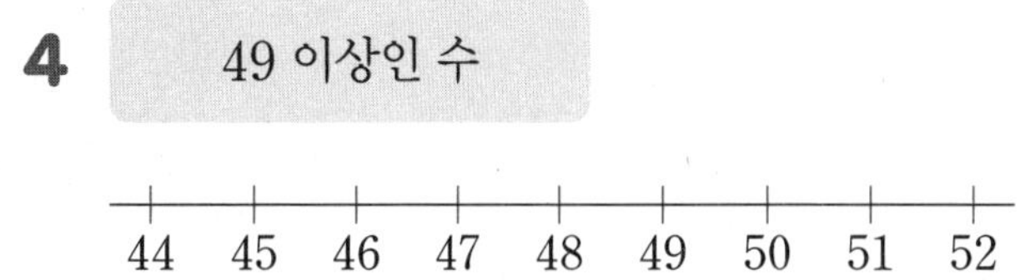

5 83 이하인 수

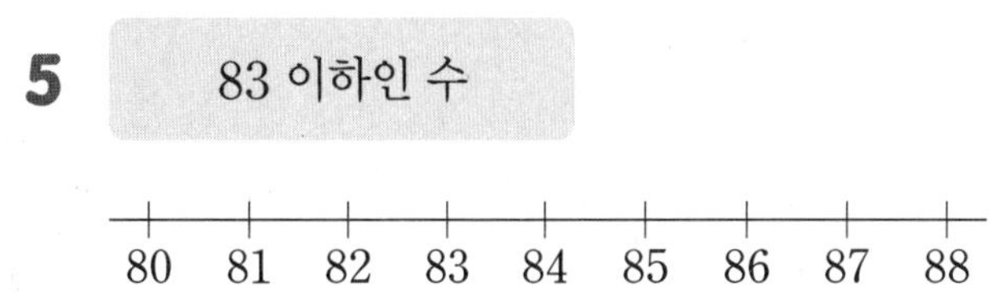

5 이상과 이하인 수의 활용

1 낚시에서 낚은 물고기의 길이가 1척인 30.3 cm 이상인 사람의 이름을 모두 써 보세요.

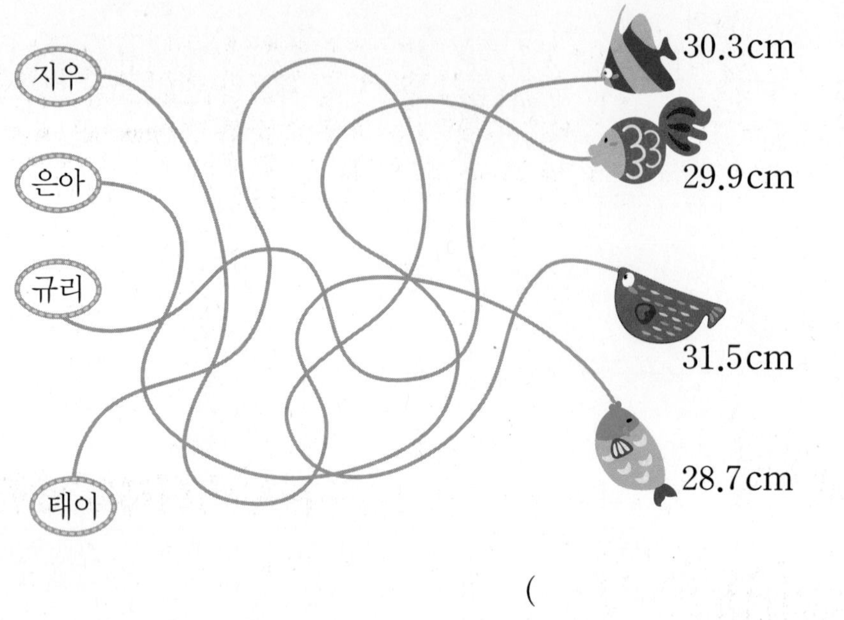

(   )

2 줄넘기의 횟수가 200회 이하일 때 줄넘기 대회에 참가할 수 없습니다. 줄넘기 대회에 참가할 수 <u>없는</u> 사람의 이름을 모두 써 보세요.

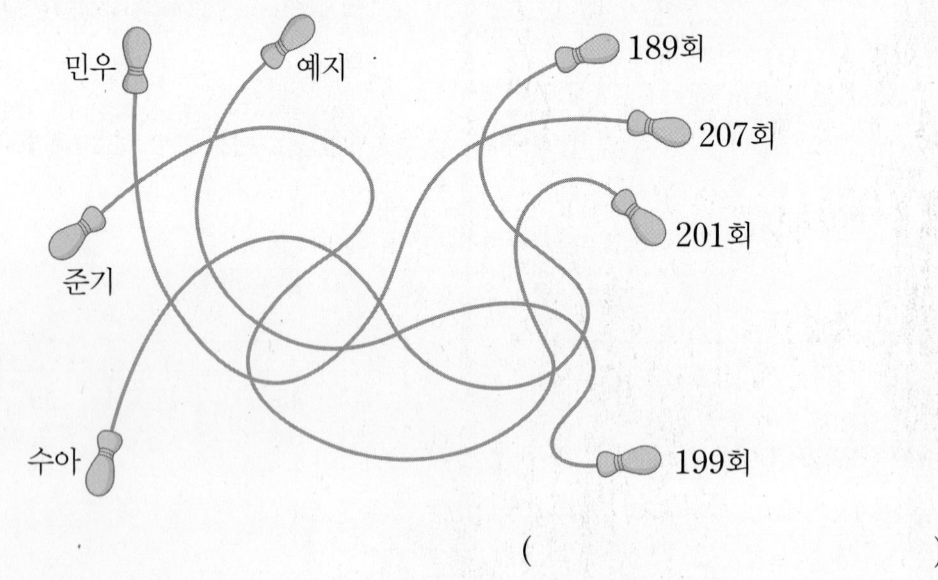

(   )

➡ 정답과 풀이 2쪽

6 ■ 초과인 수 찾아보기

• 주어진 수의 범위에 포함되는 수를 모두 찾아 써 보세요.

1 6 초과인 수

2	3	4	5	6	7	8	9

( )

2 11 초과인 수

8	9	10	11	12	13	14	15

( )

3 24 초과인 수

20	21	22	23	24	25	26	27

( )

4 36 초과인 수

31	32	33	34	35	36	37	38

( )

5 49 초과인 수

45	46	47	48	49	50	51	52

( )

7 ■ 미만인 수 찾아보기

• 주어진 수의 범위에 포함되는 수를 모두 찾아 써 보세요.

1 7 미만인 수

4	5	6	7	8	9	10	11

( )

2 13 미만인 수

9	10	11	12	13	14	15	16

( )

3 29 미만인 수

26	27	28	29	30	31	32	33

( )

4 48 미만인 수

45	46	47	48	49	50	51	52

( )

5 57 미만인 수

54	55	56	57	58	59	60	61

( )

8 ■ 초과와 ▲ 미만인 수 찾아보기

• 주어진 수의 범위에 포함되는 수에 표시해 보세요.

1 17 초과인 수에 ○표, 17 미만인 수에 △표

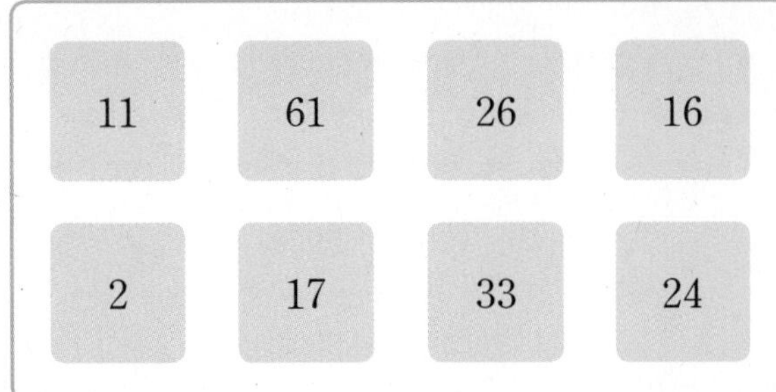

2 34 초과인 수에 ○표, 22 미만인 수에 △표

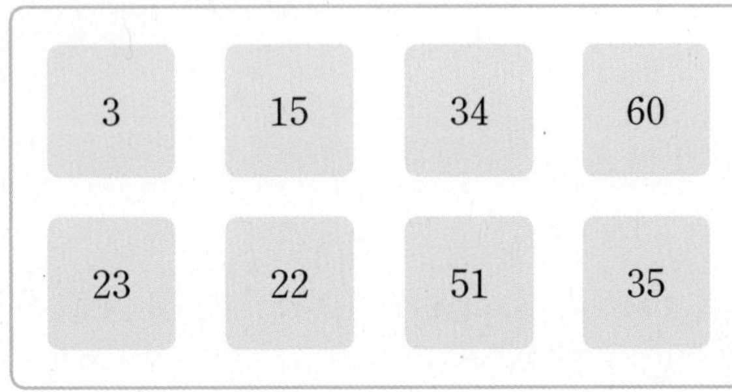

3 64 초과인 수에 ○표, 51 미만인 수에 △표

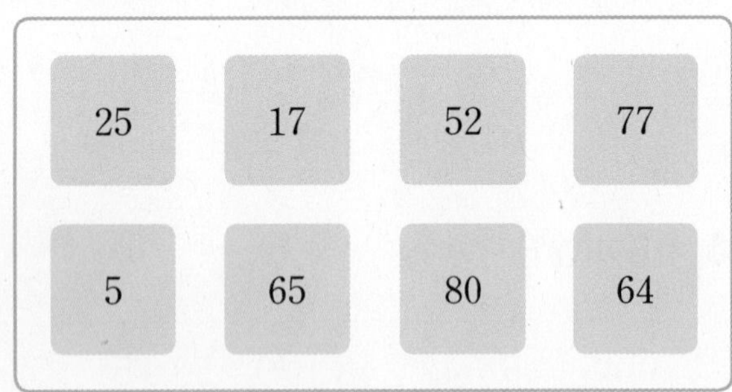

4 90 초과인 수에 ○표, 75 미만인 수에 △표

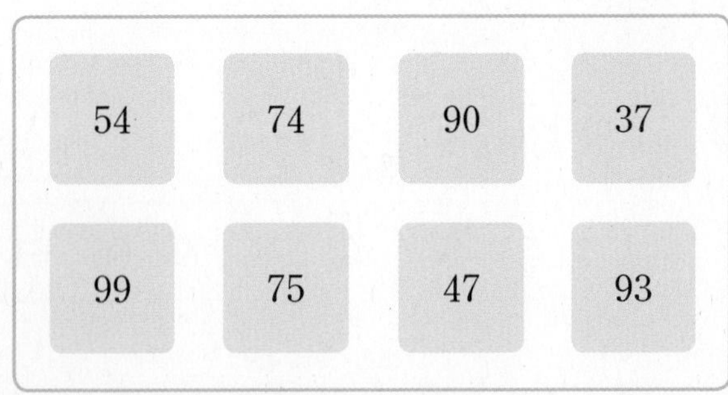

9 수직선에 나타내기(2)

• 수직선에 나타내어 보세요.

1 15 초과인 수

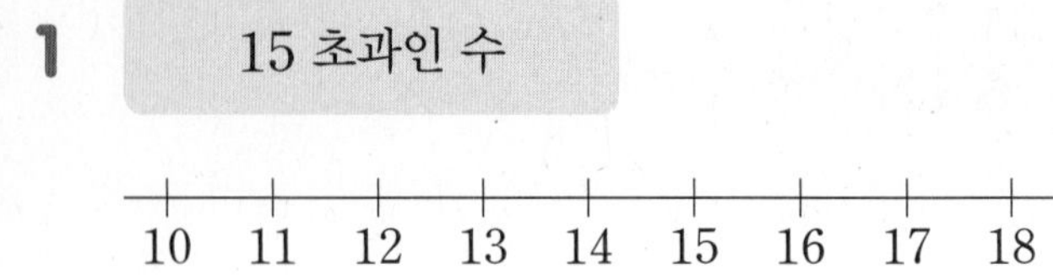

2 33 미만인 수

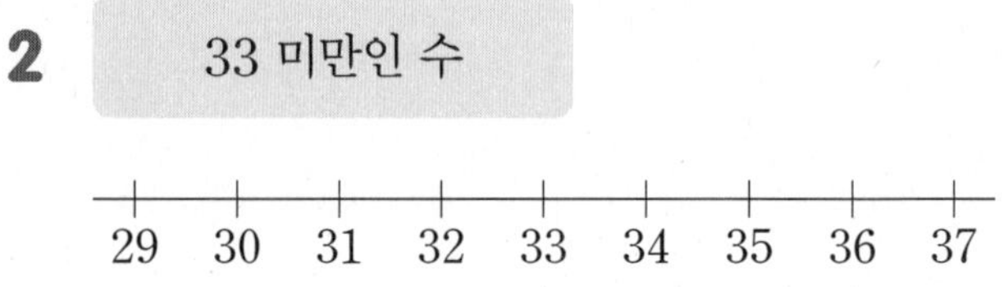

3 53 초과인 수

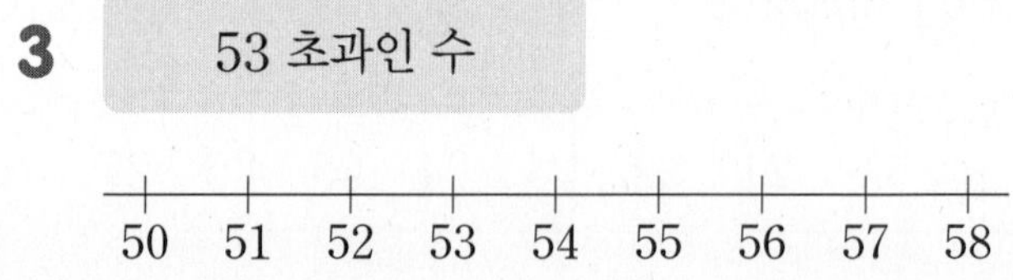

4 65 미만인 수

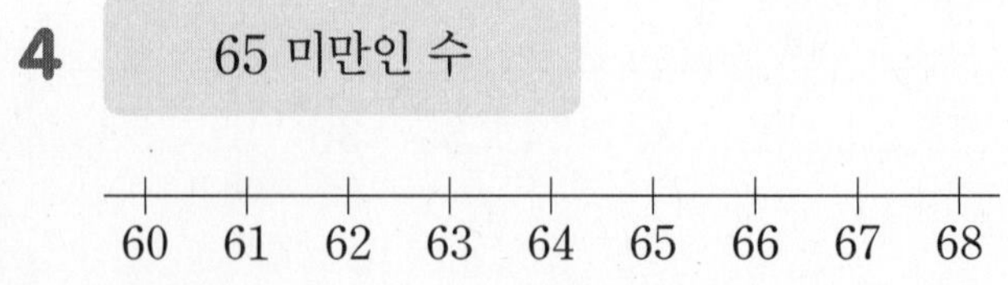

5 71 초과인 수

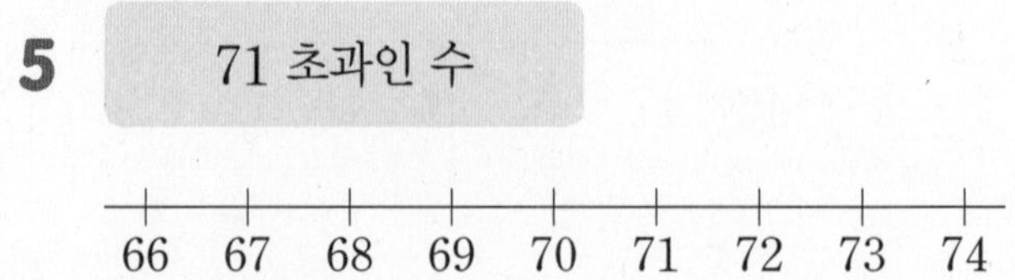

➔ 정답과 풀이 3쪽

10 초과와 미만인 수의 활용

1 수호네 반 학생들의 윗몸 말아 올리기 기록을 조사하여 나타낸 표입니다. 윗몸 말아 올리기 횟수가 40회 미만인 학생의 이름을 모두 써 보세요.

수호네 반 학생들의 윗몸 말아 올리기 기록

이름	수호	민영	지수	혜주	아인
횟수(회)	38	27	40	41	39

( )

2 고속도로 요금소를 지날 때 1종 통행료를 내는 자동차의 범위를 나타낸 것입니다. 1종 통행료를 내지 <u>않는</u> 자동차에 ○표 하세요.

1종 통행료: 승용차, 16인승 이하 승합차, 2.5 t 미만 화물차

7인승 승합차 ( ) 16인승 승합차 ( ) 2.5 t 화물차 ( )

3 정원이 45명인 버스에 다음과 같이 사람이 탔습니다. 정원을 초과한 버스는 모두 몇 대일까요?

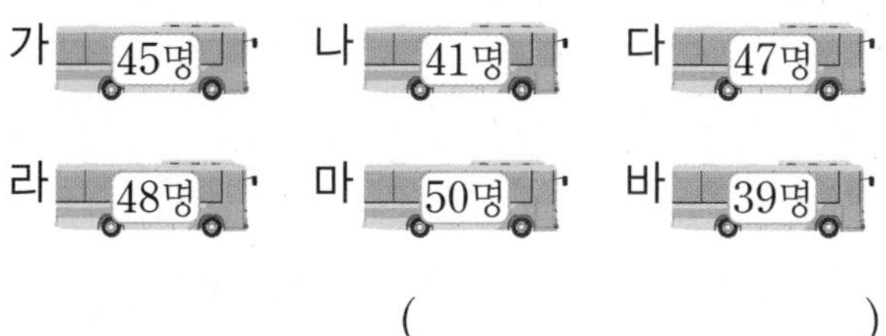

( )

11 수의 범위 알아보기

• 주어진 수의 범위에 포함되는 수를 모두 찾아 써 보세요.

1 11 이상 15 이하인 수

9 10 11 12 13 14 15 16

( )

2 19 이상 23 미만인 수

18 19 20 21 22 23 24 25

( )

3 41 초과 47 이하인 수

40 41 42 43 44 45 46 47

( )

4 54 초과 60 미만인 수

53 54 55 56 57 58 59 60

( )

5 85 이상 91 미만인 수

85 86 87 88 89 90 91 92

( )

12 집 찾기

• 주어진 수의 범위에 포함되는 자연수의 개수를 따라가면 다람쥐의 집을 찾을 수 있습니다. 다람쥐의 집을 찾아 ○표 하세요.

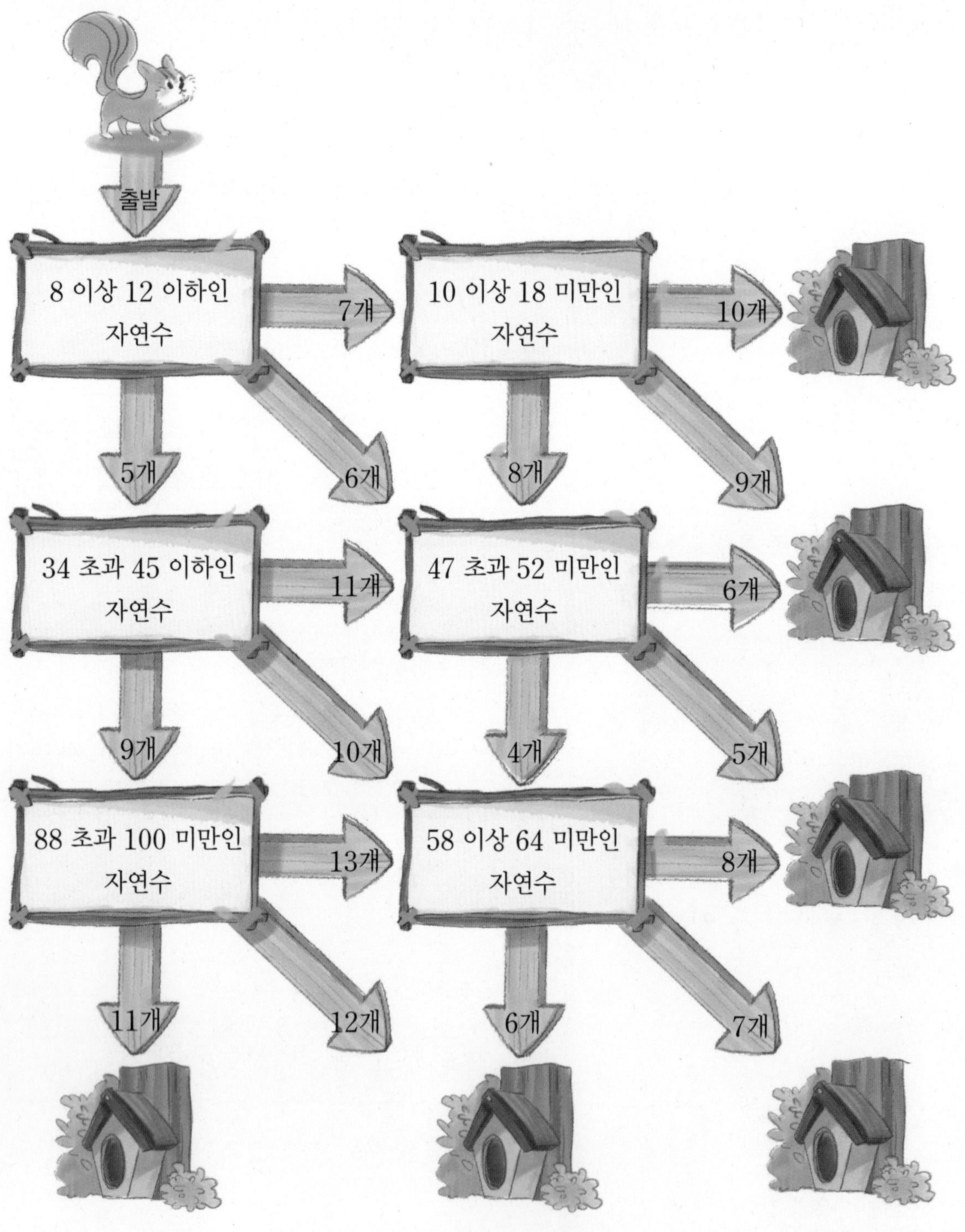

13 수직선에 나타내기(3)

• 수직선에 나타내어 보세요.

1 5 이상 9 이하인 수

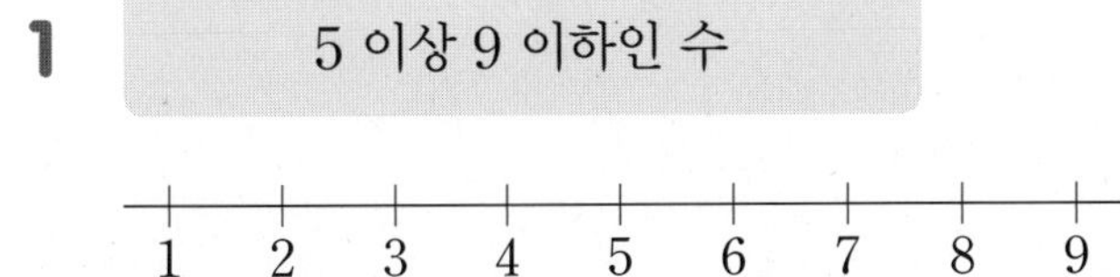

2 22 이상 27 미만인 수

20 21 22 23 24 25 26 27 28

3 34 초과 39 이하인 수

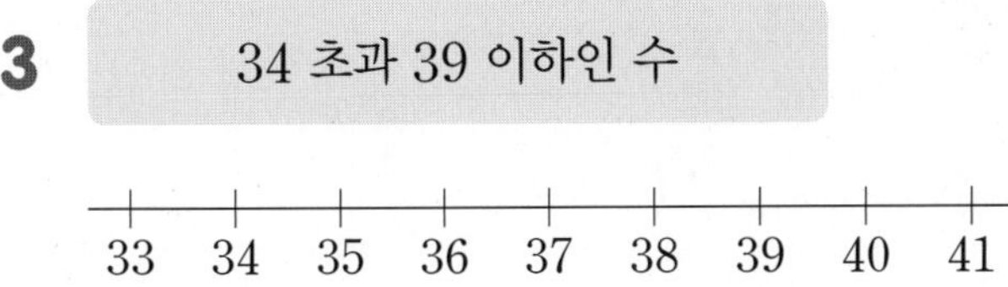

4 47 초과 51 미만인 수

45 46 47 48 49 50 51 52 53

5 66 이상 70 미만인 수

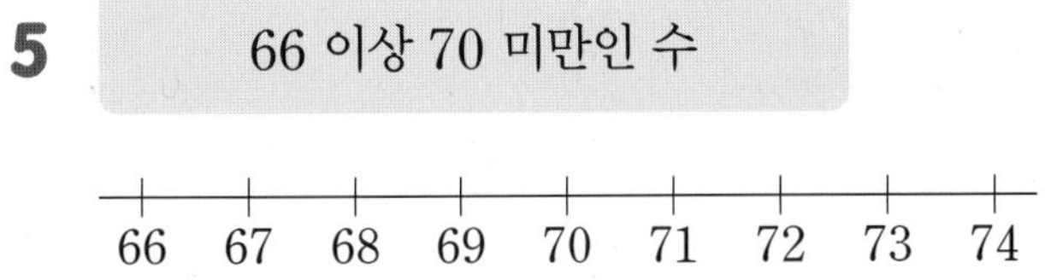

14 수의 범위를 활용하여 문제 해결하기

1 레슬링 주니어 경기에서 플라이급은 몸무게가 48 kg 초과 52 kg 이하입니다. 플라이급에 속하는 사람을 모두 찾아 써 보세요.

레슬링 선수들의 몸무게

이름	규빈	진헌	태원	성민	기훈
몸무게(kg)	52.3	48.0	51.6	47.5	52.0

( )

2 3분 동안 줄넘기를 영채는 150회, 민지는 127회 하였습니다. 영채와 민지가 받는 점수는 각각 몇 점인지 구해 보세요.

줄넘기 점수

횟수(회)	점수(점)
150 이상	15
100 이상 150 미만	10
50 이상 100 미만	5

영채 ( )

민지 ( )

3 오존 주의보 발령 기준표입니다. 어느 지역의 오존의 진하기가 0.5 ppm(피피엠)이었습니다. 어떤 주의보가 발령되었을까요?

오존 주의보 발령 기준표

구분	오존의 진하기(ppm)
오존 주의보	0.12 이상 0.3 미만
오존 경보	0.3 이상 0.5 미만
오존 중대 경보	0.5 이상

( )

4 올림, 버림, 반올림 알아보기

● 올림 알아보기

• **올림**: 구하려는 자리 아래 수를 올려서 나타내는 방법

154를 올림하여
- 십의 자리까지 나타내기 **154** → **160** (십의 자리 아래 수인 4를 10으로 봅니다.)
- 백의 자리까지 나타내기 **154** → **200** (백의 자리 아래 수인 54를 100으로 봅니다.)

1.247을 올림하여
- 소수 첫째 자리까지 나타내기 **1.247** → **1.3** (소수 첫째 자리 아래 수인 0.047을 0.1로 봅니다.)
- 소수 둘째 자리까지 나타내기 **1.247** → **1.25** (소수 둘째 자리 아래 수인 0.007을 0.01로 봅니다.)

● 버림 알아보기

• **버림**: 구하려는 자리 아래 수를 버려서 나타내는 방법

456을 버림하여
- 십의 자리까지 나타내기 **456** → **450** (십의 자리 아래 수인 6을 0으로 봅니다.)
- 백의 자리까지 나타내기 **456** → **400** (백의 자리 아래 수인 56을 0으로 봅니다.)

5.216을 버림하여
- 소수 첫째 자리까지 나타내기 **5.216** → **5.2** (소수 첫째 자리 아래 수인 0.016을 0으로 봅니다.)
- 소수 둘째 자리까지 나타내기 **5.216** → **5.21** (소수 둘째 자리 아래 수인 0.006을 0으로 봅니다.)

● 반올림 알아보기

• **반올림**: 구하려는 자리 바로 아래 자리의 숫자가 0, 1, 2, 3, 4이면 버리고, 5, 6, 7, 8, 9이면 올려서 나타내는 방법

763을 반올림하여
- 십의 자리까지 나타내기 **763** → **760** (일의 자리 숫자가 3이므로 버림합니다.)
- 백의 자리까지 나타내기 **763** → **800** (십의 자리 숫자가 6이므로 올림합니다.)

6.392를 반올림하여
- 소수 첫째 자리까지 나타내기 **6.392** → **6.4** (소수 둘째 자리 숫자가 9이므로 올림합니다.)
- 소수 둘째 자리까지 나타내기 **6.392** → **6.39** (소수 셋째 자리 숫자가 2이므로 버림합니다.)

➔ 정답과 풀이 4쪽

1 올림하여 주어진 자리까지 나타내어 보세요.

수	십의 자리	백의 자리
752		
836		

구하려는 자리 아래 수를 올려서 나타내는 방법을 올림이라고 해요.

2 버림하여 주어진 자리까지 나타내어 보세요.

수	십의 자리	백의 자리
479		
963		

구하려는 자리 아래 수를 버려서 나타내는 방법을 버림이라고 해요.

3 반올림하여 주어진 자리까지 나타내어 보세요.

수	십의 자리	백의 자리	천의 자리
2658			
3107			

구하려는 자리 바로 아래 자리의 숫자가 0, 1, 2, 3, 4 이면 버리고, 5, 6, 7, 8, 9 이면 올리는 방법을 반올림이라고 해요.

4 어림한 후, 어림한 수의 크기를 비교하여 ◯ 안에 >, =, <를 알맞게 써넣으세요.

① 247을 올림하여 백의 자리까지 나타낸 수 ➡ ☐ ◯ 311을 올림하여 십의 자리까지 나타낸 수 ➡ ☐

② 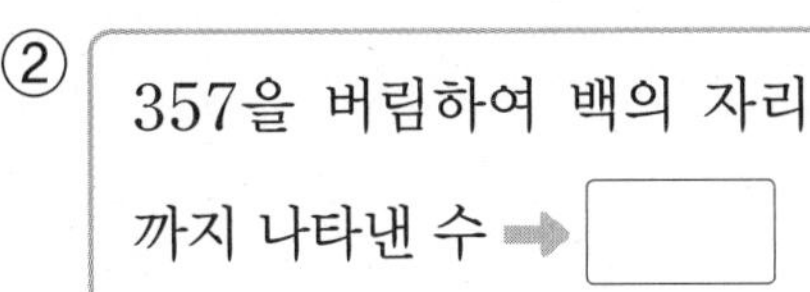
357을 버림하여 백의 자리까지 나타낸 수 ➡ ☐ ◯ 348을 버림하여 십의 자리까지 나타낸 수 ➡ ☐

③ 5239를 반올림하여 백의 자리까지 나타낸 수 ➡ ☐ ◯ 5184를 반올림하여 십의 자리까지 나타낸 수 ➡ ☐

올림, 버림, 반올림을 활용하여 문제 해결하기

● **올림, 버림, 반올림을 활용하여 문제 해결하기**

예 지우가 자동판매기에서 1500원짜리 음료수를 뽑으려고 합니다. 지우가 1000원짜리 지폐만 가지고 있다면 자동판매기에 최소 얼마를 넣어야 하는지 알아보세요.

① 올림, 버림, 반올림 중에서 어떤 방법으로 어림하면 좋은지 구하기

➡ 올림

② 어림한 후 문제 해결하기

➡ 1500을 올림하여 천의 자리까지 나타내면 1500은 2000이므로 2000원을 넣어야 합니다.

예 저금통에 모은 돈 3570원을 1000원짜리 지폐로 바꿀 때 최대 얼마까지 바꿀 수 있는지 알아보세요.

① 올림, 버림, 반올림 중에서 어떤 방법으로 어림하면 좋은지 구하기

➡ 버림

② 어림한 후 문제 해결하기

➡ 3570을 버림하여 천의 자리까지 나타내면 3570은 3000이므로 3000원까지 바꿀 수 있습니다.

예 길이가 13.7 cm인 연필을 1 cm 단위로 가까운 쪽의 눈금을 읽으면 몇 cm인지 알아보세요.

① 올림, 버림, 반올림 중에서 어떤 방법으로 어림하면 좋은지 구하기

➡ 반올림

② 어림한 후 문제 해결하기

➡ 13.7을 반올림하여 일의 자리까지 나타내면 13.7은 14이므로 14 cm입니다.

개념 자세히 보기

• **올림과 버림은 구하려는 자리 아래 수를 모두 확인하고, 반올림은 구하려는 자리 바로 아래 숫자만 확인해요!**

예 2167을 어림하여 백의 자리까지 나타내기

2167

올림하여 백의 자리까지 나타내기 → **2167 ➡ 2200**

버림하여 백의 자리까지 나타내기 → **2167 ➡ 2100**

반올림하여 백의 자리까지 나타내기 → **2167 ➡ 2200**

➡ 정답과 풀이 4쪽

1 **오이 314상자를 트럭에 모두 실으려고 합니다. 트럭 한 대에 100상자씩 실을 수 있다면 트럭은 최소 몇 대가 필요한지 알아보려고 합니다. 물음에 답하세요.**

오이를 남기지 않고 실어야 해요.

① 올림, 버림, 반올림 중에서 어떤 방법으로 어림해야 좋은지 알아보세요.

( )

② 트럭은 최소 몇 대가 필요한지 구해 보세요.

( )

2 **공장에서 만든 초콜릿 416개를 포장하려고 합니다. 물음에 답하세요.**

한 봉지에 10개씩, 한 상자에 100개씩 포장하므로 10개 미만, 100개 미만 초콜릿은 포장할 수 없어요.

① 초콜릿을 한 봉지에 10개씩 담아서 포장한다면 포장할 수 있는 초콜릿은 최대 몇 봉지일까요?

( )

② 초콜릿을 한 상자에 100개씩 담아서 포장한다면 포장할 수 있는 초콜릿은 최대 몇 상자일까요?

( )

3 **수지네 모둠 학생들의 멀리뛰기 기록을 나타낸 표입니다. 뛴 거리를 반올림하여 일의 자리까지 나타내어 보세요.**

소수 첫째 자리의 숫자가 0, 1, 2, 3, 4이면 버리고, 5, 6, 7, 8, 9이면 올려서 나타내요.

수지네 모둠 학생들의 멀리뛰기 기록

이름	수지	준기	연우
뛴 거리(cm)	103.7	112.4	135.7
반올림한 거리(cm)			

기본기 강화 문제

15 올림하여 주어진 자리까지 나타내기

• 올림하여 주어진 자리까지 나타내어 보세요.

1 326

십의 자리	백의 자리

2 513

십의 자리	백의 자리

3 4590

십의 자리	백의 자리	천의 자리

4 7623

십의 자리	백의 자리	천의 자리

5 2.345

소수 첫째 자리	소수 둘째 자리

6 8.171

소수 첫째 자리	소수 둘째 자리

16 올림한 수의 크기 비교하기

• 어림한 후, 어림한 수의 크기를 비교하여 더 큰 수의 기호를 써 보세요.

1

㉠ 221을 올림하여 십의 자리까지 나타낸 수 ➡ ☐

㉡ 212를 올림하여 백의 자리까지 나타낸 수 ➡ ☐

( )

2

㉠ 3147을 올림하여 백의 자리까지 나타낸 수 ➡ ☐

㉡ 3233을 올림하여 십의 자리까지 나타낸 수 ➡ ☐

( )

3

㉠ 4.619를 올림하여 소수 둘째 자리까지 나타낸 수 ➡ ☐

㉡ 4.612를 올림하여 소수 첫째 자리까지 나타낸 수 ➡ ☐

( )

4

㉠ 6.681을 올림하여 소수 첫째 자리까지 나타낸 수 ➡ ☐

㉡ 6.687을 올림하여 소수 둘째 자리까지 나타낸 수 ➡ ☐

( )

17 버림하여 주어진 자리까지 나타내기

• 버림하여 주어진 자리까지 나타내어 보세요.

1 132

십의 자리	백의 자리

2 457

십의 자리	백의 자리

3 2503

십의 자리	백의 자리	천의 자리

4 4729

십의 자리	백의 자리	천의 자리

5 3.541

소수 첫째 자리	소수 둘째 자리

6 7.125

소수 첫째 자리	소수 둘째 자리

18 버림한 수의 크기 비교하기

• 어림한 후, 어림한 수의 크기를 비교하여 더 작은 수의 기호를 써 보세요.

1

㉠ 264를 버림하여 십의 자리까지 나타낸 수 ➡ ☐

㉡ 297을 버림하여 백의 자리까지 나타낸 수 ➡ ☐

(　　　　　)

2

㉠ 3902를 버림하여 천의 자리까지 나타낸 수 ➡ ☐

㉡ 3809를 버림하여 백의 자리까지 나타낸 수 ➡ ☐

(　　　　　)

3

㉠ 2.117을 버림하여 소수 첫째 자리까지 나타낸 수 ➡ ☐

㉡ 2.711을 버림하여 소수 둘째 자리까지 나타낸 수 ➡ ☐

(　　　　　)

4

㉠ 7.312를 버림하여 소수 둘째 자리까지 나타낸 수 ➡ ☐

㉡ 7.345를 버림하여 소수 첫째 자리까지 나타낸 수 ➡ ☐

(　　　　　)

19 반올림하여 주어진 자리까지 나타내기

• 반올림하여 주어진 자리까지 나타내어 보세요.

1 2304

십의 자리	백의 자리	천의 자리

2 3628

십의 자리	백의 자리	천의 자리

3 15083

십의 자리	백의 자리	천의 자리	만의 자리

4 45257

십의 자리	백의 자리	천의 자리	만의 자리

5 2.517

소수 첫째 자리	소수 둘째 자리

6 4.139

소수 첫째 자리	소수 둘째 자리

20 반올림한 수의 크기 비교하기

• 어림한 후, 어림한 수의 크기를 비교하여 ◯ 안에 >, =, <를 알맞게 써넣으세요.

1 176을 반올림하여 십의 자리까지 나타낸 수 ➡ ☐ ◯ 183을 반올림하여 십의 자리까지 나타낸 수 ➡ ☐

2 2418을 반올림하여 십의 자리까지 나타낸 수 ➡ ☐ ◯ 2426을 반올림하여 백의 자리까지 나타낸 수 ➡ ☐

3 34708을 반올림하여 천의 자리까지 나타낸 수 ➡ ☐ ◯ 35412를 반올림하여 백의 자리까지 나타낸 수 ➡ ☐

4 5.401을 반올림하여 소수 첫째 자리까지 나타낸 수 ➡ ☐ ◯ 5.399를 반올림하여 소수 첫째 자리까지 나타낸 수 ➡ ☐

5 7.894를 반올림하여 소수 둘째 자리까지 나타낸 수 ➡ ☐ ◯ 7.853을 반올림하여 소수 첫째 자리까지 나타낸 수 ➡ ☐

➔ 정답과 풀이 5쪽

21 어림한 수를 빈칸에 써넣기

• 규칙 에 따라 어림한 수를 빈칸에 써넣으세요.

규칙

➔: 올림, ←: 버림, ↓: 반올림

(십), (백), (천): 어림하여 주어진 자리까지 나타내기

1 14592

2 29485

3 71445

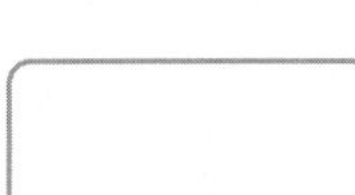

22 조건을 만족하는 수 찾아보기

• 조건을 만족하는 수에 모두 ○표 하세요.

1 올림하여 십의 자리까지 나타내면 1450이 되는 수

1442 1451 1449 1457

2 버림하여 백의 자리까지 나타내면 2300이 되는 수

2401 2399 2301 2298

3 반올림하여 천의 자리까지 나타내면 35000이 되는 수

34707 34167 35832 35026

4 올림하여 소수 첫째 자리까지 나타내면 5.3이 되는 수

5.261 5.349 5.248 5.394

5 반올림하여 소수 둘째 자리까지 나타내면 8.15가 되는 수

8.144 8.147 8.152 8.159

23 올림을 활용한 문제 해결하기

1 어느 놀이 기구는 한 번에 10명씩 탈 수 있습니다. 민아네 학교 학생 174명이 모두 타려면 이 놀이 기구는 최소 몇 번 운행해야 할까요?

( )

2 도넛이 한 상자에 10개씩 들어 있습니다. 준서네 반 학생 28명에게 도넛을 한 개씩 나누어 주려면 필요한 도넛은 최소 몇 상자일까요?

( )

3 예원이네 학교 학생 1148명에게 지우개를 한 개씩 나누어 주려고 합니다. 공장에서 지우개를 100개씩 묶음으로만 판다면 사야 할 지우개는 최소 몇 개일까요?

( )

4 호수에서 10명이 탈 수 있는 배를 한 척 빌리는 가격은 50000원입니다. 정민이네 친척 23명이 모두 배를 타려면 최소 얼마가 필요할까요?

( )

24 버림을 활용한 문제 해결하기

1 사과 712개를 한 상자에 10개씩 담아서 팔려고 합니다. 팔 수 있는 사과는 최대 몇 상자일까요?

( )

2 구슬 1437개를 한 상자에 100개씩 담아 팔려고 합니다. 팔 수 있는 구슬은 최대 몇 상자일까요?

( )

3 상자 하나를 포장하는 데 1 m의 끈이 필요합니다. 끈 628 cm로 포장할 수 있는 상자는 최대 몇 상자일까요?

( )

4 윤아는 돼지 저금통에 모은 동전 56120원을 1000원짜리 지폐로 바꾸려고 합니다. 바꿀 수 있는 돈은 최대 얼마일까요?

( )

25 반올림을 활용한 문제 해결하기

1 연필의 길이는 몇 cm인지 반올림하여 일의 자리까지 나타내어 보세요.

0 1 2 3 4 5 6 7 8 9 10 11 12

연필의 실제 길이 ( )

반올림한 연필의 길이 ( )

2 중국의 만리장성의 총 길이는 6352 km입니다. 이 만리장성의 총 길이를 반올림하여 십의 자리까지 나타내어 보세요.

( )

3 꽃밭에 개나리가 2347송이, 진달래가 1212송이 피어 있습니다. 꽃밭에 피어 있는 개나리와 진달래의 수의 합을 반올림하여 십의 자리까지 나타내어 보세요.

( )

4 수 카드 4장을 한 번씩만 사용하여 가장 큰 네 자리 수를 만들고, 만든 네 자리 수를 반올림하여 백의 자리까지 나타내어 보세요.

6 3 9 7

( )

1

정답과 풀이 6쪽

26 처음 자연수 찾아보기

• 빈칸에 알맞은 자연수를 써넣으세요.

1

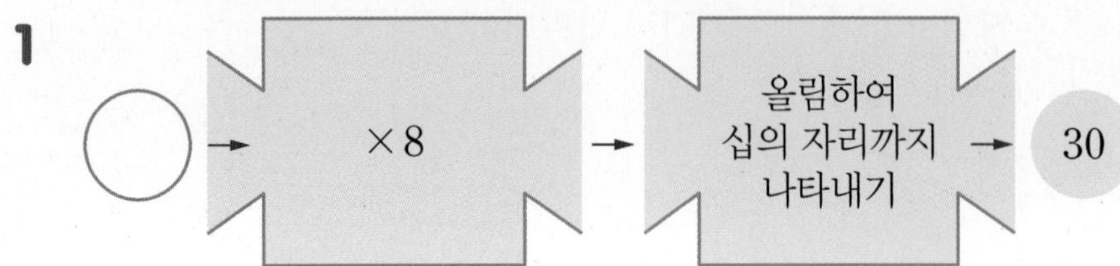

2

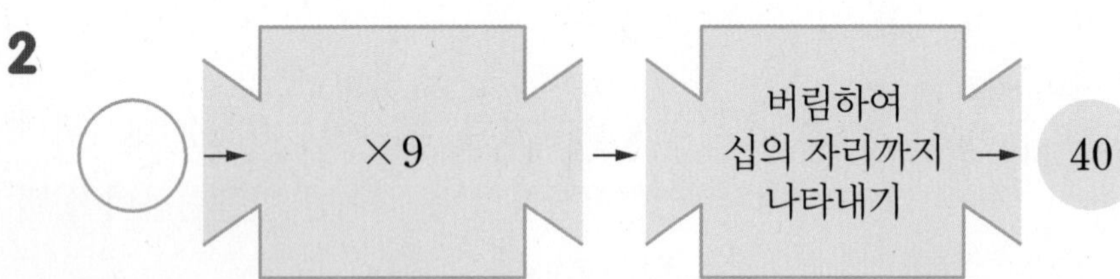

3

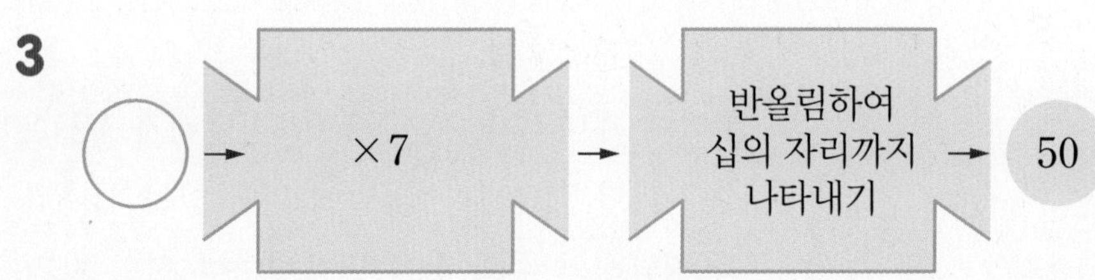

4

○ → ×11 → 반올림하여 십의 자리까지 나타내기 → 70

단원 평가

점수 확인

1 □ 안에 알맞은 말을 써넣으세요.

> 11과 같거나 큰 수를 11 □인 수라고 하고, 11과 같거나 작은 수를 11 □인 수라고 합니다.

[2~3] 영서네 모둠 학생들의 키를 조사하여 나타낸 표입니다. 물음에 답하세요.

영서네 모둠 학생들의 키

이름	키(cm)	이름	키(cm)
영서	151.3	승범	139.0
기준	138.7	유민	147.9
진성	145.0	세진	143.3

2 키가 145 cm 초과인 학생의 이름을 모두 써 보세요.

(　　　　　　　　)

3 키가 139 cm 미만인 학생은 누구일까요?

(　　　　　　　　)

4 수직선에 나타낸 수의 범위를 써 보세요.

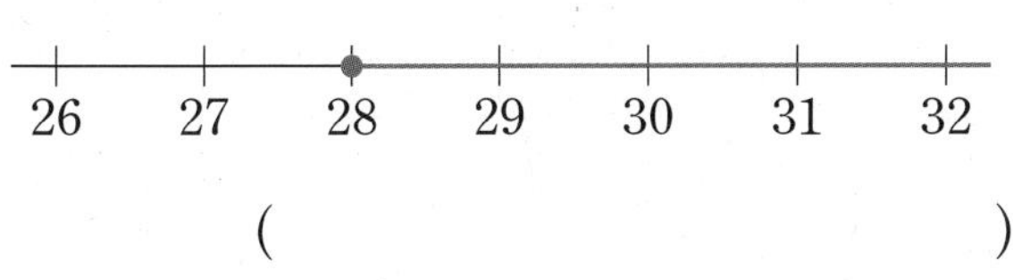

(　　　　　　　　)

5 수직선에 나타내어 보세요.

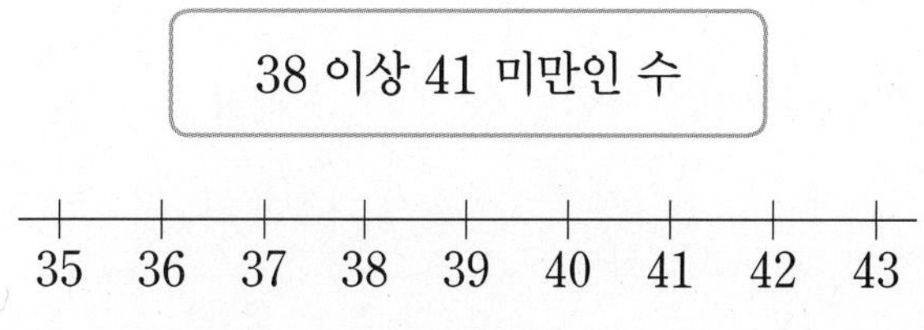

6 43 초과 52 미만인 자연수는 모두 몇 개일까요?

(　　　　　　　　)

7 올림하여 주어진 자리까지 나타내어 보세요.

수	백의 자리	만의 자리
37052		
60043		

8 23.648을 올림, 버림, 반올림하여 소수 둘째 자리까지 나타내어 보세요.

올림	
버림	
반올림	

9 서진이네 가족은 연극을 보러 갔습니다. 이 연극은 15세 이상만 관람할 수 있다면 연극을 볼 수 없는 사람을 모두 써 보세요.

서진이네 가족의 나이

가족	나이(살)	가족	나이(살)
아버지	43	오빠	15
언니	12	동생	9
서진	11	어머니	41

( )

10 초등학생 씨름 경기에서 용장급은 몸무게가 50 kg 초과 55 kg 이하입니다. 용장급에 해당하는 선수는 모두 몇 명일까요?

씨름 선수들의 몸무게

이름	몸무게(kg)	이름	몸무게(kg)
진욱	51	영운	57
준협	49	민우	55
성호	50	휘준	53

( )

11 수를 버림하여 백의 자리까지 바르게 나타낸 학생의 이름을 모두 써 보세요.

지윤: 764 ➡ 760
승채: 53271 ➡ 53200
선우: 8532 ➡ 8502
희재: 1840 ➡ 1900
예진: 26938 ➡ 26900

( )

12 사물함 자물쇠의 비밀번호를 올림하여 백의 자리까지 나타내면 1500입니다. □ 안에 알맞은 수를 써넣으세요.

13 돼지 저금통을 열어서 세어 보니 100원짜리 동전이 83개였습니다. 이것을 1000원짜리 지폐로 바꾸면 얼마까지 바꿀 수 있을까요?

( )

14 은아네 도시의 인구는 345087명입니다. 은아네 도시의 인구를 반올림하여 만의 자리까지 나타내어 보세요.

( )

15 아영이네 집에서 학교를 지나 도서관까지의 거리를 반올림하여 일의 자리까지 나타내어 보세요.

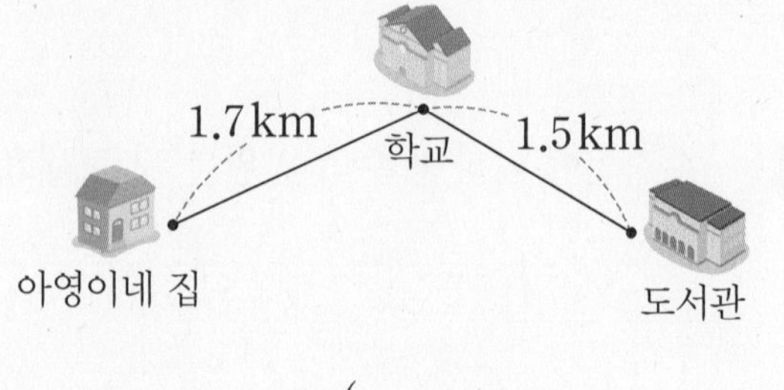

( )

16 다음 조건을 만족하는 소수 한 자리 수는 모두 몇 개일까요?

- 자연수 부분은 5 초과 7 이하입니다.
- 소수 첫째 자리 숫자는 3 이상 5 미만인 소수입니다.

(　　　　　　　)

17 성민이네 학교 5학년 학생 187명은 놀이공원에서 날으는 비행기라는 놀이 기구를 타려고 합니다. 이 놀이 기구는 한 번에 10명씩 탈 수 있다면 최소 몇 번에 나누어 타야 할까요?

(　　　　　　　)

18 수 카드 4장을 한 번씩만 사용하여 가장 작은 네 자리 수를 만들고, 만든 네 자리 수를 반올림하여 십의 자리까지 나타내어 보세요.

1　8　5　4

(　　　　　　　)

서술형 문제

정답과 풀이 7쪽

19 8 초과 13 이하인 자연수를 모두 더하면 얼마인지 보기 와 같이 풀이 과정을 쓰고 답을 구해 보세요.

보기

5 이상 11 미만인 자연수의 합

5 이상 11 미만인 자연수는 5, 6, 7, 8, 9, 10 이므로 모두 더하면 $5+6+7+8+9+10=45$ 입니다.

답 45

8 초과 13 이하인 자연수는

답

20 반올림하여 십의 자리까지 나타내면 320이 되는 자연수 중 가장 작은 수는 얼마인지 보기 와 같이 풀이 과정을 쓰고 답을 구해 보세요.

보기

반올림하여 십의 자리까지 나타내면 50이 되는 자연수 중 가장 작은 수

반올림하여 십의 자리까지 나타내면 50이 되는 자연수는 45, 46, 47, 48, 49, 50, 51, 52, 53, 54이므로 가장 작은 수는 45입니다.

답 45

반올림하여 십의 자리까지 나타내면 320이 되는 자연수는

답

2 분수의 곱셈

친구들이 서아의 생일잔치를 준비하고 있어요. 친구들이 주스와 현수막을 준비했네요.
□ 안에 알맞은 수를 써넣으세요.

1 (분수) × (자연수)

● **(진분수) × (자연수)** ⟶ 분수의 분모는 그대로 두고 분자와 자연수를 곱하여 계산합니다.

• $\frac{3}{8}\times 6$의 계산

⟶ $\frac{3}{8}+\frac{3}{8}+\frac{3}{8}+\frac{3}{8}+\frac{3}{8}+\frac{3}{8}$과 같습니다.

방법 1 분수의 곱셈을 다 한 이후에 약분하여 계산하기

$$\frac{3}{8}\times 6=\frac{3\times 6}{8}=\frac{\overset{9}{\cancel{18}}}{\underset{4}{\cancel{8}}}=\frac{9}{4}=2\frac{1}{4}$$

방법 2 분수의 곱셈 과정에서 분모와 자연수를 약분하여 계산하기

$$\frac{3}{8}\times 6=\frac{3\times \overset{3}{\cancel{6}}}{\underset{4}{\cancel{8}}}=\frac{9}{4}=2\frac{1}{4}$$

방법 3 약분한 후 계산하기

$$\frac{3}{\underset{4}{\cancel{8}}}\times \overset{3}{\cancel{6}}=\frac{3\times 3}{4}=\frac{9}{4}=2\frac{1}{4}$$

● **(대분수) × (자연수)**

• $1\frac{1}{6}\times 3$의 계산

⟶ $1\frac{1}{6}+1\frac{1}{6}+1\frac{1}{6}$과 같습니다.

방법 1 대분수를 자연수와 진분수의 합으로 바꾸어 계산하기

$$1\frac{1}{6}\times 3=(1\times 3)+\left(\frac{1}{6}\times 3\right)=3+\frac{\overset{1}{\cancel{3}}}{\underset{2}{\cancel{6}}}=3+\frac{1}{2}=3\frac{1}{2}$$

⟶ $1+\frac{1}{6}$

방법 2 대분수를 가분수로 바꾸어 계산하기

$$1\frac{1}{6}\times 3=\frac{7}{6}\times 3=\frac{7\times \overset{1}{\cancel{3}}}{\underset{2}{\cancel{6}}}=\frac{7}{2}=3\frac{1}{2}$$

개념 자세히 보기

• **대분수를 가분수로 나타내기 전에 분모와 자연수를 약분하지 않도록 주의해요!**

$$1\frac{1}{\underset{2}{\cancel{6}}}\times \overset{1}{\cancel{3}}=1\frac{1}{2}\quad(\times)$$

1 그림을 보고 □ 안에 알맞은 수를 써넣으세요.

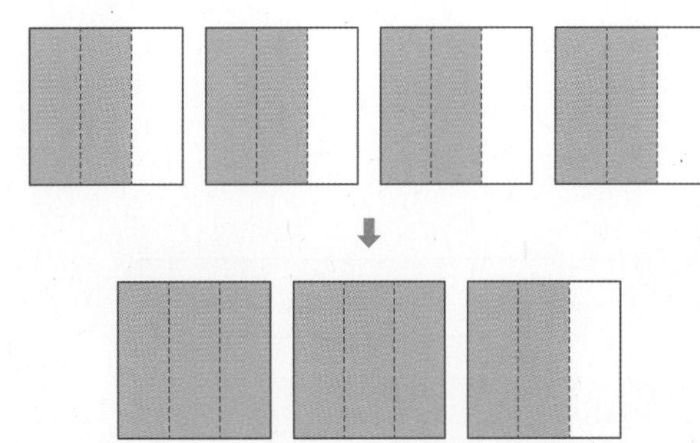

$\frac{2}{3}\times4=\frac{2}{3}+\frac{2}{3}+\frac{2}{3}+\frac{2}{3}=\frac{2\times\square}{3}=\frac{\square}{\square}=\square\frac{\square}{\square}$

4학년 때 배웠어요

분수의 덧셈

$\frac{2}{5}+\frac{1}{5}=\frac{2+1}{5}=\frac{3}{5}$

2 $\frac{7}{8}\times4$를 여러 가지 방법으로 계산한 것입니다. □ 안에 알맞은 수를 써넣으세요.

방법 1 $\frac{7}{8}\times4=\frac{7\times4}{8}=\frac{\overset{\square}{\cancel{28}}}{\underset{\square}{\cancel{8}}}=\frac{\square}{2}=\square$

방법 2 $\frac{7}{8}\times4=\frac{7\times\overset{\square}{\cancel{4}}}{\underset{\square}{\cancel{8}}}=\frac{\square}{\square}=\square$

방법 3 $\frac{7}{\underset{\square}{\cancel{8}}}\times\overset{\square}{\cancel{4}}=\frac{\square}{\square}=\square$

(진분수)×(자연수)는
분수의 곱셈을 다 한 이후에
약분하거나 계산
중간 과정에서 약분하거나
약분한 다음에 계산해요.

3 $1\frac{1}{5}\times4$를 두 가지 방법으로 계산한 것입니다. □ 안에 알맞은 수를 써넣으세요.

방법 1 $1\frac{1}{5}\times4=(1\times4)+\left(\frac{\square}{\square}\times4\right)=\square+\frac{4}{\square}=\square\frac{\square}{\square}$

방법 2 $1\frac{1}{5}\times4=\frac{\square}{5}\times4=\frac{\square}{\square}=\square\frac{\square}{\square}$

방법 1 은 대분수를 자연수와
진분수의 합으로 바꾸어
계산하는 것이고,
방법 2 는 대분수를 가분수로
바꾸어 계산하는 것이에요.

2 (자연수) × (분수)

● (자연수) × (진분수)

• $9\times\frac{1}{3}$과 $9\times\frac{2}{3}$의 계산

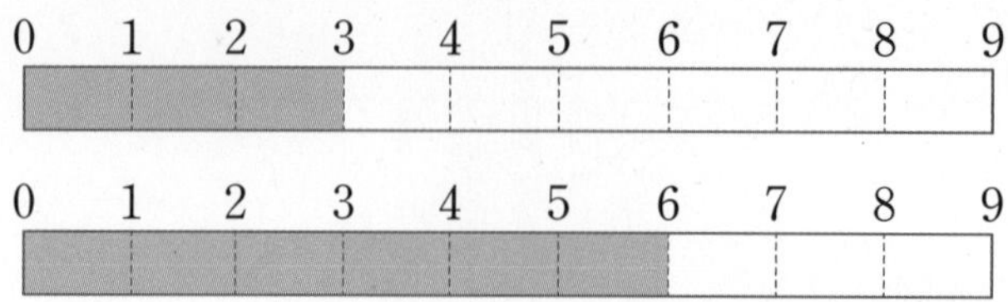

$9\times\frac{1}{3}$은 9를 3등분한 것 중 1이므로 $9\times\frac{1}{3}=3$이고, $9\times\frac{2}{3}$는 9를 3등분한 것 중 2이므로 $9\times\frac{2}{3}=6$입니다.

• $10\times\frac{5}{6}$의 계산

방법 1 분수의 곱셈을 다 한 이후에 약분하여 계산하기

$$10\times\frac{5}{6}=\frac{10\times5}{6}=\frac{\overset{25}{\cancel{50}}}{\underset{3}{\cancel{6}}}=\frac{25}{3}=8\frac{1}{3}$$

방법 2 분수의 곱셈 과정에서 분모와 자연수를 약분하여 계산하기

$$10\times\frac{5}{6}=\frac{\overset{5}{\cancel{10}}\times5}{\underset{3}{\cancel{6}}}=\frac{25}{3}=8\frac{1}{3}$$

방법 3 약분한 후 계산하기

$$\overset{5}{\cancel{10}}\times\frac{5}{\underset{3}{\cancel{6}}}=\frac{25}{3}=8\frac{1}{3}$$

● (자연수) × (대분수)

• $4\times1\frac{1}{3}$의 계산

방법 1 대분수를 자연수와 진분수의 합으로 바꾸어 계산하기

$$4\times1\frac{1}{3}=(4\times1)+\left(4\times\frac{1}{3}\right)=4+\frac{4}{3}=4+1\frac{1}{3}=5\frac{1}{3}$$

($1\frac{1}{3}$ → $1+\frac{1}{3}$)

방법 2 대분수를 가분수로 바꾸어 계산하기

$$4\times1\frac{1}{3}=4\times\frac{4}{3}=\frac{4\times4}{3}=\frac{16}{3}=5\frac{1}{3}$$

정답과 풀이 8쪽

1 그림을 보고 바르게 이야기한 친구의 이름을 모두 써 보세요.

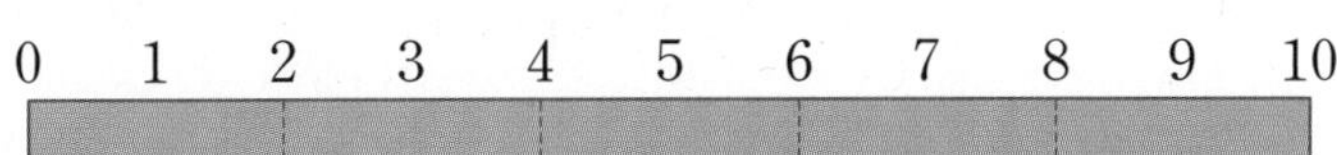

은지: 10의 $\frac{1}{5}$은 2입니다.

태민: $10\times\frac{2}{5}$는 10보다 큽니다.

수아: $10\times\frac{4}{5}$는 8입니다.

(　　　　　　　　　　　　)

2 보기 와 같이 계산해 보세요.

약분한 다음 계산하는 방법이에요.

보기

$$\overset{3}{\cancel{9}}\times\frac{5}{\underset{4}{\cancel{12}}}=\frac{15}{4}=3\frac{3}{4}$$

① $25\times\frac{7}{10}$

② $14\times\frac{8}{21}$

3 보기 와 같이 계산해 보세요.

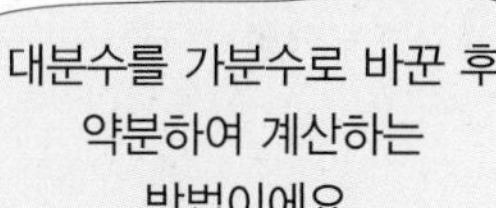

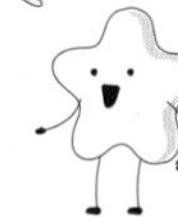

보기

$$4\times2\frac{5}{6}=\overset{2}{\cancel{4}}\times\frac{17}{\underset{3}{\cancel{6}}}=\frac{34}{3}=11\frac{1}{3}$$

① $5\times1\frac{3}{10}$

② $18\times1\frac{1}{8}$

4 계산해 보세요.

① $8\times\frac{9}{14}$

② $3\times\frac{4}{9}$

③ $6\times1\frac{3}{4}$

④ $5\times2\frac{4}{15}$

기본기 강화 문제

① 곱셈을 덧셈으로 나타내어 (진분수)×(자연수) 계산하기

• □ 안에 알맞은 수를 써넣으세요.

1 $\frac{1}{2}\times3=\frac{1}{2}+\frac{1}{2}+\frac{1}{2}=\frac{1+1+1}{2}$

$=\frac{1\times\square}{2}=\frac{\square}{2}=\square$

2 $\frac{2}{3}\times5=\frac{2}{3}+\frac{2}{3}+\frac{2}{3}+\frac{2}{3}+\frac{2}{3}$

$=\frac{2+2+2+2+2}{3}=\frac{2\times\square}{3}$

$=\frac{\square}{3}=\square$

3 $\frac{3}{5}\times4=\frac{3}{5}+\frac{3}{5}+\frac{3}{5}+\frac{3}{5}$

$=\frac{3+3+3+3}{5}=\frac{3\times\square}{5}$

$=\frac{\square}{5}=\square$

4 $\frac{4}{7}\times6=\frac{4}{7}+\frac{4}{7}+\frac{4}{7}+\frac{4}{7}+\frac{4}{7}+\frac{4}{7}$

$=\frac{4+4+4+4+4+4}{7}=\frac{4\times\square}{7}$

$=\frac{\square}{7}=\square$

② (진분수)×(자연수)의 계산 방법 익히기

• □ 안에 알맞은 수를 써넣으세요.

1 $\frac{1}{3}\times7=\frac{1\times\square}{3}=\frac{\square}{3}=\square$

2 $\frac{3}{4}\times9=\frac{3\times\square}{4}=\frac{\square}{4}=\square$

3 $\frac{2}{5}\times8=\frac{2\times\square}{5}=\frac{\square}{5}=\square$

4 $\frac{5}{6}\times5=\frac{5\times\square}{6}=\frac{\square}{6}=\square$

5 $\frac{2}{7}\times8=\frac{2\times\square}{7}=\frac{\square}{7}=\square$

6 $\frac{7}{8}\times11=\frac{7\times\square}{8}=\frac{\square}{8}=\square$

7 $\frac{5}{9}\times13=\frac{5\times\square}{9}=\frac{\square}{9}=\square$

8 $\frac{9}{10}\times9=\frac{9\times\square}{10}=\frac{\square}{10}=\square$

3 (진분수) × (자연수)를 여러 가지 방법으로 계산하기

• 보기 와 같이 계산해 보세요.

보기

• $\frac{1}{6}\times4$의 계산

방법 1 $\frac{1}{6}\times4=\frac{1\times4}{6}=\frac{\overset{2}{\cancel{4}}}{\underset{3}{\cancel{6}}}=\frac{2}{3}$

방법 2 $\frac{1}{6}\times4=\frac{1\times\overset{2}{\cancel{4}}}{\underset{3}{\cancel{6}}}=\frac{2}{3}$

방법 3 $\frac{1}{\underset{3}{\cancel{6}}}\times\overset{2}{\cancel{4}}=\frac{2}{3}$

1 $\frac{3}{4}\times2$

방법 1 $\frac{3}{4}\times2$

방법 2 $\frac{3}{4}\times2$

방법 3 $\frac{3}{4}\times2$

2 $\frac{2}{9}\times6$

방법 1 $\frac{2}{9}\times6$

방법 2 $\frac{2}{9}\times6$

방법 3 $\frac{2}{9}\times6$

4 (진분수) × (자연수)의 계산 연습

• 계산해 보세요.

1 $\frac{1}{7}\times5$

2 $\frac{5}{6}\times12$

3 $\frac{7}{8}\times16$

4 $\frac{5}{12}\times8$

5 $\frac{10}{13}\times4$

6 $\frac{3}{14}\times8$

7 $\frac{9}{20}\times15$

8 $\frac{11}{24}\times16$

2

5 (대분수)×(자연수)를 두 가지 방법으로 계산하기

• 보기 와 같이 계산해 보세요.

보기

• $1\frac{1}{4}\times2$의 계산

방법 1 $1\frac{1}{4}\times2=(1\times2)+\left(\frac{1}{4}\times2\right)$

$=2+\frac{\overset{1}{\cancel{2}}}{\underset{2}{\cancel{4}}}=2+\frac{1}{2}=2\frac{1}{2}$

방법 2 $1\frac{1}{4}\times2=\frac{5}{4}\times2=\frac{5\times\overset{1}{\cancel{2}}}{\underset{2}{\cancel{4}}}$

$=\frac{5}{2}=2\frac{1}{2}$

1 $2\frac{1}{3}\times5$

방법 1 $2\frac{1}{3}\times5$

방법 2 $2\frac{1}{3}\times5$

2 $1\frac{1}{6}\times4$

방법 1 $1\frac{1}{6}\times4$

방법 2 $1\frac{1}{6}\times4$

6 (대분수)×(자연수)의 계산 연습

• 계산해 보세요.

1 $1\frac{1}{2}\times3$

2 $2\frac{1}{3}\times4$

3 $4\frac{5}{6}\times3$

4 $2\frac{3}{4}\times12$

5 $1\frac{5}{12}\times6$

6 $2\frac{1}{10}\times20$

7 $2\frac{7}{15}\times9$

8 $1\frac{3}{20}\times16$

7 사다리 타기

• 사다리를 타고 내려가서 연결된 두 수의 곱을 빈칸에 써넣으세요.

1

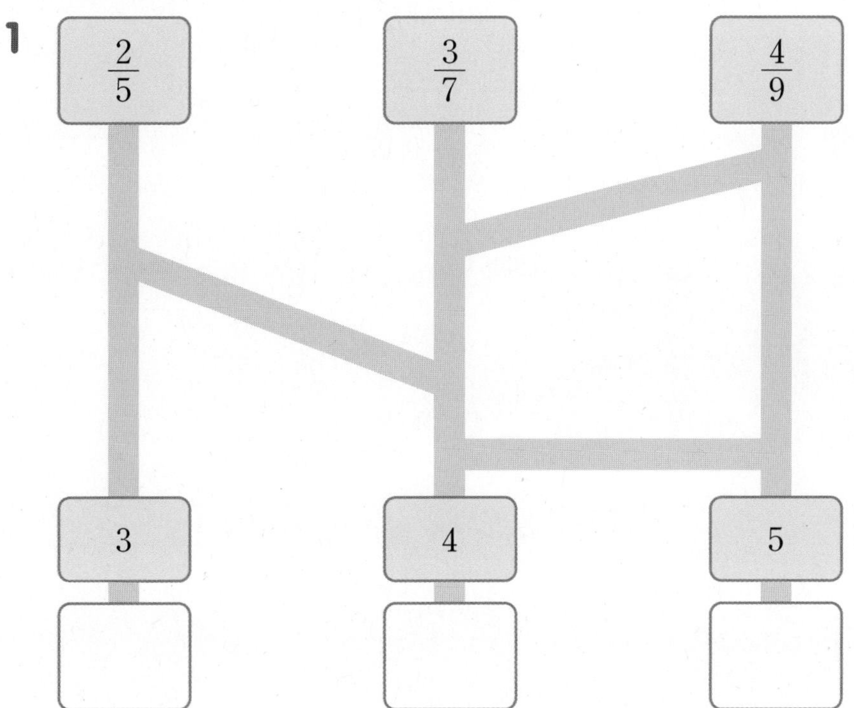

2

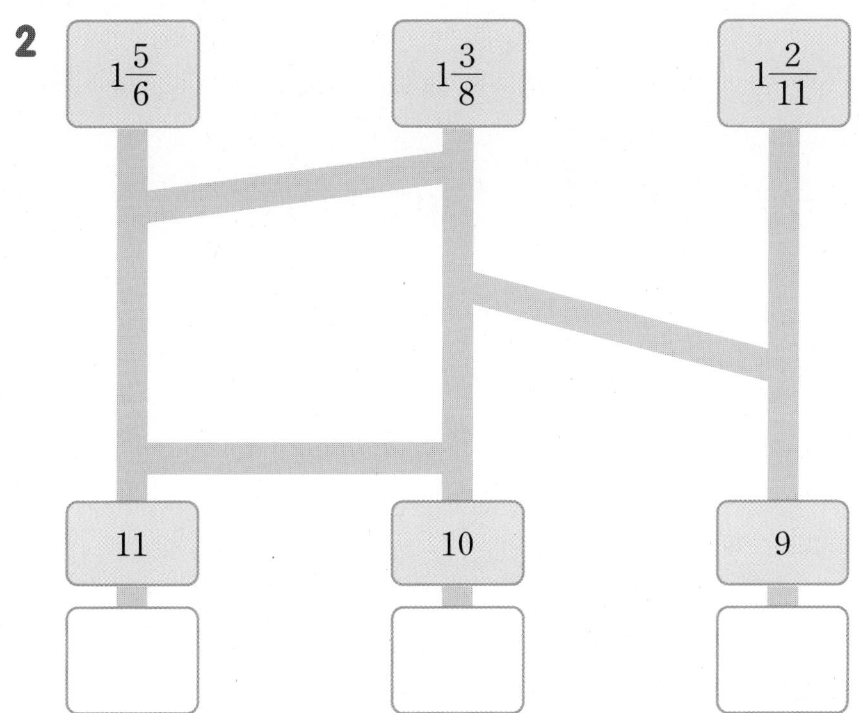

8 (자연수)×(진분수)의 계산 방법 익히기

• □ 안에 알맞은 수를 써넣으세요.

1 $2\times\frac{1}{3}=\frac{\square\times1}{3}=\frac{\square}{3}$

2 $3\times\frac{2}{7}=\frac{\square\times2}{7}=\frac{\square}{7}$

3 $4\times\frac{4}{5}=\frac{\square\times4}{5}=\frac{\square}{5}=\square$

4 $3\times\frac{5}{8}=\frac{\square\times5}{8}=\frac{\square}{8}=\square$

5 $5\times\frac{3}{4}=\frac{\square\times3}{4}=\frac{\square}{4}=\square$

6 $7\times\frac{8}{9}=\frac{\square\times8}{9}=\frac{\square}{9}=\square$

7 $2\times\frac{4}{11}=\frac{\square\times4}{11}=\frac{\square}{11}$

8 $8\times\frac{3}{13}=\frac{\square\times3}{13}=\frac{\square}{13}=\square$

9 (자연수)×(진분수)를 여러 가지 방법으로 계산하기

• 보기 와 같이 계산해 보세요.

보기

• $4\times\frac{3}{8}$의 계산

방법 1 $4\times\frac{3}{8}=\frac{4\times3}{8}=\frac{\cancel{12}^{3}}{\cancel{8}_{2}}=\frac{3}{2}=1\frac{1}{2}$

방법 2 $4\times\frac{3}{8}=\frac{\cancel{4}^{1}\times3}{\cancel{8}_{2}}=\frac{3}{2}=1\frac{1}{2}$

방법 3 $\cancel{4}^{1}\times\frac{3}{\cancel{8}_{2}}=\frac{3}{2}=1\frac{1}{2}$

1 $6\times\frac{7}{10}$

방법 1 $6\times\frac{7}{10}$ ....

방법 2 $6\times\frac{7}{10}$ ....

방법 3 $6\times\frac{7}{10}$ ....

2 $3\times\frac{5}{12}$

방법 1 $3\times\frac{5}{12}$ ....

방법 2 $3\times\frac{5}{12}$ ....

방법 3 $3\times\frac{5}{12}$ ....

정답과 풀이 11쪽

10 (자연수) × (진분수)의 계산 연습

• 계산해 보세요.

1 $3\times\frac{3}{10}$

2 $4\times\frac{5}{8}$

3 $12\times\frac{5}{6}$

4 $6\times\frac{1}{9}$

5 $8\times\frac{5}{12}$

6 $5\times\frac{7}{15}$

7 $21\times\frac{3}{7}$

8 $12\times\frac{9}{10}$

11 (자연수) × (대분수)를 두 가지 방법으로 계산하기

• 보기 와 같이 계산해 보세요.

> 보기
>
> • $3\times2\frac{1}{2}$의 계산
>
> 방법 1 $3\times2\frac{1}{2}=(3\times2)+\left(3\times\frac{1}{2}\right)$
>
> $=6+\frac{3}{2}=6+1\frac{1}{2}=7\frac{1}{2}$
>
> 방법 2 $3\times2\frac{1}{2}=3\times\frac{5}{2}=\frac{3\times5}{2}$
>
> $=\frac{15}{2}=7\frac{1}{2}$

1 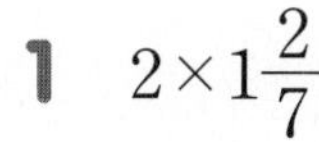

$2\times1\frac{2}{7}$

방법 1 $2\times1\frac{2}{7}$ ....

....

방법 2 $2\times1\frac{2}{7}$ ....

....

2 $6\times2\frac{8}{9}$

방법 1 $6\times2\frac{8}{9}$ ....

....

방법 2 $6\times2\frac{8}{9}$ ....

....

2

12 (자연수) × (대분수)의 계산 연습

• 계산해 보세요.

1 $2\times1\frac{1}{4}$

2 $2\times3\frac{1}{3}$

3 $3\times1\frac{5}{6}$

4 $5\times1\frac{3}{10}$

5 $4\times2\frac{1}{6}$

6 $6\times2\frac{1}{12}$

7 $15\times2\frac{3}{5}$

8 $18\times1\frac{7}{9}$

13 계산 결과 비교하기(1)

• 계산 결과가 더 큰 쪽을 따라 이어 보세요.

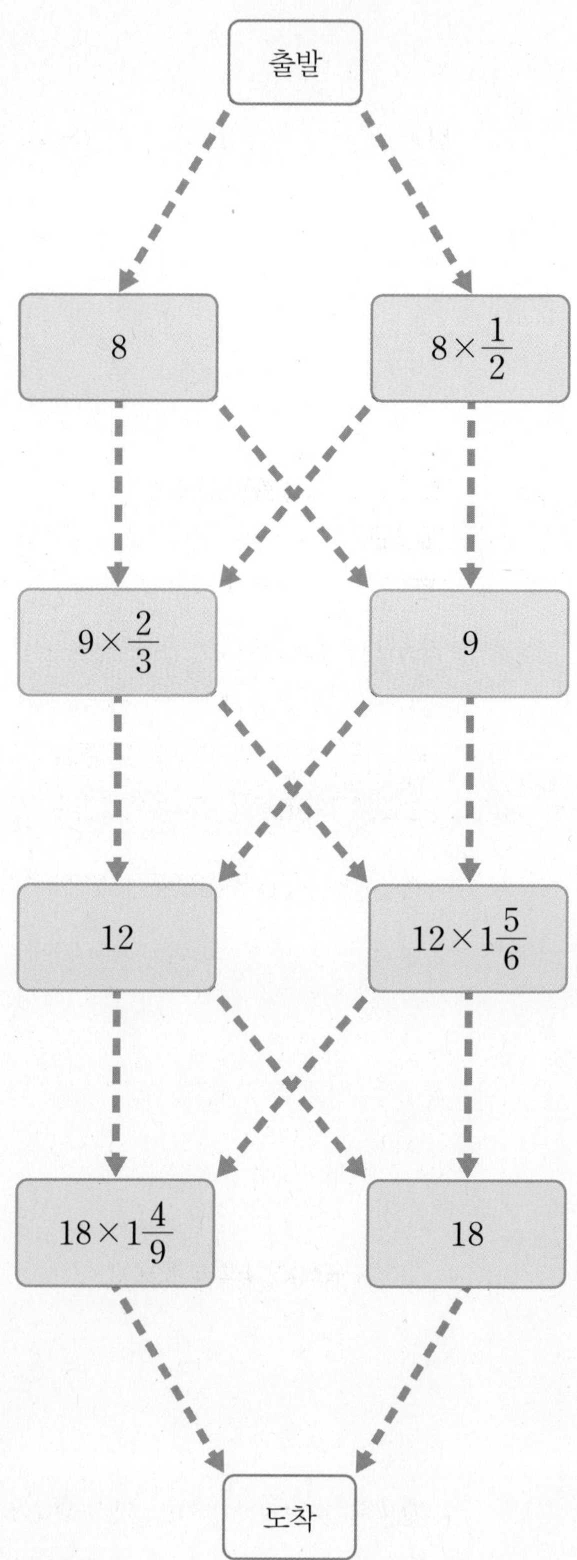

정답과 풀이 11쪽

14 계산 결과 비교하기(2)

• 계산 결과가 가장 큰 것의 기호를 써 보세요.

1

㉠ $2\times\frac{1}{7}$ ㉡ 2×2

㉢ $2\times1\frac{1}{3}$ ㉣ $2\times2\frac{2}{5}$

(　　　　　　　　)

2

㉠ $3\times2\frac{1}{6}$ ㉡ 3×1

㉢ $3\times4\frac{1}{2}$ ㉣ $3\times1\frac{4}{7}$

(　　　　　　　　)

3

㉠ $4\times1\frac{2}{3}$ ㉡ $4\times3\frac{1}{4}$

㉢ $4\times\frac{5}{9}$ ㉣ $4\times3\frac{1}{8}$

(　　　　　　　　)

4

㉠ $6\times2\frac{8}{9}$ ㉡ 6×3

㉢ $6\times1\frac{1}{5}$ ㉣ $6\times2\frac{3}{4}$

(　　　　　　　　)

5

㉠ $8\times1\frac{4}{5}$ ㉡ $8\times1\frac{1}{3}$

㉢ $8\times4\frac{1}{5}$ ㉣ $8\times4\frac{2}{7}$

(　　　　　　　　)

15 분수의 곱셈의 활용(1)

1 미술 시간에 사용할 찰흙을 한 모둠에게 $\frac{5}{9}$ kg씩 나누어 주려고 합니다. 6모둠에게 나누어 주려면 필요한 찰흙은 모두 몇 kg인지 구해 보세요.

식 ....

답 ....

2 한 변의 길이가 $1\frac{3}{4}$ cm인 정팔각형의 둘레는 몇 cm인지 구해 보세요.

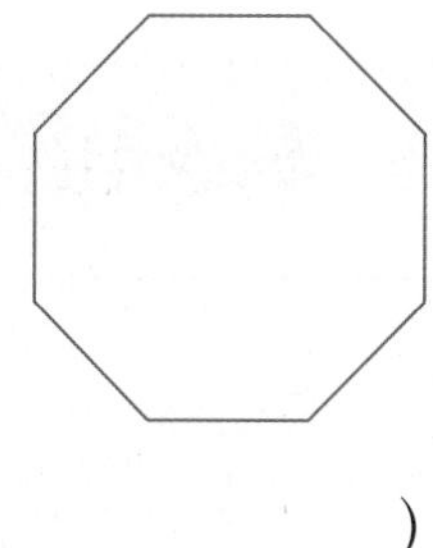

(　　　　　　　　)

3 혜정이는 색종이 20장의 $\frac{2}{5}$를 동생에게 주었습니다. 동생에게 준 색종이는 몇 장인지 구해 보세요.

(　　　　　　　　)

4 가로가 3 m이고, 세로가 $2\frac{1}{3}$ m인 직사각형 모양의 꽃밭이 있습니다. 이 꽃밭의 넓이는 몇 m^2인지 구해 보세요.

(　　　　　　　　)

(분수) × (분수)(1)

● **(단위분수) × (단위분수)** → 분자는 항상 1이고 분모끼리 곱합니다.

• $\frac{1}{3} \times \frac{1}{2}$의 계산

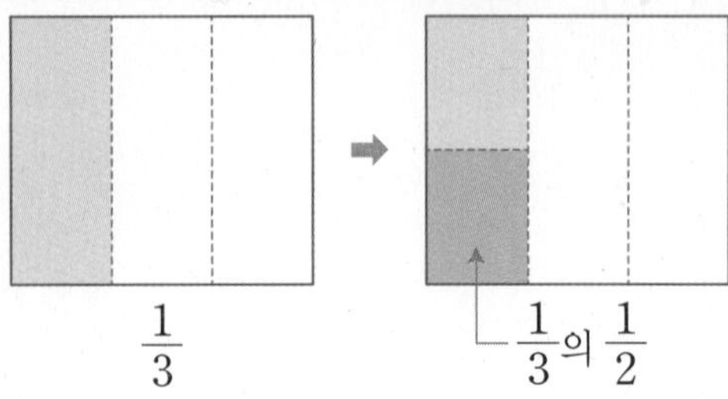

$$\frac{1}{3} \times \frac{1}{2} = \frac{1}{3 \times 2} = \frac{1}{6}$$

● **(진분수) × (단위분수)** → 진분수의 분자는 그대로 두고 분모끼리 곱합니다.

• $\frac{2}{5} \times \frac{1}{3}$의 계산

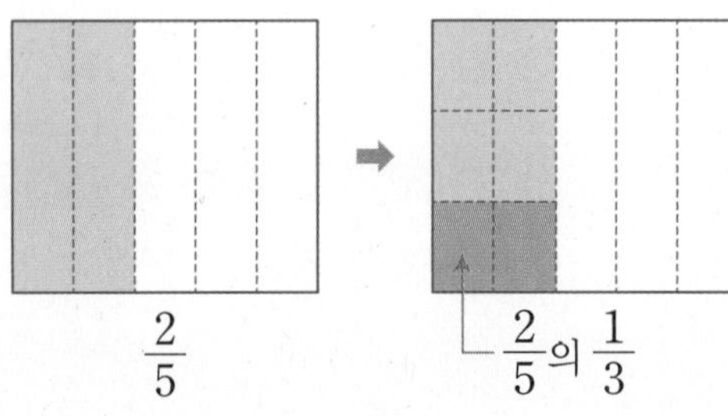

$$\frac{2}{5} \times \frac{1}{3} = \frac{2 \times 1}{5 \times 3} = \frac{2}{15}$$

● **(진분수) × (진분수)** → 분자는 분자끼리, 분모는 분모끼리 곱합니다.

• $\frac{3}{4} \times \frac{3}{5}$의 계산

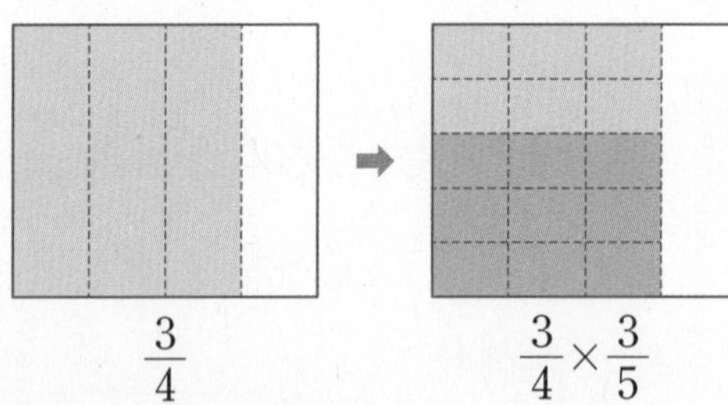

$$\frac{3}{4} \times \frac{3}{5} = \frac{3 \times 3}{4 \times 5} = \frac{9}{20}$$

● **세 분수의 곱셈** → 분자는 분자끼리, 분모는 분모끼리 곱합니다.

• $\frac{1}{3} \times \frac{1}{2} \times \frac{2}{5}$의 계산

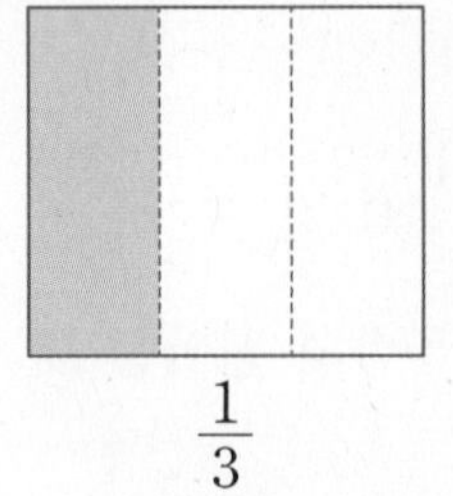

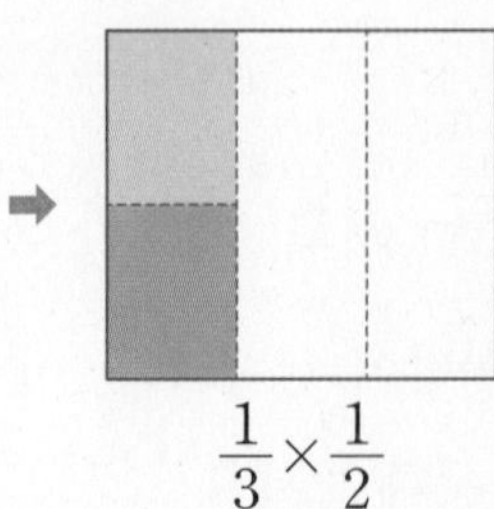

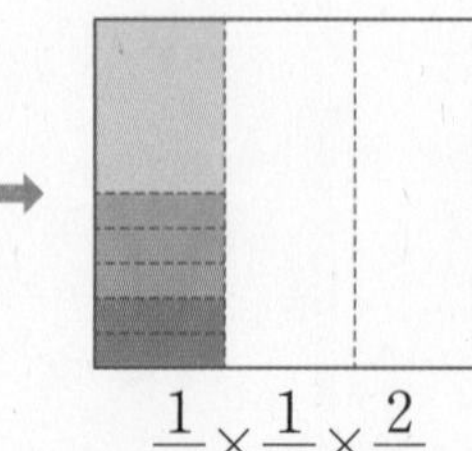

$$\frac{1}{3} \times \frac{1}{2} \times \frac{2}{5} = \frac{1 \times 1 \times 2}{3 \times 2 \times 5} = \frac{\overset{1}{\cancel{2}}}{\underset{15}{\cancel{30}}} = \frac{1}{15}$$

정답과 풀이 13쪽

1 그림을 보고 □ 안에 알맞은 수를 써넣으세요.

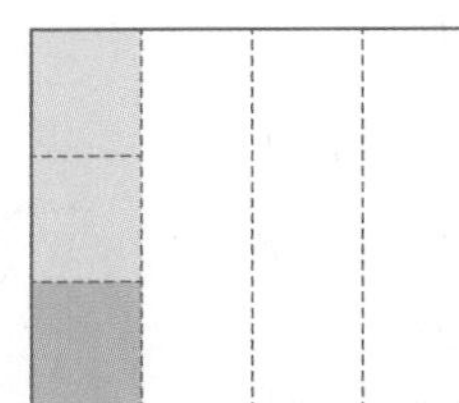

$\frac{1}{4}\times\frac{1}{3}=\frac{1}{\square\times\square}=\frac{1}{\square}$

그림에서 색칠한 부분이 나타내는 분수가 얼마인지 알아보아요.

2 □ 안에 알맞은 수를 써넣으세요.

① $\frac{1}{8}\times\frac{1}{2}=\frac{1}{\square\times\square}=\square$

② $\frac{3}{7}\times\frac{1}{4}=\frac{3\times1}{\square\times\square}=\square$

3 그림을 보고 □ 안에 알맞은 수를 써넣으세요.

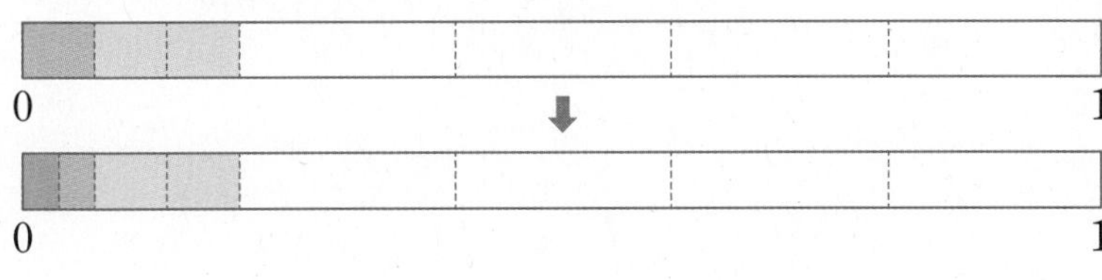

$\frac{1}{5}\times\frac{1}{3}\times\frac{1}{2}=\frac{\square}{\square}\times\frac{1}{2}=\frac{\square}{\square}$

세 분수의 곱셈은 앞의 두 분수의 곱셈을 먼저 한 후 세 번째 분수를 곱하여 계산할 수 있어요.

2

4 $\frac{5}{6}\times\frac{7}{10}$을 여러 가지 방법으로 계산한 것입니다. □ 안에 알맞은 수를 써넣으세요.

(진분수)×(진분수)의 계산에서 약분할 수 있으면 계산한 다음 약분하거나 약분한 후 계산할 수 있어요.

방법 1 $\frac{5}{6}\times\frac{7}{10}=\frac{5\times7}{6\times10}=\frac{\overset{\square}{\cancel{35}}}{\underset{\square}{\cancel{60}}}=\frac{\square}{\square}$

방법 2 $\frac{5}{6}\times\frac{7}{10}=\frac{\overset{\square}{\cancel{5}}\times\square}{\square\times\underset{\square}{\cancel{10}}}=\frac{\square}{\square}$

방법 3 $\frac{\overset{\square}{\cancel{5}}}{6}\times\frac{7}{\underset{\square}{\cancel{10}}}=\frac{\square}{\square}$

(분수) × (분수)(2)

● (대분수) × (대분수)

• $2\frac{2}{5} \times 1\frac{1}{3}$의 계산

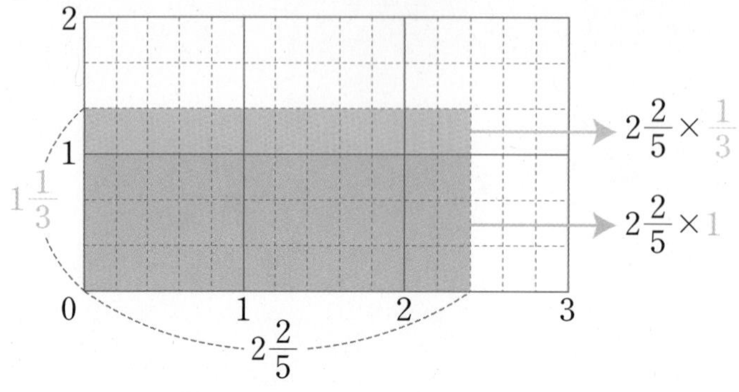

방법 1 대분수를 자연수와 진분수의 합으로 바꾸어 계산하기

$$2\frac{2}{5} \times 1\frac{1}{3} = \left(2\frac{2}{5} \times 1\right) + \left(2\frac{2}{5} \times \frac{1}{3}\right)$$

$$= \left(\frac{12}{5} \times 1\right) + \left(\frac{\overset{4}{\cancel{12}}}{5} \times \frac{1}{\underset{1}{\cancel{3}}}\right)$$

$$= \frac{12}{5} + \frac{4}{5} = \frac{16}{5} = 3\frac{1}{5}$$

방법 2 대분수를 가분수로 바꾼 후 약분한 다음에 계산하기

$$2\frac{2}{5} \times 1\frac{1}{3} = \frac{\overset{4}{\cancel{12}}}{5} \times \frac{4}{\underset{1}{\cancel{3}}} = \frac{16}{5} = 3\frac{1}{5}$$

개념 자세히 보기

• **자연수나 대분수는 모두 가분수 형태로 나타낼 수 있어요!**

분수가 들어간 모든 곱셈은 진분수나 가분수 형태로 나타낸 후, 분자는 분자끼리, 분모는 분모끼리 곱하여 계산할 수 있습니다.

$$\frac{4}{7} \times 6 = \frac{4}{7} \times \frac{6}{1} = \frac{4 \times 6}{7 \times 1} = \frac{24}{7} = 3\frac{3}{7}$$

$$9 \times \frac{3}{8} = \frac{9}{1} \times \frac{3}{8} = \frac{9 \times 3}{1 \times 8} = \frac{27}{8} = 3\frac{3}{8}$$

➲ 정답과 풀이 13쪽

1 그림을 보고 $\square$ 안에 알맞은 수를 써넣으세요.

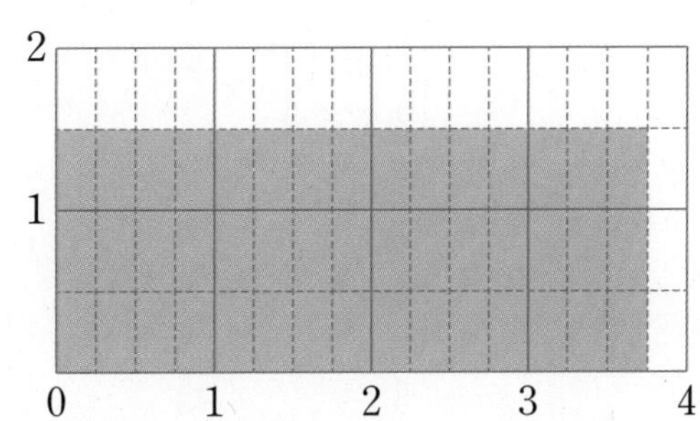

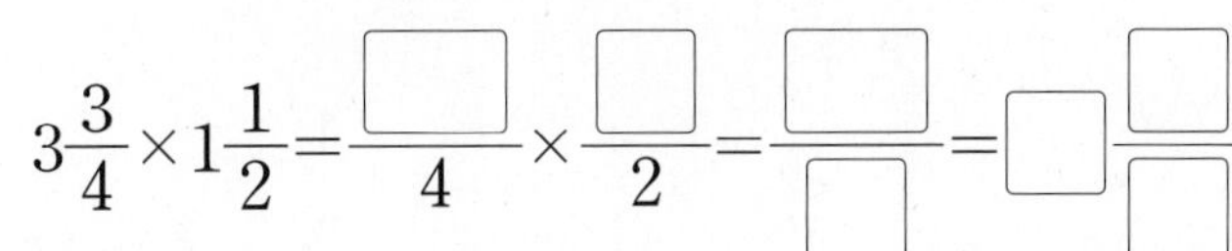

$$3\frac{3}{4}\times1\frac{1}{2}=\frac{\square}{4}\times\frac{\square}{2}=\frac{\square}{\square}=\square\frac{\square}{\square}$$

2 $\square$ 안에 알맞은 수를 써넣으세요.

$$1\frac{1}{3}\times1\frac{5}{6}=\frac{\overset{\square}{\cancel{4}}}{3}\times\frac{\square}{\underset{\square}{\cancel{6}}}=\frac{\square}{\square}=\square\frac{\square}{\square}$$

대분수를 가분수로 바꾼 후 약분하여 계산할 수 있어요.

2

3 계산해 보세요.

① $2\frac{5}{8}\times1\frac{5}{7}$

② $1\frac{1}{3}\times2\frac{1}{4}$

4 (분수)×(분수)의 계산 방법을 이용하여 계산해 보세요.

① $4\times\frac{5}{7}=\frac{\square}{1}\times\frac{5}{7}=\frac{\square\times5}{1\times7}=\frac{\square}{\square}=\square\frac{\square}{\square}$

② $\frac{5}{6}\times7=\frac{5}{6}\times\frac{\square}{1}=\frac{5\times\square}{6\times1}=\frac{\square}{\square}=\square\frac{\square}{\square}$

③ $1\frac{2}{5}\times4\frac{1}{3}=\frac{\square}{5}\times\frac{\square}{3}=\frac{\square}{\square}=\square\frac{\square}{\square}$

(자연수)×(분수),
(분수)×(자연수)의 계산에서
자연수는 분모가 1인 분수로
바꾸어 계산할 수 있어요.

기본기 강화 문제

16 (단위분수) × (단위분수)

• 계산해 보세요.

1 $\frac{1}{2}\times\frac{1}{6}$

2 $\frac{1}{4}\times\frac{1}{5}$

3 $\frac{1}{3}\times\frac{1}{7}$

4 $\frac{1}{9}\times\frac{1}{2}$

5 $\frac{1}{3}\times\frac{1}{12}$

6 $\frac{1}{4}\times\frac{1}{8}$

7 $\frac{1}{5}\times\frac{1}{11}$

8 $\frac{1}{12}\times\frac{1}{7}$

17 계산 결과 비교하기(3)

• 계산 결과를 비교하여 ◯ 안에 >, =, <를 알맞게 써넣으세요.

1 $\frac{1}{2}$ ◯ $\frac{1}{2}\times\frac{1}{7}$

2 $\frac{1}{3}$ ◯ $\frac{1}{3}\times\frac{1}{3}$

3 $\frac{1}{4}\times\frac{1}{6}$ ◯ $\frac{1}{4}$

4 $\frac{1}{5}\times\frac{1}{7}$ ◯ $\frac{1}{5}$

5 $\frac{1}{2}\times\frac{1}{8}$ ◯ $\frac{1}{2}\times\frac{1}{10}$

6 $\frac{1}{7}\times\frac{1}{11}$ ◯ $\frac{1}{7}\times\frac{1}{9}$

7 $\frac{1}{12}\times\frac{1}{13}$ ◯ $\frac{1}{12}\times\frac{1}{15}$

8 $\frac{1}{24}\times\frac{1}{14}$ ◯ $\frac{1}{24}\times\frac{1}{16}$

18 분수의 곱셈식 만들기

• 수 카드 중 두 장을 사용하여 분수의 곱셈식을 만들어 보세요.

1 [1] [2] [5] [8] [9] → $\frac{1}{16}=\frac{1}{\square}\times\frac{1}{\square}$

2 [1] [2] [4] [7] [9] → $\frac{1}{18}=\frac{1}{\square}\times\frac{1}{\square}$

3 [2] [4] [5] [6] [7] → $\frac{1}{28}=\frac{1}{\square}\times\frac{1}{\square}$

4 [2] [4] [7] [8] [9] → $\frac{1}{32}=\frac{1}{\square}\times\frac{1}{\square}$

5 [1] [2] [3] [6] [9] → $\frac{1}{54}=\frac{1}{\square}\times\frac{1}{\square}$

6 [2] [3] [5] [8] [9] → $\frac{1}{72}=\frac{1}{\square}\times\frac{1}{\square}$

2

19 (진분수) × (단위분수)의 계산 연습

• 계산해 보세요.

1 $\frac{3}{4}\times\frac{1}{2}$

2 $\frac{5}{6}\times\frac{1}{3}$

3 $\frac{4}{5}\times\frac{1}{4}$

4 $\frac{7}{9}\times\frac{1}{6}$

5 $\frac{3}{8}\times\frac{1}{10}$

6 $\frac{3}{4}\times\frac{1}{11}$

7 $\frac{4}{5}\times\frac{1}{12}$

8 $\frac{5}{9}\times\frac{1}{15}$

20 그림을 분수로 나타내기

• 그림을 보고 □ 안에 알맞은 수를 써넣으세요.

1 $\frac{2}{5}\times\frac{2}{3}=\frac{2\times\square}{5\times\square}=\square$

2 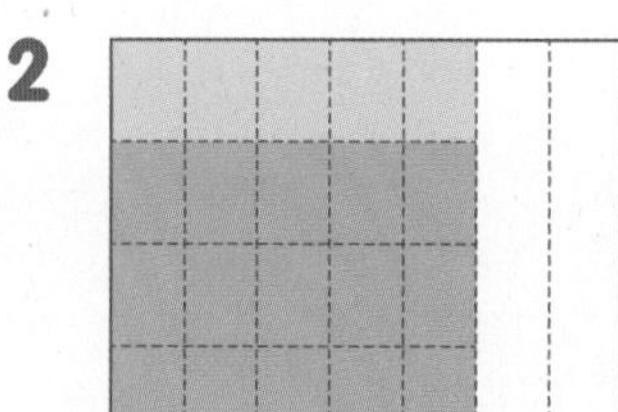

$\frac{5}{7}\times\frac{3}{4}=\frac{5\times\square}{7\times\square}=\square$

3 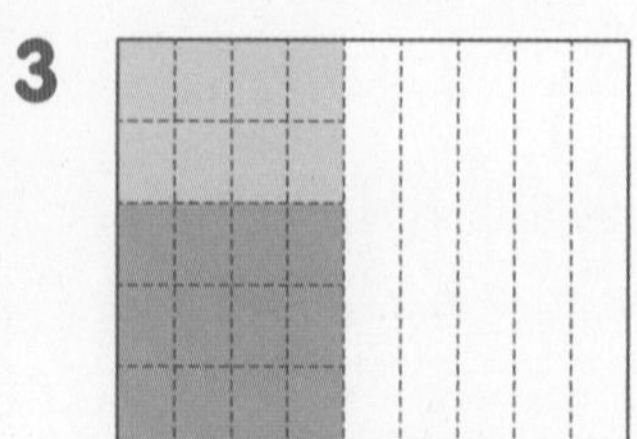

$\frac{4}{9}\times\frac{3}{5}=\frac{4\times\square}{9\times\square}=\square$

21 (진분수) × (진분수)를 여러 가지 방법으로 계산하기

• 보기 와 같이 계산해 보세요.

보기

• $\frac{2}{3}\times\frac{5}{6}$의 계산

방법 1 $\frac{2}{3}\times\frac{5}{6}=\frac{2\times5}{3\times6}=\frac{\cancel{10}^{5}}{\cancel{18}_{9}}=\frac{5}{9}$

방법 2 $\frac{2}{3}\times\frac{5}{6}=\frac{\cancel{2}^{1}\times5}{3\times\cancel{6}_{3}}=\frac{5}{9}$

방법 3 $\frac{\cancel{2}^{1}}{3}\times\frac{5}{\cancel{6}_{3}}=\frac{5}{9}$

1 $\frac{3}{4}\times\frac{5}{9}$

방법 1 $\frac{3}{4}\times\frac{5}{9}$

방법 2 $\frac{3}{4}\times\frac{5}{9}$

방법 3 $\frac{3}{4}\times\frac{5}{9}$

2 $\frac{5}{8}\times\frac{9}{10}$

방법 1 $\frac{5}{8}\times\frac{9}{10}$

방법 2 $\frac{5}{8}\times\frac{9}{10}$

방법 3 $\frac{5}{8}\times\frac{9}{10}$

22 (진분수) × (진분수)의 계산 연습

• 계산해 보세요.

1 $\frac{2}{3}\times\frac{7}{10}$

2 $\frac{3}{5}\times\frac{5}{7}$

3 $\frac{2}{5}\times\frac{2}{7}$

4 $\frac{5}{8}\times\frac{4}{5}$

5 $\frac{6}{7}\times\frac{2}{3}$

6 $\frac{4}{9}\times\frac{3}{8}$

7 $\frac{9}{10}\times\frac{3}{4}$

8 $\frac{7}{12}\times\frac{5}{6}$

23 (대분수)×(대분수)의 계산 방법 익히기

• 보기 와 같이 계산해 보세요.

보기

$$1\frac{1}{5}\times2\frac{2}{3}=\frac{\cancel{6}^{2}}{5}\times\frac{8}{\cancel{3}_{1}}=\frac{16}{5}=3\frac{1}{5}$$

1 $2\frac{1}{3}\times1\frac{1}{4}$

2 $1\frac{3}{4}\times2\frac{1}{5}$

3 $2\frac{1}{6}\times1\frac{1}{13}$

4 $4\frac{2}{3}\times1\frac{2}{7}$

5 $6\frac{1}{4}\times1\frac{3}{10}$

24 (대분수)×(대분수)의 계산 연습

• 계산해 보세요.

1 $1\frac{1}{2}\times1\frac{2}{3}$

2 $1\frac{1}{3}\times3\frac{3}{4}$

3 $3\frac{1}{6}\times1\frac{1}{5}$

4 $2\frac{1}{7}\times1\frac{1}{10}$

5 $6\frac{1}{2}\times2\frac{1}{13}$

6 $2\frac{2}{9}\times1\frac{4}{5}$

7 $5\frac{1}{4}\times2\frac{6}{7}$

8 $2\frac{2}{15}\times3\frac{3}{8}$

➔ 정답과 풀이 15쪽

25 (분수)×(분수)의 계산 방법을 이용하여 계산하기

• $\square$ 안에 알맞은 수를 써넣으세요.

1 $4\times\frac{4}{5}=\frac{\square}{1}\times\frac{4}{5}=\frac{\square\times4}{1\times5}$

$=\frac{\square}{\square}=\square$

2 $5\times\frac{3}{8}=\frac{\square}{1}\times\frac{3}{8}=\frac{\square\times3}{1\times8}$

$=\frac{\square}{\square}=\square$

3 $\frac{6}{7}\times2=\frac{6}{7}\times\frac{\square}{1}=\frac{6\times\square}{7\times1}$

$=\frac{\square}{\square}=\square$

4 $\frac{2}{3}\times8=\frac{2}{3}\times\frac{\square}{1}=\frac{2\times\square}{3\times1}$

$=\frac{\square}{\square}=\square$

5 $1\frac{1}{2}\times1\frac{4}{7}=\frac{\square}{2}\times\frac{\square}{7}=\frac{\square\times\square}{2\times7}$

$=\frac{\square}{\square}=\square$

6 $1\frac{1}{3}\times1\frac{1}{9}=\frac{\square}{3}\times\frac{\square}{9}=\frac{\square\times\square}{3\times9}$

$=\frac{\square}{\square}=\square$

26 계산 결과 비교하기(4)

• 계산 결과를 비교하여 $\bigcirc$ 안에 $>$, $=$, $<$를 알맞게 써넣으세요.

1 $\frac{2}{3}\ \bigcirc\ \frac{2}{3}\times\frac{5}{9}$

2 $\frac{1}{3}\ \bigcirc\ \frac{1}{3}\times\frac{1}{3}$

3 $\frac{5}{7}\times1\frac{1}{2}\ \bigcirc\ \frac{5}{7}$

4 $2\frac{1}{6}\times\frac{4}{5}\ \bigcirc\ 2\frac{1}{6}$

5 $\frac{4}{9}\times\frac{1}{3}\ \bigcirc\ \frac{4}{9}\times\frac{7}{10}$

6 $\frac{3}{5}\times\frac{5}{12}\ \bigcirc\ \frac{3}{5}\times\frac{1}{8}$

7 $2\frac{3}{4}\times1\frac{3}{4}\ \bigcirc\ 2\frac{3}{4}\times1\frac{2}{3}$

8 $5\frac{3}{10}\times3\frac{1}{7}\ \bigcirc\ 3\frac{1}{7}\times5\frac{3}{10}$

27 세 분수의 곱셈

• 계산해 보세요.

1 $\frac{1}{2}\times\frac{1}{4}\times\frac{1}{6}$

2 $\frac{1}{3}\times\frac{1}{5}\times\frac{1}{7}$

3 $\frac{2}{3}\times\frac{1}{4}\times\frac{3}{5}$

4 $\frac{5}{9}\times\frac{2}{3}\times\frac{3}{5}$

5 $\frac{2}{5}\times\frac{5}{7}\times\frac{3}{4}$

6 $\frac{5}{9}\times2\frac{1}{3}\times\frac{9}{10}$

7 $\frac{3}{10}\times1\frac{2}{3}\times1\frac{1}{4}$

8 $1\frac{1}{5}\times1\frac{1}{2}\times\frac{5}{12}$

28 곱해서 더하기

• 계산해 보세요.

1 $\frac{2}{3}\times1=\square$

$\frac{2}{3}\times\frac{1}{4}=\square$ (+)

$\frac{2}{3}\times1\frac{1}{4}=\square$

2 $2\times\frac{3}{5}=\square$

$\frac{5}{6}\times\frac{3}{5}=\square$ (+)

$2\frac{5}{6}\times\frac{3}{5}=\square$

3 $1\frac{2}{7}\times1=\square$

$1\frac{2}{7}\times\frac{7}{9}=\square$ (+)

$1\frac{2}{7}\times1\frac{7}{9}=\square$

4 $3\times1\frac{2}{5}=\square$

$\frac{1}{14}\times1\frac{2}{5}=\square$ (+)

$3\frac{1}{14}\times1\frac{2}{5}=\square$

정답과 풀이 16쪽

29 화살표의 규칙에 따라 계산하기

• 화살표의 규칙 에 따라 계산하여 빈칸에 알맞은 수를 써넣으세요.

1
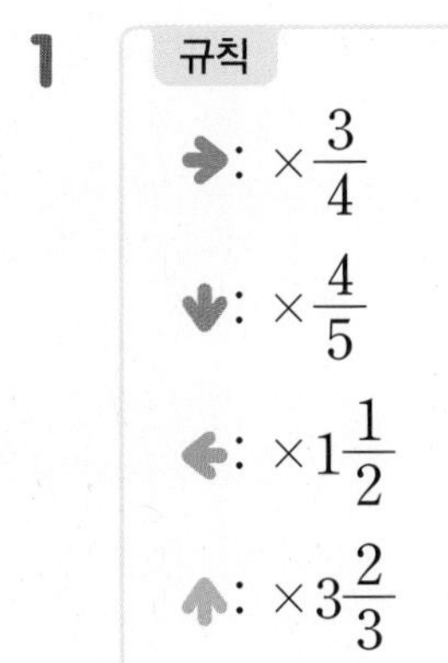

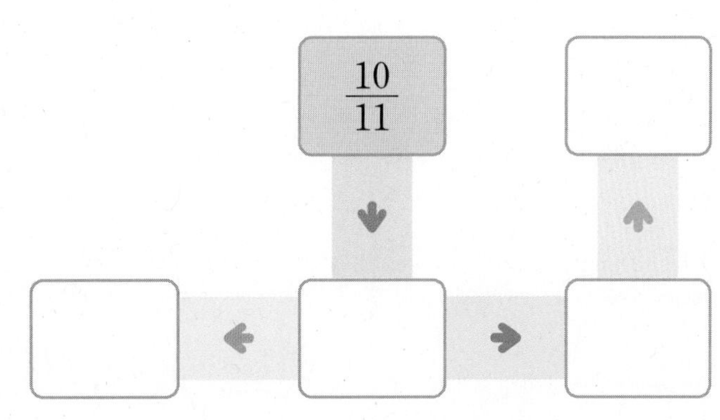

2
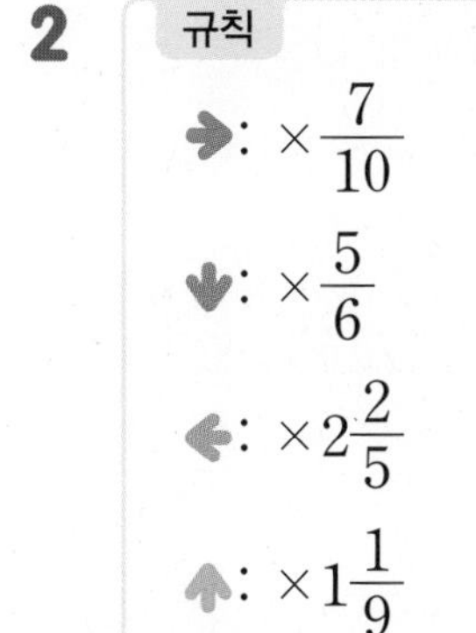

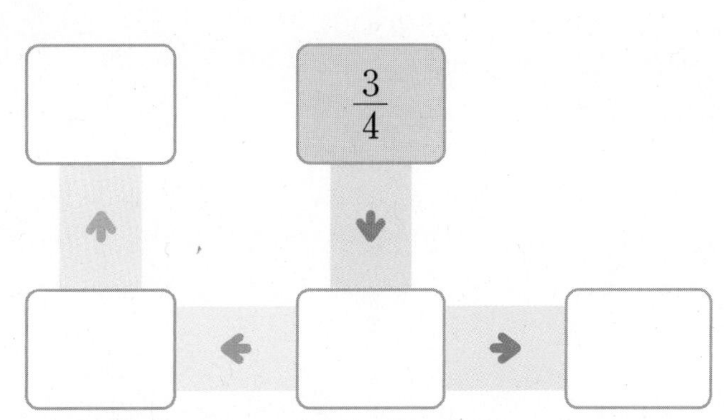

3
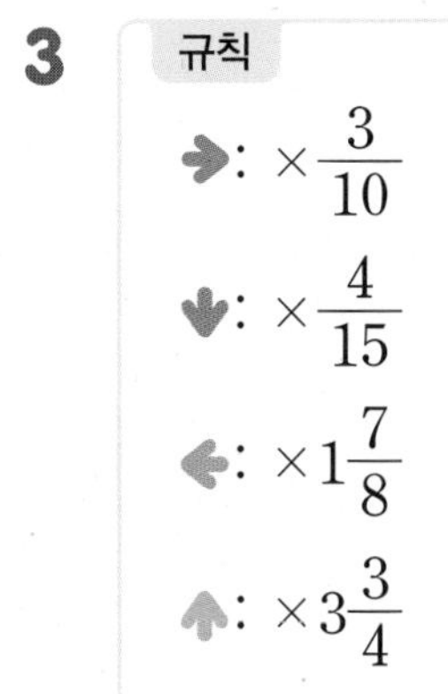

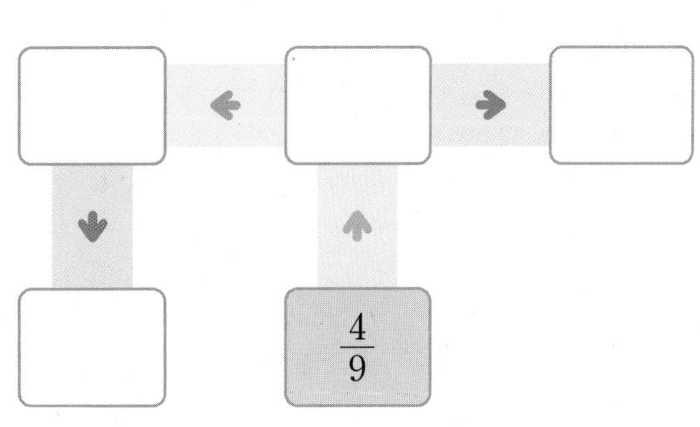

정답과 풀이 17쪽

30 조건을 만족하는 자연수 구하기

• □ 안에 들어갈 수 있는 자연수 중에서 가장 작은 수를 구해 보세요.

1 $4\frac{7}{8}\times3\frac{1}{3}<\square$

(　　　　　　　　)

2

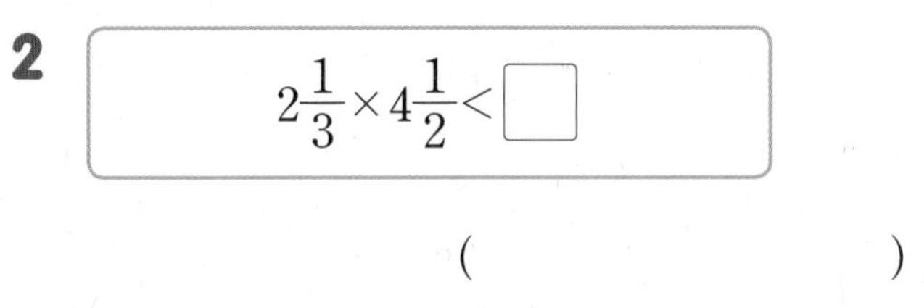

$2\frac{1}{3}\times4\frac{1}{2}<\square$

(　　　　　　　　)

3 $1\frac{2}{5}\times5\frac{5}{6}<\square$

(　　　　　　　　)

4 $3\frac{1}{4}\times4\frac{4}{9}<\square$

(　　　　　　　　)

5 $8\frac{2}{3}\times2\frac{1}{7}<\square$

(　　　　　　　　)

6 $10\frac{1}{8}\times6\frac{2}{9}<\square$

(　　　　　　　　)

31 분수의 곱셈의 활용(2)

1 물병에 물이 $\frac{1}{2}$ L 들어 있습니다. 그중의 $\frac{1}{2}$만큼을 마셨다면 마신 물은 몇 L인지 구해 보세요.

식 ____________________

답 ________________

2 평행사변형의 넓이는 몇 cm^2인지 구해 보세요.

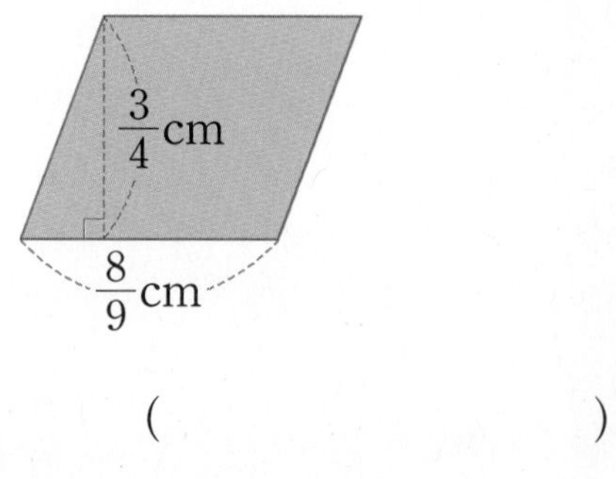

(　　　　　　　　)

3 진우는 자전거를 타고 한 시간 동안 $9\frac{3}{5}$ km를 갔습니다. 진우가 같은 빠르기로 $1\frac{3}{4}$ 시간 동안 자전거를 타고 간 거리는 몇 km인지 구해 보세요.

(　　　　　　　　)

4 수 카드를 한 번씩만 사용하여 만들 수 있는 가장 큰 대분수와 가장 작은 대분수의 곱을 구해 보세요.

(　　　　　　　　)

단원 평가

점수 | 확인

1 □ 안에 알맞은 수를 써넣으세요.

$$\frac{3}{5}\times 9=\frac{3\times 9}{5}=\frac{\square}{\square}=\square$$

2 보기 와 같이 계산해 보세요.

보기

$$1\frac{1}{8}\times 4=(1\times 4)+\left(\frac{1}{\cancel{8}_{2}}\times \cancel{4}^{1}\right)$$
$$=4+\frac{1}{2}=4\frac{1}{2}$$

$2\frac{3}{10}\times 5$

3 □ 안에 알맞은 수를 써넣으세요.

$$1\frac{1}{9}\times 2\frac{1}{4}=\frac{\cancel{10}^{\square}}{\cancel{9}_{\square}}\times\frac{\cancel{9}^{\square}}{\cancel{4}_{\square}}=\frac{\square}{2}=\square$$

4 대분수를 가분수로 바꾸어 계산해 보세요.

$12\times 2\frac{5}{6}$

5 계산해 보세요.

(1) $\frac{5}{14}\times 21$

(2) $2\frac{1}{6}\times 18$

6 계산 결과가 5보다 작은 식에 모두 ○표 하세요.

$5\times\frac{1}{3}$　　$5\times 2\frac{1}{4}$　　5×1　　$5\times\frac{6}{7}$

7 빈칸에 두 수의 곱을 써넣으세요.

$\frac{7}{12}$	$\frac{3}{5}$

8 세 분수의 곱을 구해 보세요.

$\frac{8}{15}$　　$\frac{1}{2}$　　$\frac{5}{8}$

(　　　　　　)

2

9 가장 큰 수와 가장 작은 수의 곱을 구해 보세요.

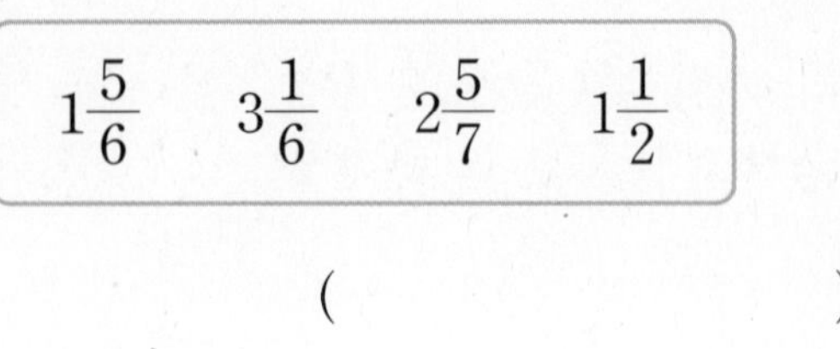

$1\frac{5}{6}$ $3\frac{1}{6}$ $2\frac{5}{7}$ $1\frac{1}{2}$

( )

10 계산 결과를 비교하여 ○ 안에 >, =, <를 알맞게 써넣으세요.

$6\times1\frac{2}{9}$ ○ $10\times1\frac{11}{30}$

11 빈칸에 알맞은 수를 써넣으세요.

$\times$	$\frac{1}{2}$	$1\frac{1}{2}$	$2\frac{1}{2}$
$\frac{1}{5}$			

12 두 곱의 차는 얼마인지 구해 보세요.

$\frac{4}{15}\times\frac{5}{8}$ $\frac{2}{7}\times\frac{7}{15}$

( )

13 지우네 어머니께서 김치찌개를 만드는 데 돼지고기 $\frac{3}{4}$ kg의 $\frac{1}{2}$을 사용하였습니다. 김치찌개를 만드는 데 사용한 돼지고기는 몇 kg일까요?

( )

14 수 카드 5장 중 2장을 골라 □ 안에 한 번씩만 써넣어 곱셈식을 만들려고 합니다. 계산 결과가 가장 큰 식을 구해 보세요.

3 4 5 6 7

$\frac{1}{\square}\times\frac{1}{\square}$

( )

15 디딤초등학교의 전체 학생 수의 $\frac{1}{6}$은 5학년입니다. 5학년 학생 중에서 $\frac{3}{5}$이 남학생이고, 그 중의 $\frac{5}{9}$가 축구를 좋아합니다. 축구를 좋아하는 5학년 남학생은 디딤초등학교 전체 학생의 몇 분의 몇일까요?

( )

16 계산 결과가 큰 것부터 차례로 기호를 써 보세요.

㉠ $1\frac{1}{6}\times 7$	㉡ $\frac{5}{6}\times\frac{1}{3}\times\frac{7}{10}$
㉢ $3\frac{1}{2}\times 1\frac{2}{7}$	㉣ $6\times 1\frac{1}{2}$

( )

17 1보다 큰 자연수 중에서 □ 안에 들어갈 수 있는 자연수를 모두 구해 보세요.

$$\frac{4}{21}\times\frac{3}{16}<\frac{1}{2}\times\frac{1}{3}\times\frac{1}{\square}$$

( )

18 진운이네 학교 운동장의 $\frac{2}{15}$는 꽃밭이고 꽃밭의 $\frac{3}{4}$에는 꽃을 심었습니다. 꽃을 심은 부분 중 $\frac{1}{6}$에 장미를 심었다면 장미를 심은 부분은 학교 운동장 전체의 몇 분의 몇일까요?

( )

서술형 문제

정답과 풀이 18쪽

19 물을 현주는 $2\frac{3}{4}$ L의 $\frac{2}{5}$를 마셨고, 진수는 $3\frac{2}{3}$ L의 $\frac{3}{8}$을 마셨습니다. 진수가 마신 물은 몇 L인지 보기 와 같이 풀이 과정을 쓰고 답을 구해 보세요.

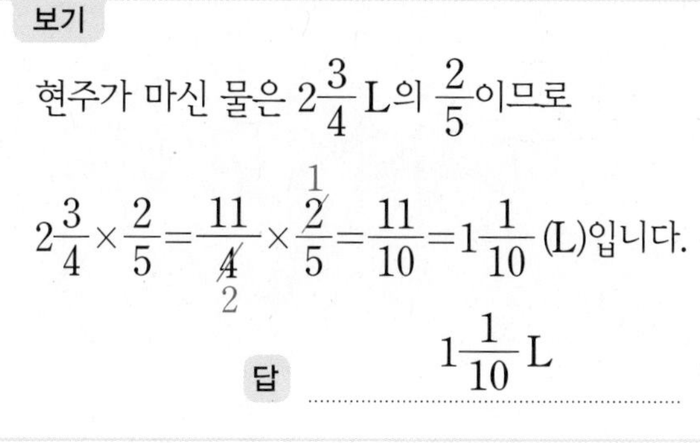

보기

현주가 마신 물은 $2\frac{3}{4}$ L의 $\frac{2}{5}$이므로

$2\frac{3}{4}\times\frac{2}{5}=\frac{11}{\cancel{4}_{2}}\times\frac{\cancel{2}^{1}}{5}=\frac{11}{10}=1\frac{1}{10}$ (L)입니다.

답 $1\frac{1}{10}$ L

진수가 마신 물은

답

20 나 직사각형의 넓이는 몇 cm^2인지 보기 와 같이 풀이 과정을 쓰고 답을 구해 보세요.

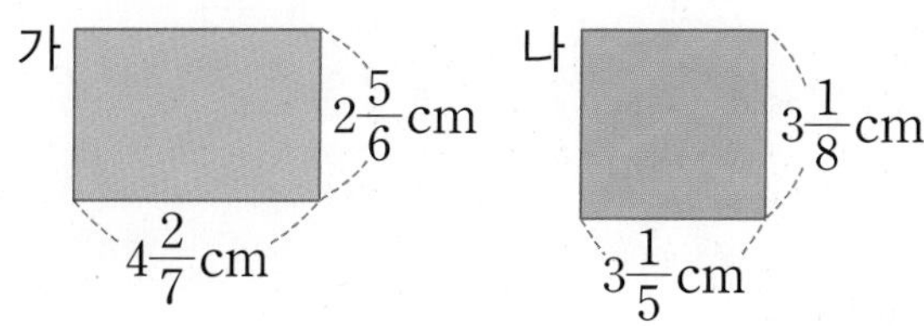

보기

(가 직사각형의 넓이)

$=4\frac{2}{7}\times 2\frac{5}{6}=\frac{\cancel{30}^{5}}{7}\times\frac{17}{\cancel{6}_{1}}=\frac{85}{7}=12\frac{1}{7}$ (cm^2)

답 $12\frac{1}{7}$ cm^2

(나 직사각형의 넓이)

답

3 합동과 대칭

공원에서 소원 카드 걸기 행사를 하고 있어요. 여러 가지 모양의 카드가 걸려 있네요.
윤하와 윤석이가 찾는 카드를 각각 찾아 ○표 하세요.

1 도형의 합동, 합동인 도형의 성질

도형의 합동

- 합동: 모양과 크기가 같아서 포개었을 때 완전히 겹치는 두 도형

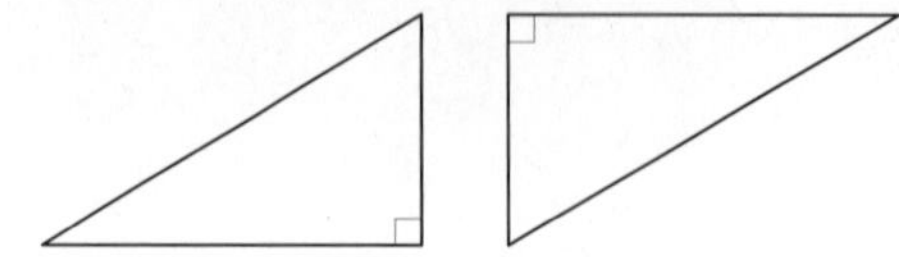

대응점, 대응변, 대응각

- 서로 합동인 두 도형을 포개었을 때 겹치는 점을 대응점, 겹치는 변을 대응변, 겹치는 각을 대응각이라고 합니다.

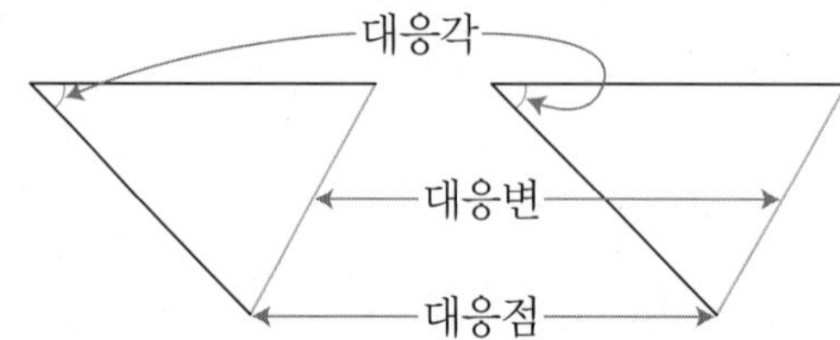

합동인 도형의 성질

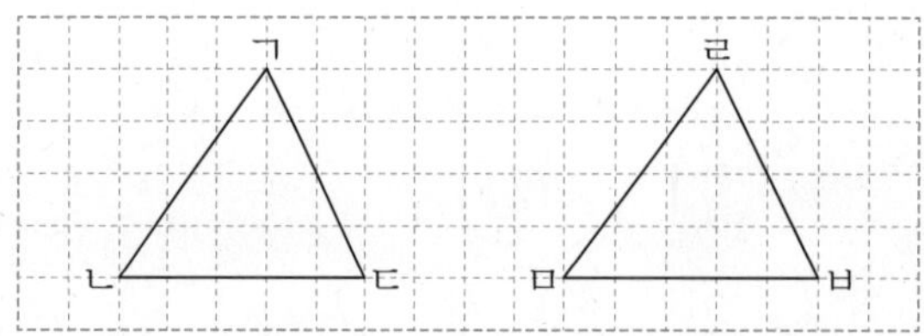

- 서로 합동인 두 도형에서 각각의 대응변의 길이는 서로 같습니다.

(변 ㄱㄴ)=(변 ㄹㅁ), (변 ㄴㄷ)=(변 ㅁㅂ), (변 ㄷㄱ)=(변 ㅂㄹ)

- 서로 합동인 두 도형에서 각각의 대응각의 크기는 서로 같습니다.

(각 ㄱㄴㄷ)=(각 ㄹㅁㅂ), (각 ㄴㄷㄱ)=(각 ㅁㅂㄹ), (각 ㄷㄱㄴ)=(각 ㅂㄹㅁ)

개념 자세히 보기

- **서로 합동인 두 도형은 포개었을 때 점, 변, 각이 모두 완전히 겹쳐요!**

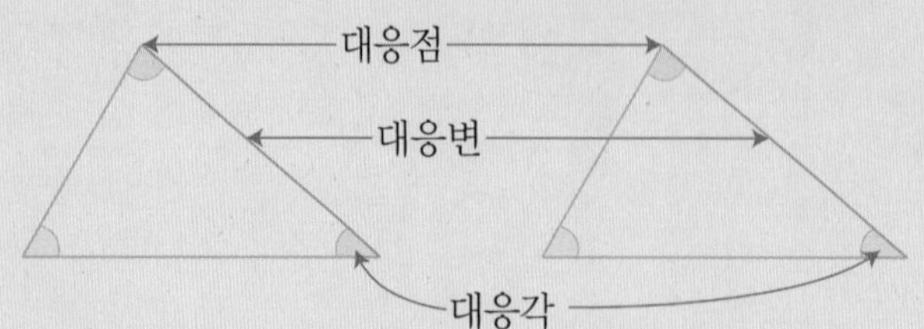

➔ 정답과 풀이 20쪽

1 도형 가와 합동인 도형을 찾아 기호를 써 보세요.

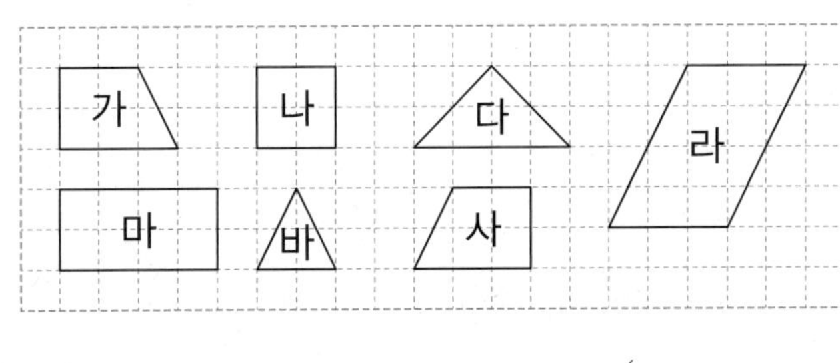

4학년 때 배웠어요
평면도형 뒤집기

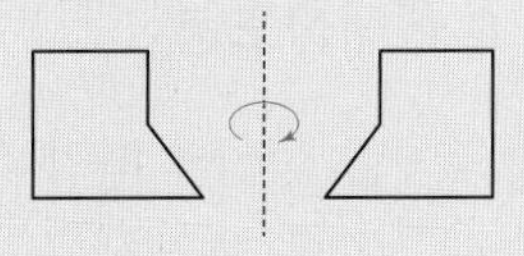

(　　　　　　　　　)

2 두 삼각형은 서로 합동입니다. □ 안에 알맞은 기호를 써넣으세요.

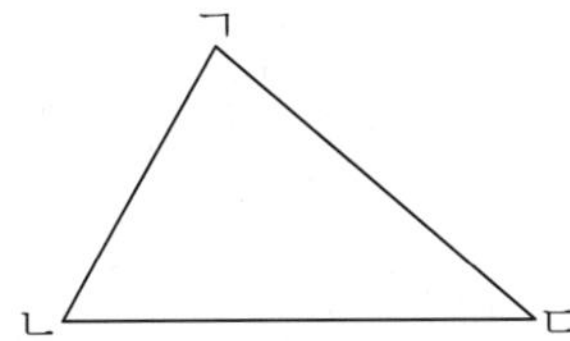

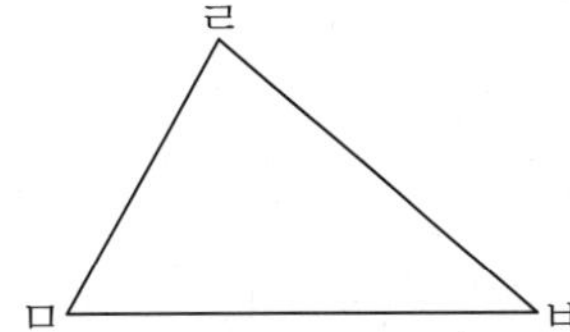

서로 합동인 두 도형을 포개었을 때 완전히 겹치는 점, 겹치는 변, 겹치는 각을 찾아보아요.

① 대응점은 점 ㄱ과 점 ㄹ, 점 ㄴ과 점 □, 점 ㄷ과 점 □입니다.

② 대응변은 변 ㄱㄴ과 변 ㄹㅁ, 변 ㄴㄷ과 변 □, 변 ㄷㄱ과 변 □ 입니다.

③ 대응각은 각 ㄱㄴㄷ과 각 ㄹㅁㅂ, 각 ㄴㄷㄱ과 각 □, 각 ㄷㄱㄴ과 각 □입니다.

3

3 두 사각형은 서로 합동입니다. 물음에 답하세요.

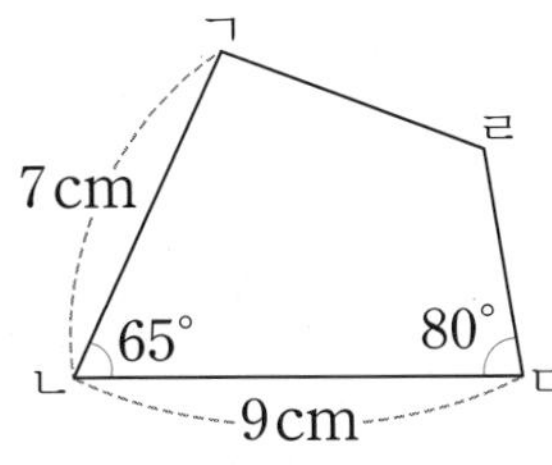

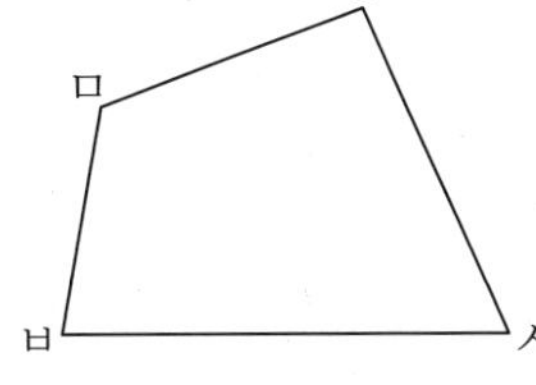

두 도형이 합동이면 대응변의 길이와 대응각의 크기는 각각 같아요.

① 변 ㅇㅅ은 몇 cm일까요?

(　　　　　　　　　)

② 각 ㅇㅅㅂ은 몇 도일까요?

(　　　　　　　　　)

2 선대칭도형과 그 성질

선대칭도형

- 한 직선을 따라 접었을 때 완전히 겹치는 도형을 **선대칭도형**이라고 합니다. 이때 그 직선을 **대칭축**이라고 합니다.
- 대칭축을 따라 접었을 때 겹치는 점을 **대응점**, 겹치는 변을 **대응변**, 겹치는 각을 **대응각**이라고 합니다.

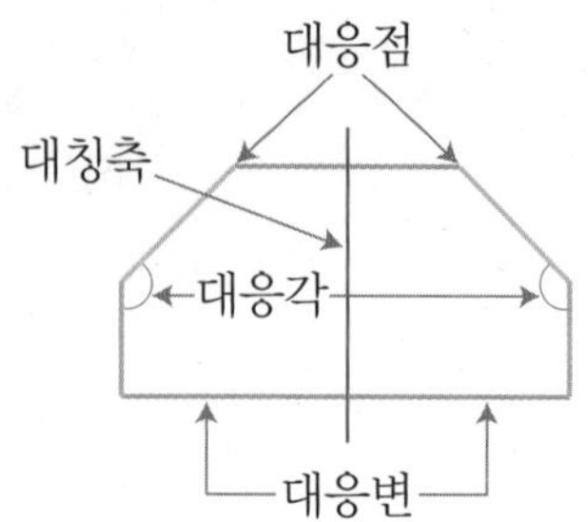

선대칭도형의 성질, 선대칭도형의 대응점끼리 이은 선분과 대칭축의 관계

(1) 선대칭도형의 성질

- 선대칭도형에서 각각의 대응변의 길이가 서로 같습니다.
  ➡ (변 ㄱㄴ)=(변 ㄱㅁ), (변 ㄴㄷ)=(변 ㅁㄹ), (변 ㄷㅅ)=(변 ㄹㅅ)
- 선대칭도형에서 각각의 대응각의 크기가 서로 같습니다.
  ➡ (각 ㄱㄴㄷ)=(각 ㄱㅁㄹ), (각 ㄴㄷㅅ)=(각 ㅁㄹㅅ)

(2) 선대칭도형의 대응점끼리 이은 선분과 대칭축의 관계

- 대응점끼리 이은 선분은 대칭축과 수직으로 만납니다.
- 대칭축은 대응점끼리 이은 선분을 둘로 똑같이 나눕니다.
- 각각의 대응점에서 대칭축까지의 거리가 서로 같습니다.
  ➡ (선분 ㄴㅂ)=(선분 ㅁㅂ), (선분 ㄷㅅ)=(선분 ㄹㅅ)

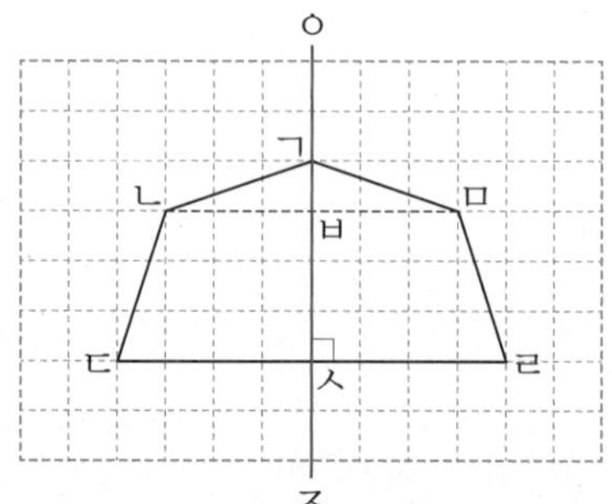

선대칭도형 그리기

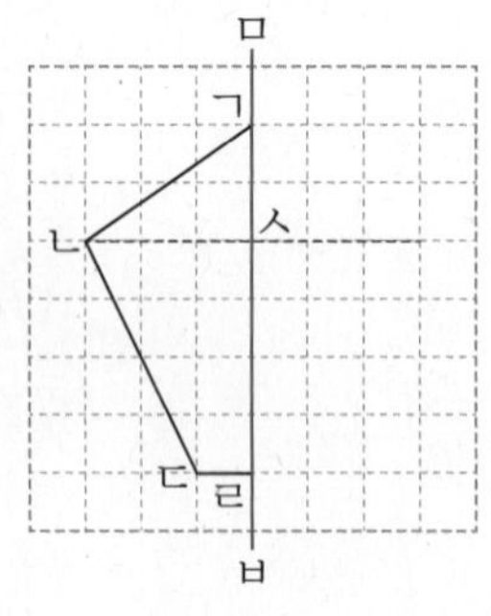

① 점 ㄴ에서 대칭축 ㅁㅂ에 수선을 긋고 대칭축과 만나는 점을 찾아 점 ㅅ으로 표시합니다.

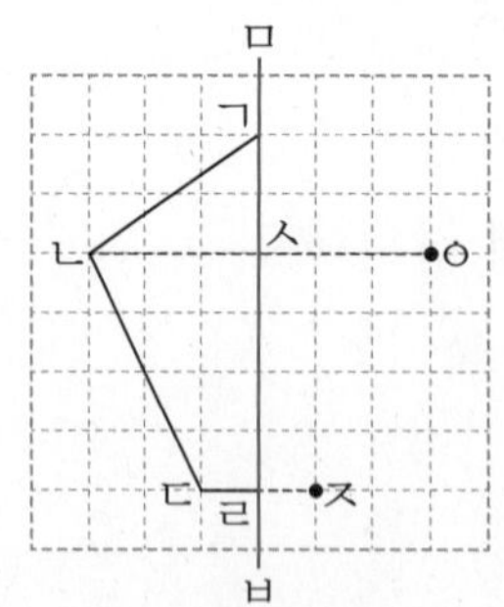

② 이 수선에 선분 ㄴㅅ과 길이가 같은 선분 ㅇㅅ이 되도록 점 ㄴ의 대응점을 찾아 점 ㅇ으로 표시합니다. 같은 방법으로 점 ㄷ의 대응점을 찾아 점 ㅈ으로 표시합니다.

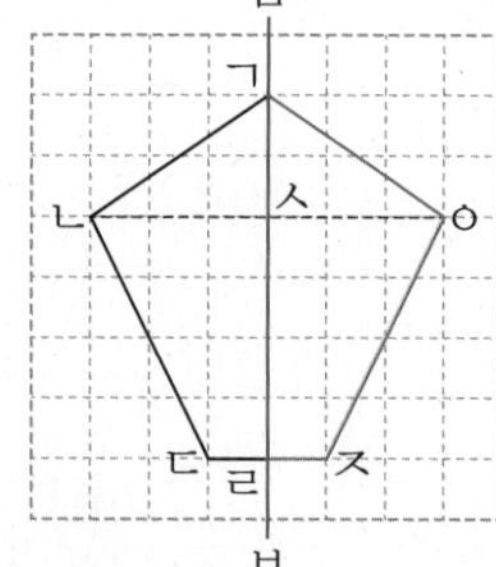

③ 점 ㄹ과 점 ㅈ, 점 ㅈ과 점 ㅇ, 점 ㅇ과 점 ㄱ을 차례로 이어 선대칭도형이 되도록 그립니다.

정답과 풀이 20쪽

1 선대칭도형을 찾아 ○표 하세요.

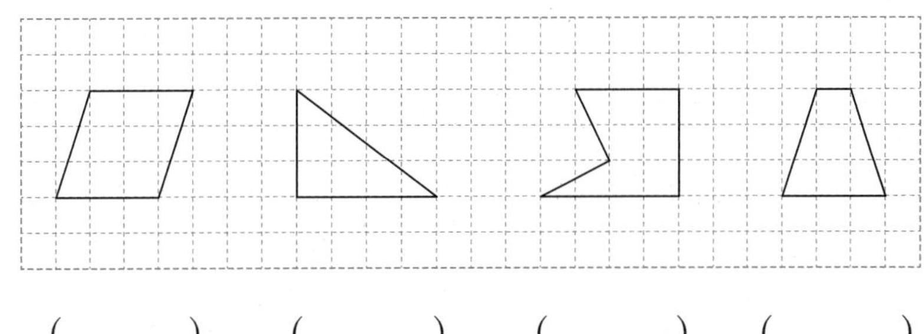

( ) ( ) ( ) ( )

한 직선을 따라 접었을 때 완전히 겹치는 도형이 선대칭도형이에요.

2 다음 도형은 선대칭도형입니다. 대칭축을 그려 보세요.

①

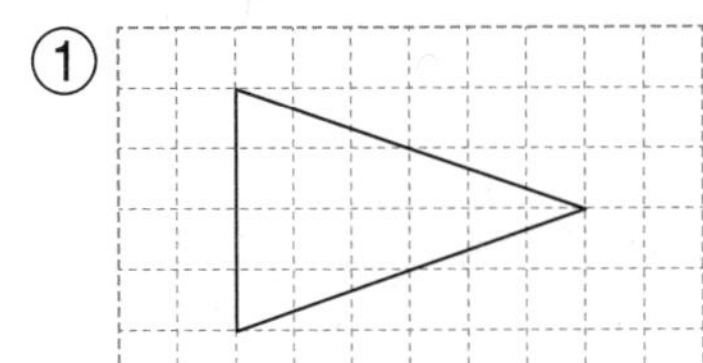

②

한 직선을 따라 접었을 때 모양이 완전히 겹치는지 생각하며 대칭축을 그려 보아요.

3 오른쪽 도형은 선분 ㅅㅇ을 대칭축으로 하는 선대칭도형입니다. □ 안에 알맞은 기호를 써넣으세요.

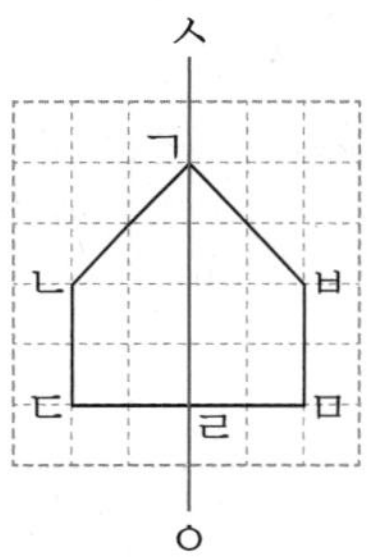

① 대응점을 써 보세요.

점 ㄴ과 점 □, 점 ㄷ과 점 □

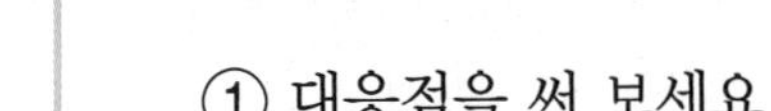

② 대응변을 써 보세요.

변 ㄱㄴ과 변 □, 변 ㄴㄷ과 변 □, 변 ㄷㄹ과 변 □

③ 대응각을 써 보세요.

각 ㄱㄴㄷ과 각 □, 각 ㄴㄷㄹ과 각 □

대칭축을 따라 접었을 때 겹치는 점을 대응점, 겹치는 변을 대응변, 겹치는 각을 대응각이라고 해요.

4 선분 ㄱㄴ을 대칭축으로 하는 선대칭도형입니다. □ 안에 알맞은 수를 써넣으세요.

①

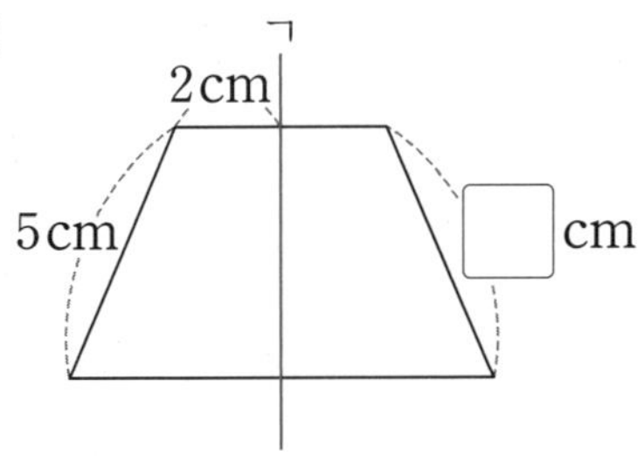

②

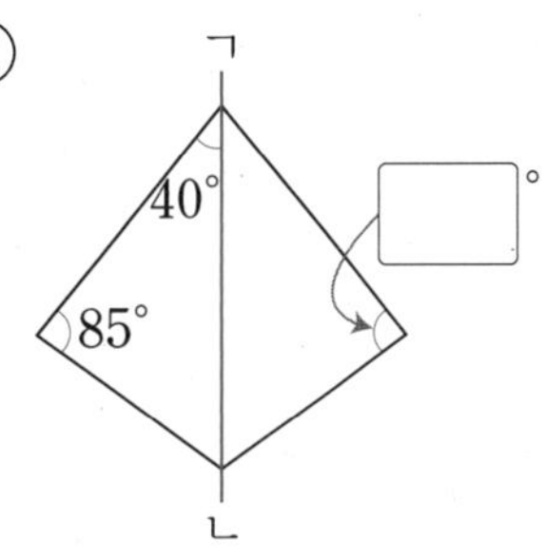

선대칭도형에서 대응변의 길이와 대응각의 크기는 각각 같아요.

점대칭도형과 그 성질

점대칭도형

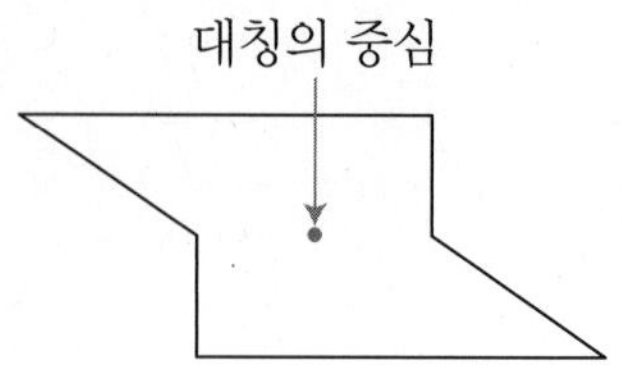

- 한 도형을 어떤 점을 중심으로 180° 돌렸을 때 처음 도형과 완전히 겹치면 이 도형을 **점대칭도형**이라고 합니다.
  이때 그 점을 **대칭의 중심**이라고 합니다.
- 대칭의 중심을 중심으로 180° 돌렸을 때 겹치는 점을 **대응점**, 겹치는 변을 **대응변**, 겹치는 각을 **대응각**이라고 합니다.

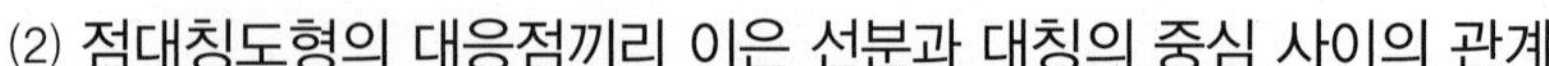

점대칭도형의 성질, 점대칭도형의 대응점끼리 이은 선분과 대칭의 중심 사이의 관계

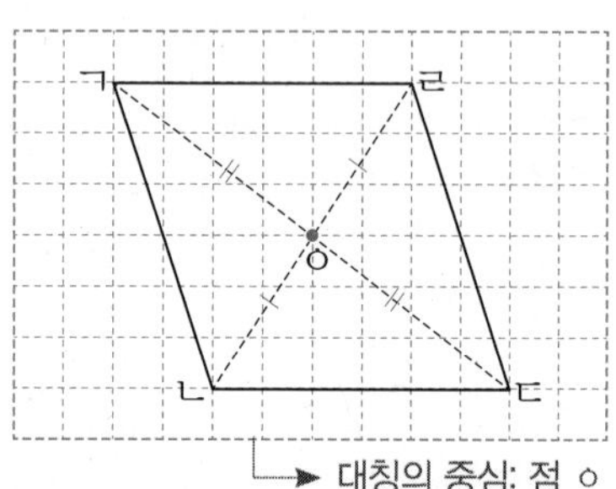

(1) 점대칭도형의 성질
- 점대칭도형에서 각각의 대응변의 길이가 서로 같습니다.
  ➡ (변 ㄱㄴ)=(변 ㄷㄹ), (변 ㄴㄷ)=(변 ㄹㄱ)
- 점대칭도형에서 각각의 대응각의 크기가 서로 같습니다.
  ➡ (각 ㄱㄴㄷ)=(각 ㄷㄹㄱ), (각 ㄴㄷㄹ)=(각 ㄹㄱㄴ)

(2) 점대칭도형의 대응점끼리 이은 선분과 대칭의 중심 사이의 관계
- 대응점끼리 이은 선분은 대칭의 중심에 의하여 길이가 같게 나누어집니다.
- 대칭의 중심은 대응점끼리 이은 선분을 둘로 똑같이 나눕니다.
- 각각의 대응점에서 대칭의 중심까지의 거리가 서로 같습니다.
  ➡ (선분 ㄱㅇ)=(선분 ㄷㅇ), (선분 ㄴㅇ)=(선분 ㄹㅇ)

점대칭도형 그리기

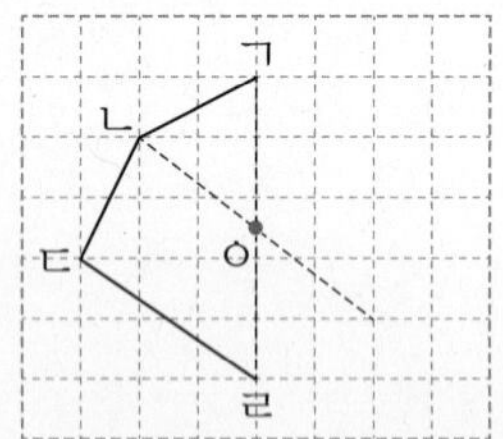

① 점 ㄴ에서 대칭의 중심인 점 ㅇ을 지나는 직선을 긋습니다.

➡

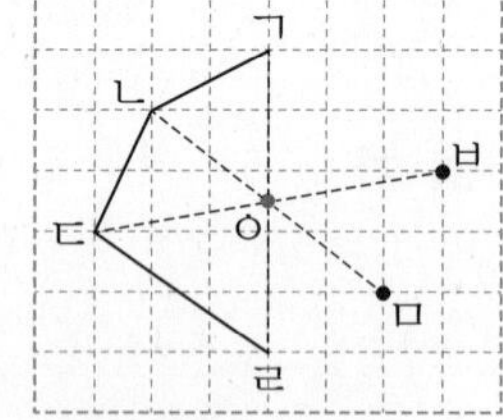

② 이 직선에 선분 ㄴㅇ과 길이가 같은 선분 ㅁㅇ이 되도록 점 ㄴ의 대응점을 찾아 점 ㅁ으로 표시합니다. 같은 방법으로 점 ㄷ의 대응점을 찾아 점 ㅂ으로 표시합니다. 점 ㄱ의 대응점은 점 ㄹ입니다.

➡

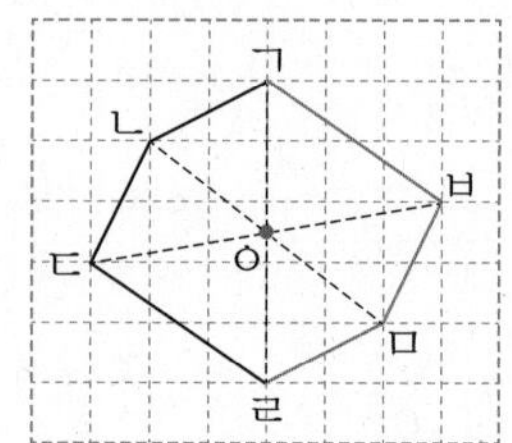

③ 점 ㄹ과 점 ㅁ, 점 ㅁ과 점 ㅂ, 점 ㅂ과 점 ㄱ을 차례로 이어 점대칭도형이 되도록 그립니다.

➲ 정답과 풀이 21쪽

1 점대칭도형을 모두 찾아 ○표 하세요.

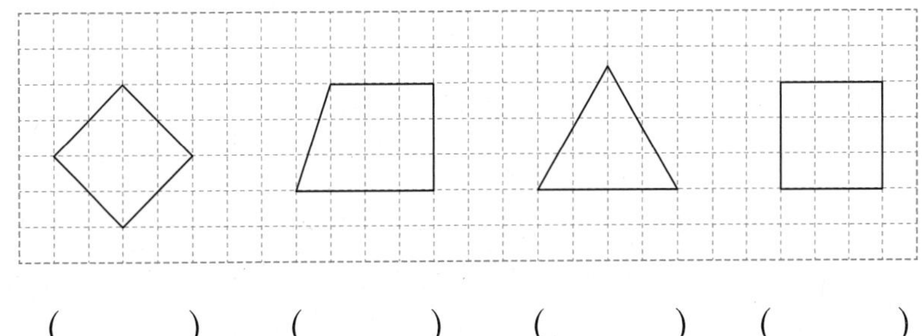

( ) ( ) ( ) ( )

어떤 점을 중심으로 180° 돌렸을 때 처음 도형과 완전히 겹치는 도형이 점대칭도형이에요.

2 다음 도형은 점대칭도형입니다. 대칭의 중심을 찾아 표시해 보세요.

① 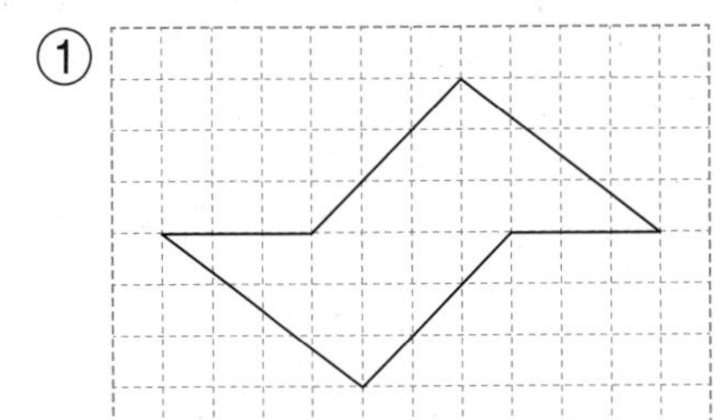

② 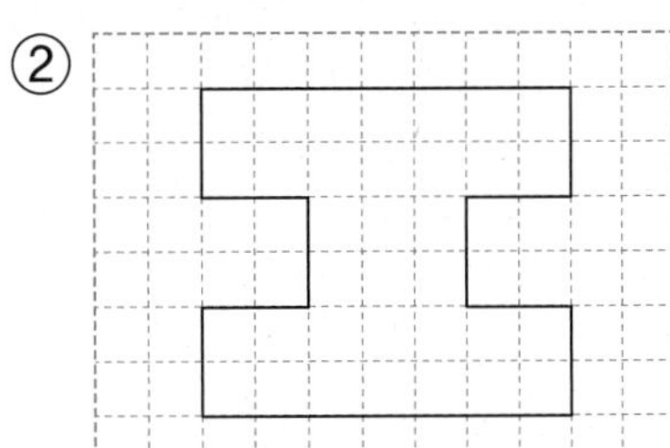

점대칭도형에서 대칭의 중심은 각각의 대응점을 이은 선분이 모두 만나는 점이에요.

3 오른쪽 도형은 점 ㅇ을 대칭의 중심으로 하는 점대칭도형입니다. □ 안에 알맞은 기호를 써넣으세요.

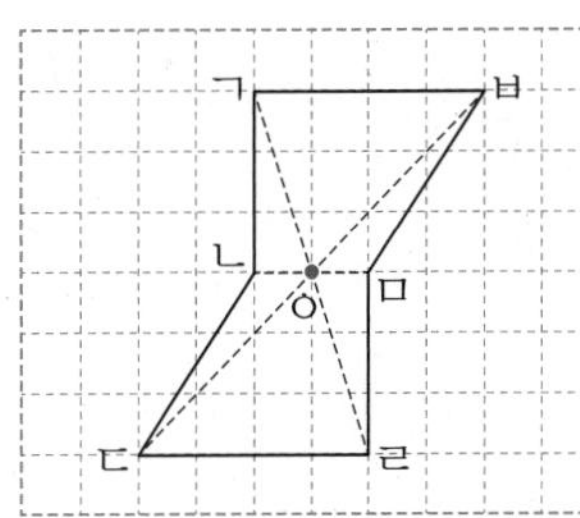

① 대응점을 써 보세요.

점 ㄱ과 점 □, 점 ㄴ과 점 □,

점 ㄷ과 점 □

② 대응변을 써 보세요.

변 ㄱㄴ과 변 □, 변 ㄴㄷ과 변 □, 변 ㄷㄹ과 변 □

③ 대응각을 써 보세요.

각 ㄴㄷㄹ과 각 □, 각 ㄷㄹㅁ과 각 □

점 ㅇ을 중심으로 180° 돌렸을 때 겹치는 점을 대응점, 겹치는 변을 대응변, 겹치는 각을 대응각이라고 해요.

4 오른쪽 도형은 점 ㅇ을 대칭의 중심으로 하는 점대칭도형입니다. □ 안에 알맞은 수를 써넣으세요.

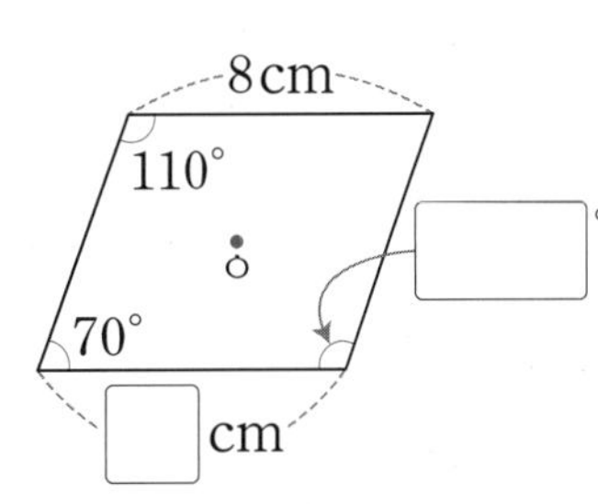

대응변과 대응각을 각각 찾아보아요.

기본기 강화 문제

1 합동인 도형 찾기

• 주어진 도형과 서로 합동인 도형을 찾아 기호를 써 보세요.

1
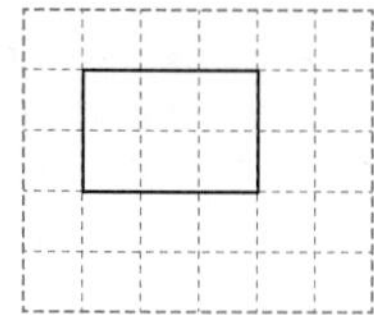

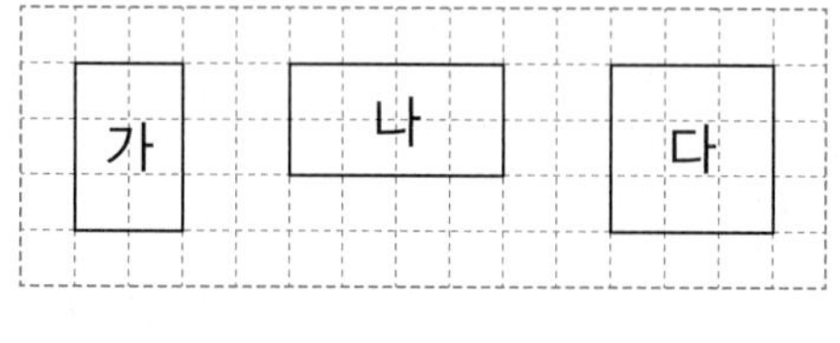

( )

2
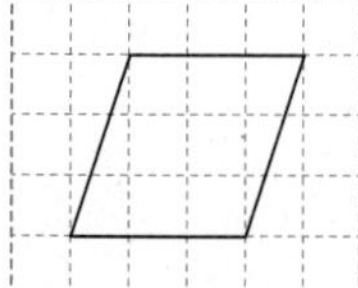

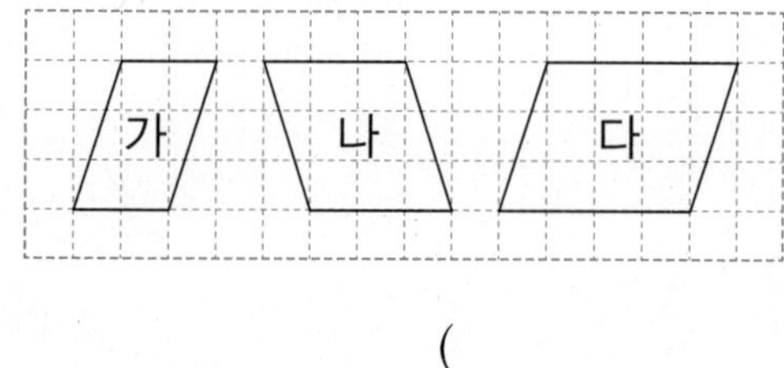

( )

3
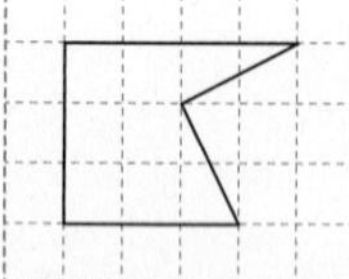

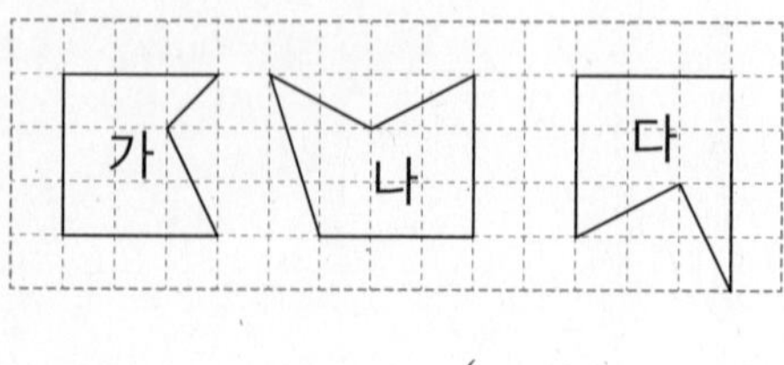

( )

2 합동인 도형 그리기

• 주어진 도형과 서로 합동인 도형을 그려 보세요.

1
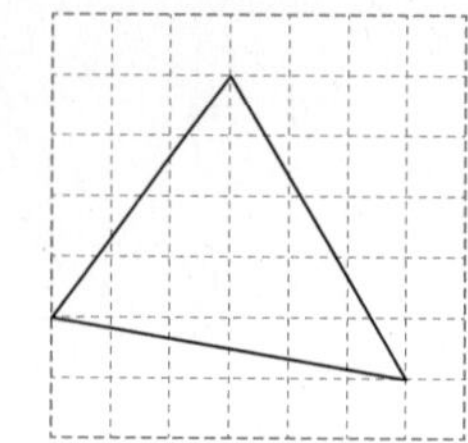 ➡ 

2
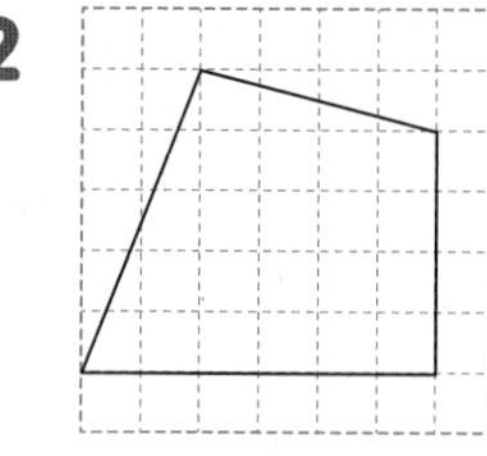 ➡ 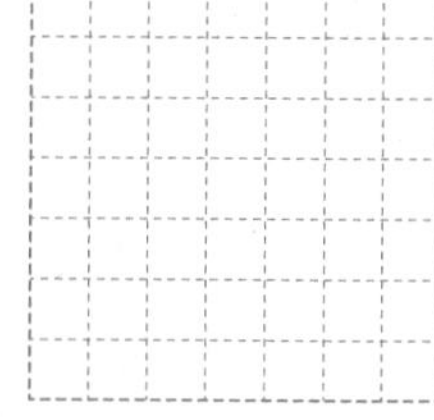

3
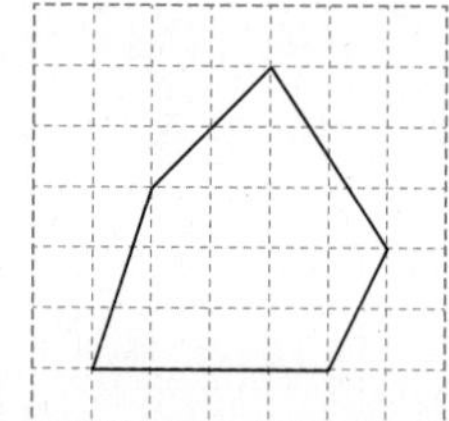 ➡ 

4
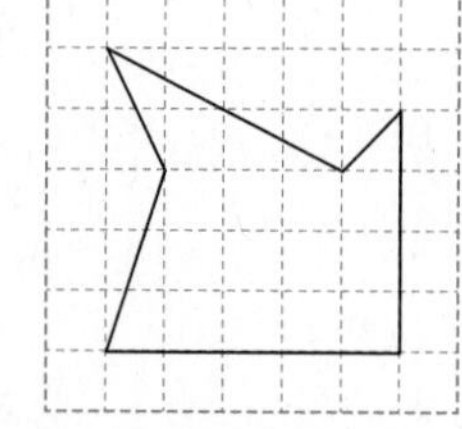 ➡ 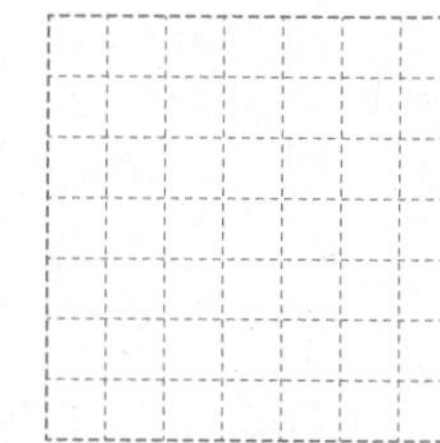

5
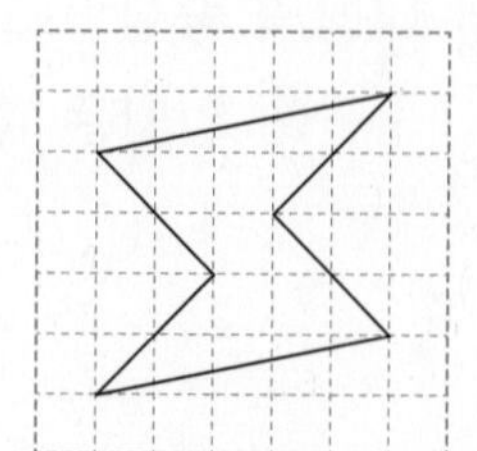 ➡ 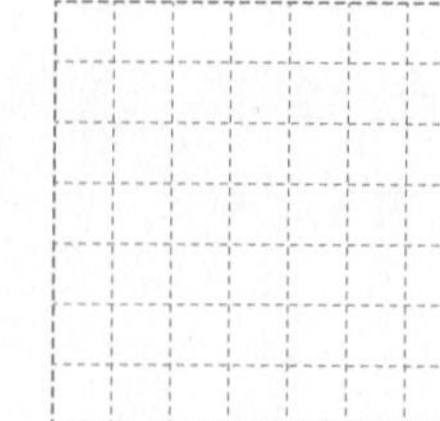

3 합동인 도형에서 대응점, 대응변, 대응각 찾기

• 두 도형은 서로 합동입니다. 대응점, 대응변, 대응각을 각각 찾아 써 보세요.

1

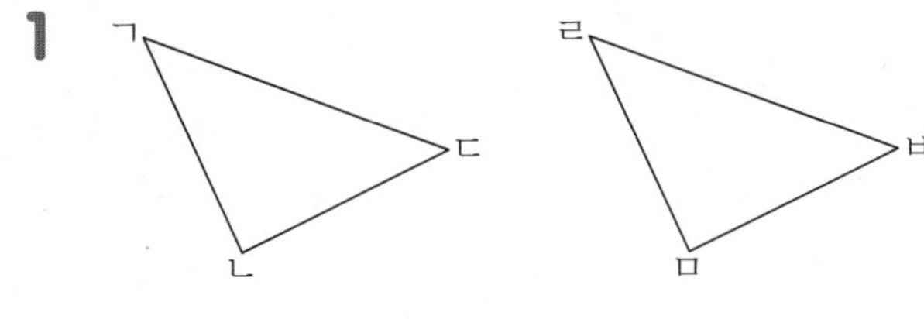

(1) 점 ㄱ의 대응점 ➡ (　　　　　　)

(2) 변 ㄴㄷ의 대응변 ➡ (　　　　　　)

(3) 각 ㄱㄷㄴ의 대응각 ➡ (　　　　　　)

2

(1) 점 ㄹ의 대응점 ➡ (　　　　　　)

(2) 변 ㄱㄴ의 대응변 ➡ (　　　　　　)

(3) 각 ㄴㄷㄹ의 대응각 ➡ (　　　　　　)

3

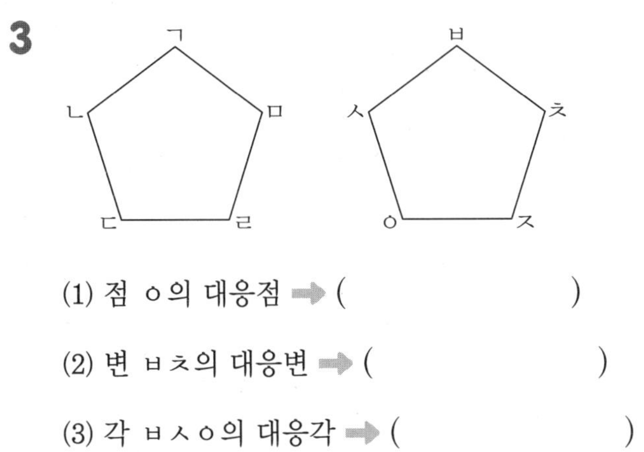

(1) 점 ㅇ의 대응점 ➡ (　　　　　　)

(2) 변 ㅂㅊ의 대응변 ➡ (　　　　　　)

(3) 각 ㅂㅅㅇ의 대응각 ➡ (　　　　　　)

4 합동인 도형의 성질(1)

• 두 도형은 서로 합동입니다. 다음을 구해 보세요.

1

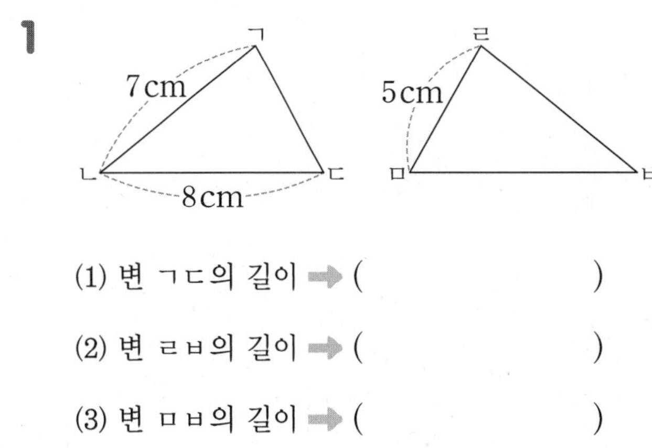

(1) 변 ㄱㄷ의 길이 ➡ (　　　　　　)

(2) 변 ㄹㅂ의 길이 ➡ (　　　　　　)

(3) 변 ㅁㅂ의 길이 ➡ (　　　　　　)

2

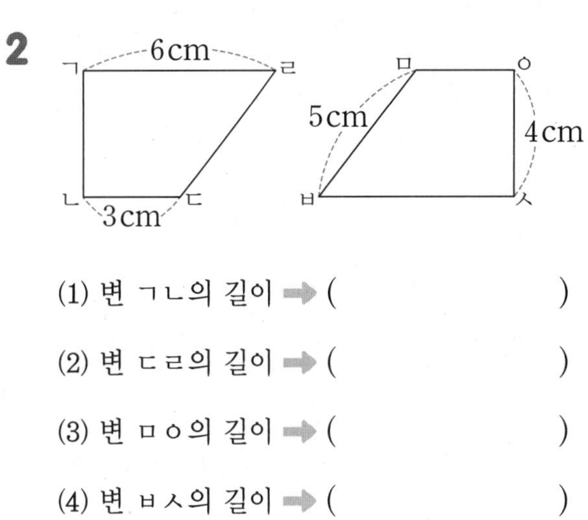

(1) 변 ㄱㄴ의 길이 ➡ (　　　　　　)

(2) 변 ㄷㄹ의 길이 ➡ (　　　　　　)

(3) 변 ㅁㅇ의 길이 ➡ (　　　　　　)

(4) 변 ㅂㅅ의 길이 ➡ (　　　　　　)

3

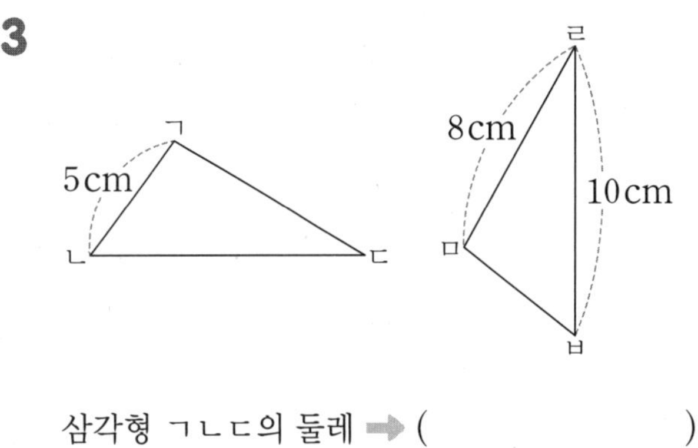

삼각형 ㄱㄴㄷ의 둘레 ➡ (　　　　　　)

5 합동인 도형의 성질(2)

• 두 도형은 서로 합동입니다. 다음을 구해 보세요.

1

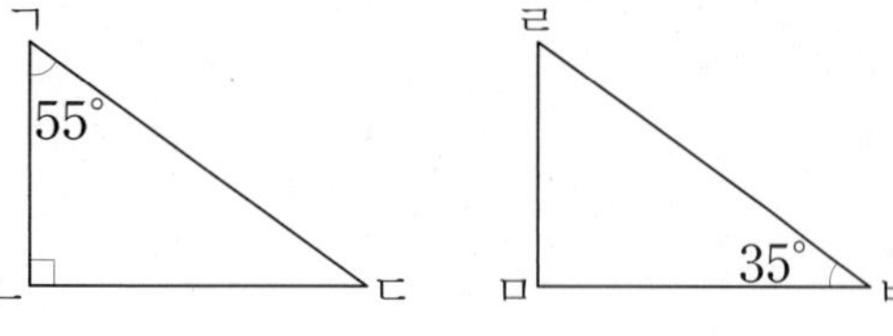

(1) 각 ㄴㄷㄱ의 크기 ➡ (　　　　　)

(2) 각 ㄹㅁㅂ의 크기 ➡ (　　　　　)

(3) 각 ㅁㄹㅂ의 크기 ➡ (　　　　　)

2

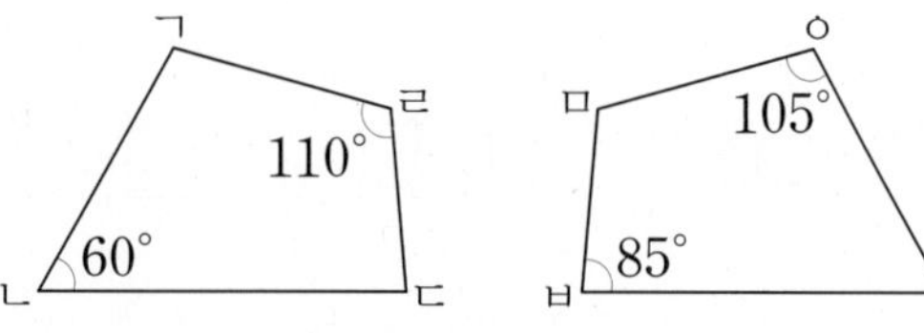

(1) 각 ㄴㄱㄹ의 크기 ➡ (　　　　　)

(2) 각 ㄴㄷㄹ의 크기 ➡ (　　　　　)

(3) 각 ㅇㅁㅂ의 크기 ➡ (　　　　　)

(4) 각 ㅂㅅㅇ의 크기 ➡ (　　　　　)

3

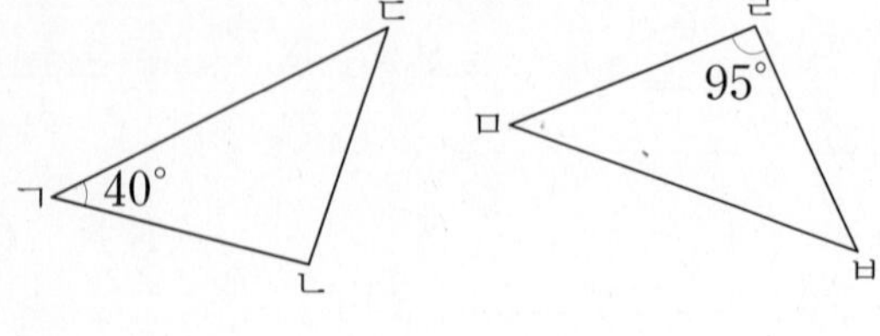

각 ㄱㄷㄴ의 크기 ➡ (　　　　　)

6 선대칭도형을 찾아 대칭축 그리기

• 선대칭도형을 찾아 대칭축을 모두 그려 보세요.

1

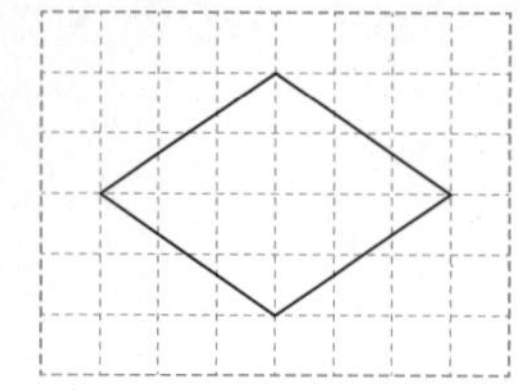

2

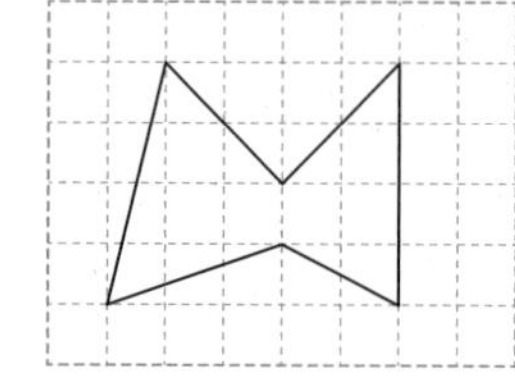

3

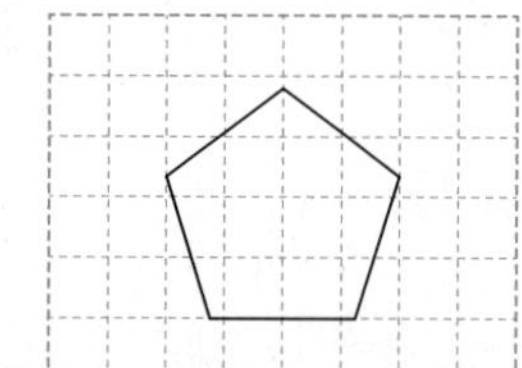

4

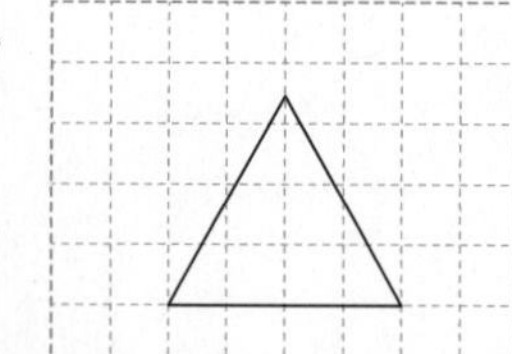

5

➲ 정답과 풀이 21쪽

7 선대칭도형에서 대응점, 대응변, 대응각 찾기

• 선대칭도형을 보고 대응점, 대응변, 대응각을 각각 찾아 써 보세요.

1

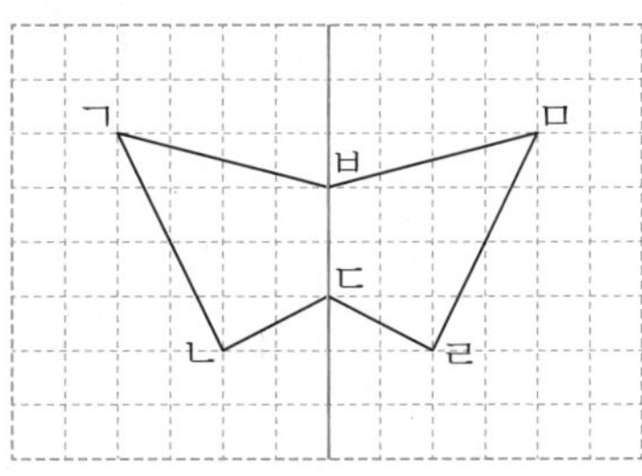

(1) 점 ㄱ의 대응점 ➡ (　　　　　　　)

(2) 변 ㄴㄷ의 대응변 ➡ (　　　　　　　)

(3) 각 ㄱㄴㄷ의 대응각 ➡ (　　　　　　　)

2

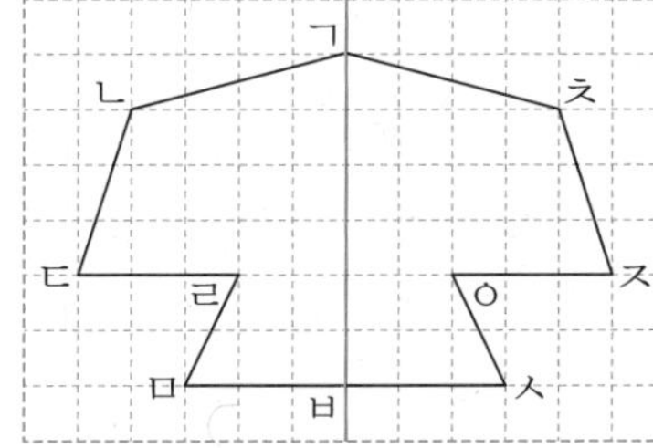

(1) 점 ㄹ의 대응점 ➡ (　　　　　　　)

(2) 변 ㅊㅈ의 대응변 ➡ (　　　　　　　)

(3) 각 ㄴㄷㄹ의 대응각 ➡ (　　　　　　　)

3

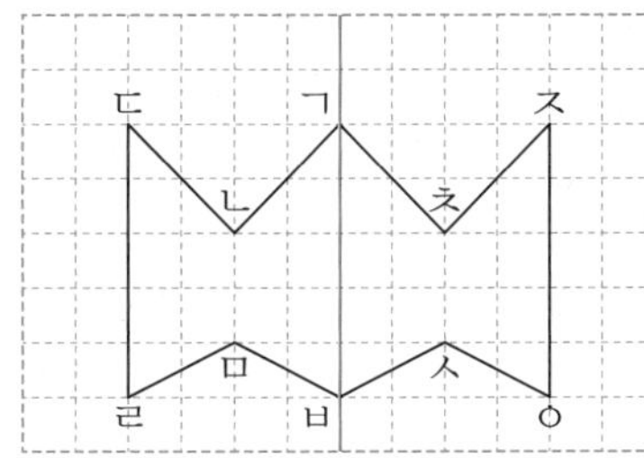

(1) 점 ㅊ의 대응점 ➡ (　　　　　　　)

(2) 변 ㅂㅅ의 대응변 ➡ (　　　　　　　)

(3) 각 ㅅㅇㅈ의 대응각 ➡ (　　　　　　　)

8 선대칭도형의 성질(1)

• 직선 ㄱㄴ을 대칭축으로 하는 선대칭도형입니다. □ 안에 알맞은 수를 써넣으세요.

1

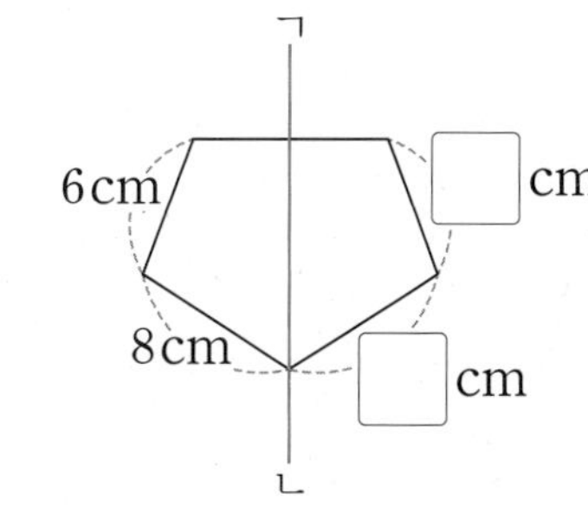

2

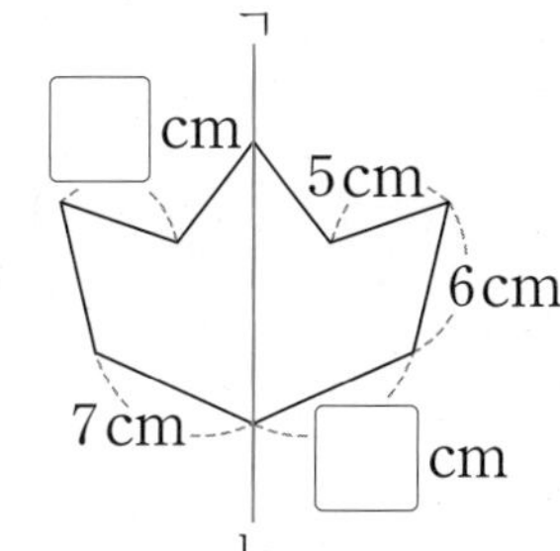

3

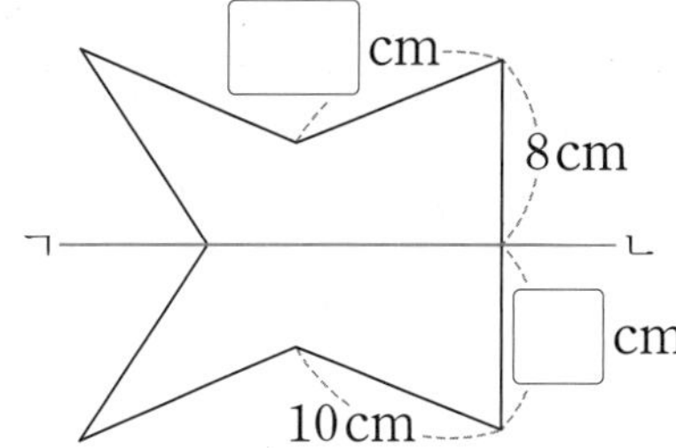

4

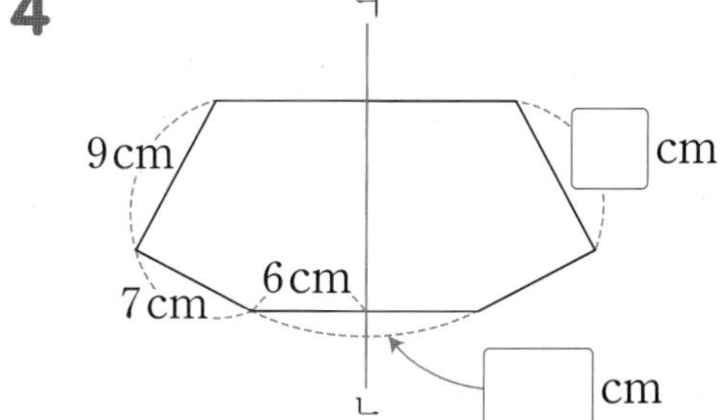

9 선대칭도형의 성질(2)

• 직선 ㄱㄴ을 대칭축으로 하는 선대칭도형입니다.
□ 안에 알맞은 수를 써넣으세요.

1

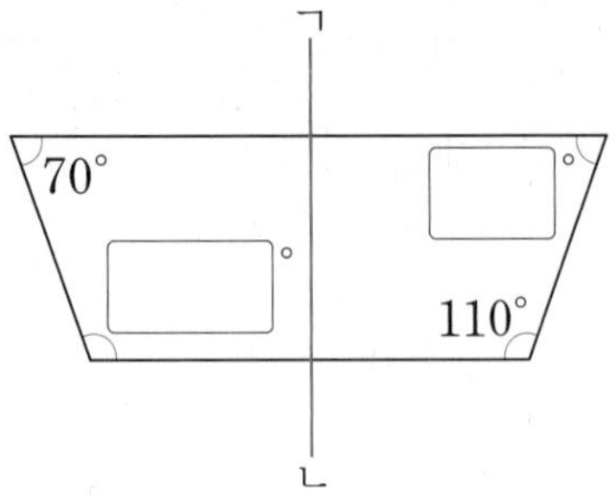

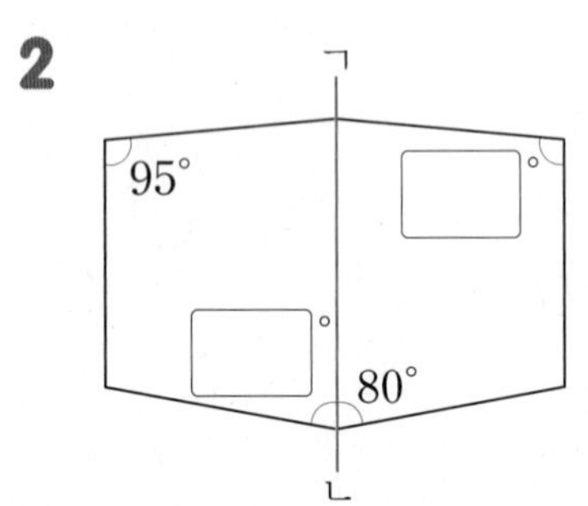

2

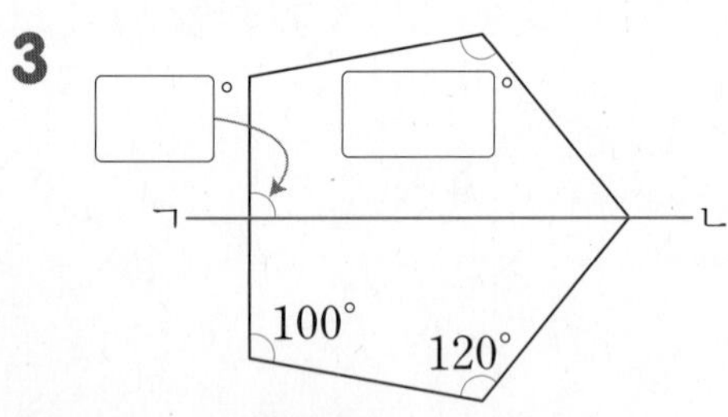

3

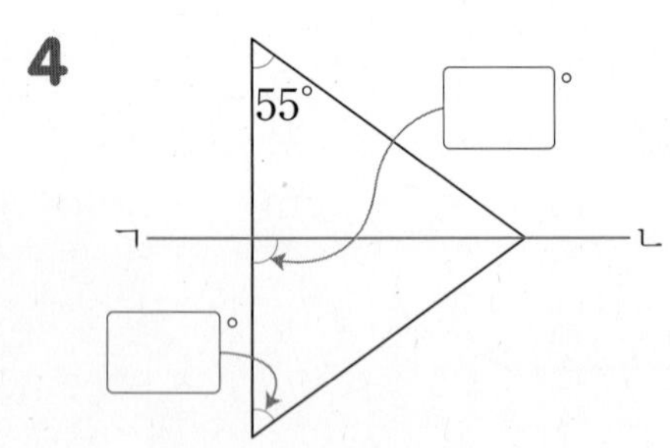

4

10 선대칭도형 완성하기

• 선대칭도형이 되도록 그림을 완성해 보세요.

1

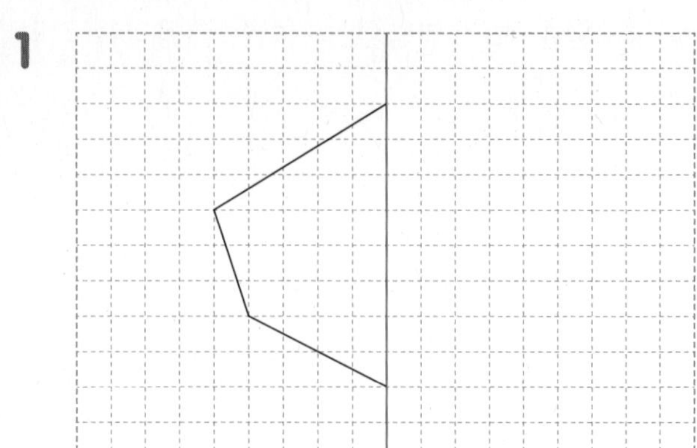

2

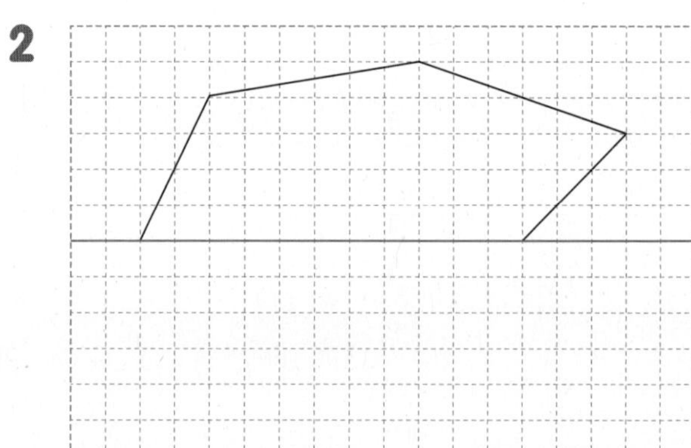

3

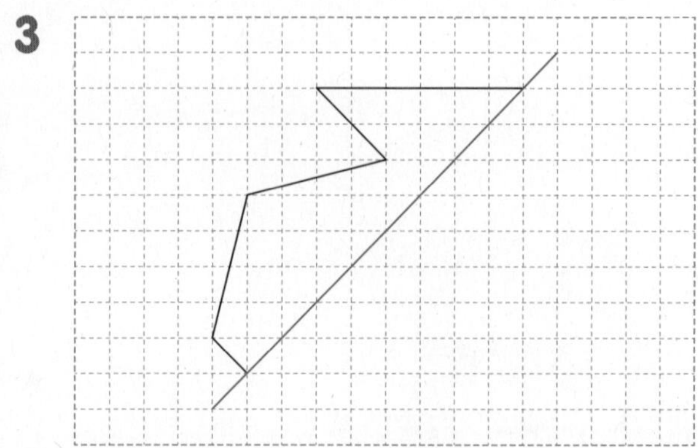

➲ 정답과 풀이 22쪽

11 점대칭도형을 찾아 대칭의 중심 표시하기

• 점대칭도형을 찾아 대칭의 중심을 표시해 보세요.

1

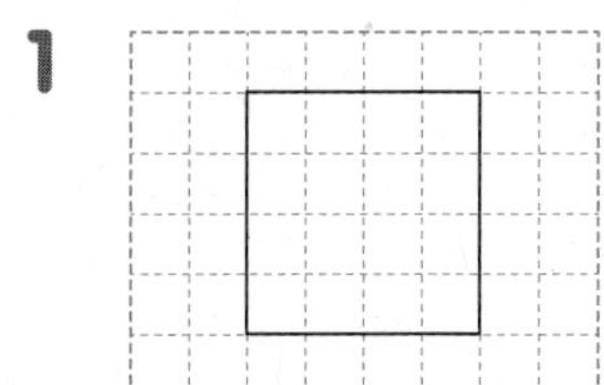

2

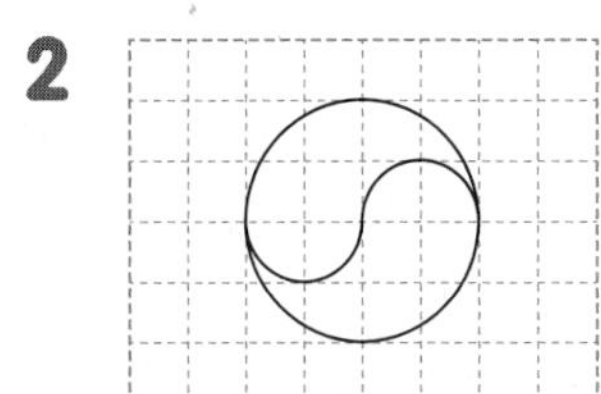

3

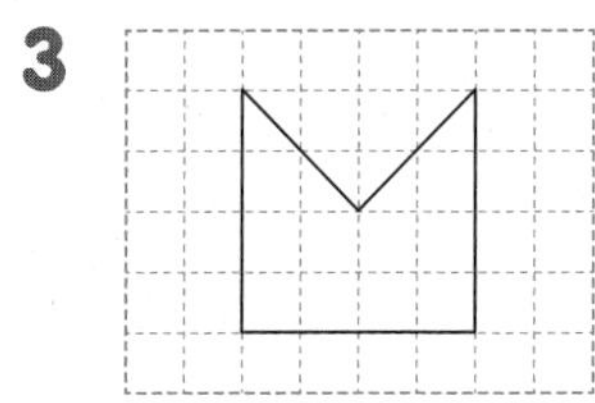

4

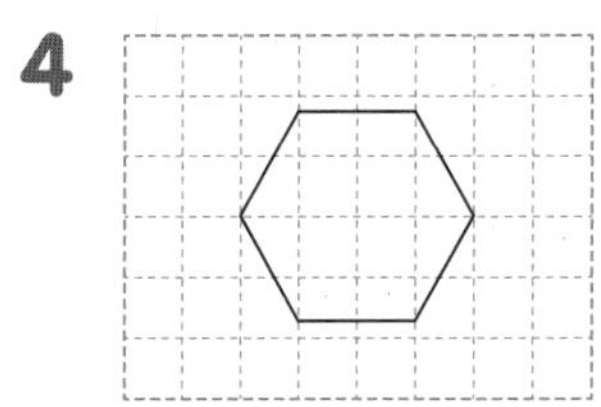

5

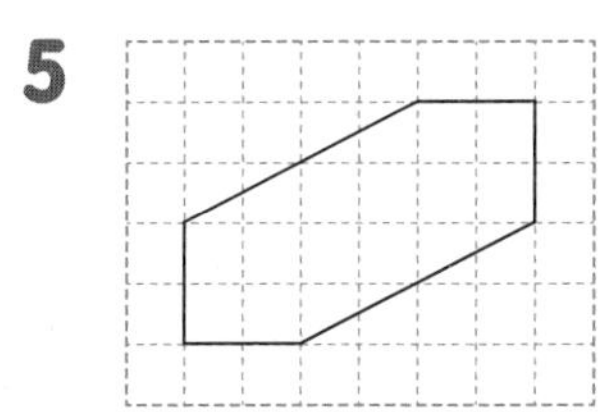

12 점대칭도형에서 대응점, 대응변, 대응각 찾기

• 점 ㅇ을 대칭의 중심으로 하는 점대칭도형입니다. 대응점, 대응변, 대응각을 각각 찾아 써 보세요.

1

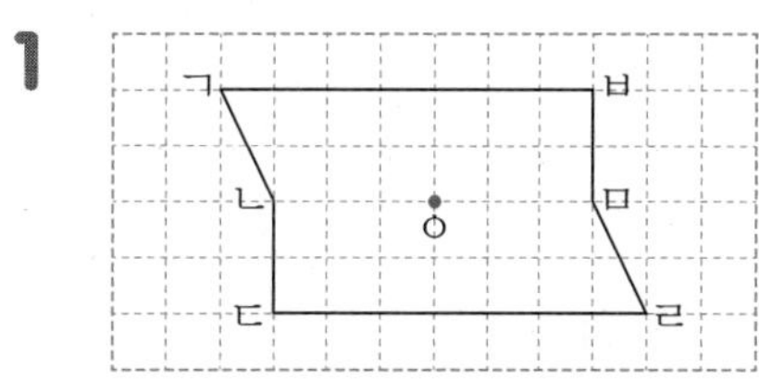

(1) 점 ㄱ의 대응점 ➡ (   )

(2) 변 ㄴㄷ의 대응변 ➡ (   )

(3) 각 ㄱㅂㅁ의 대응각 ➡ (   )

2

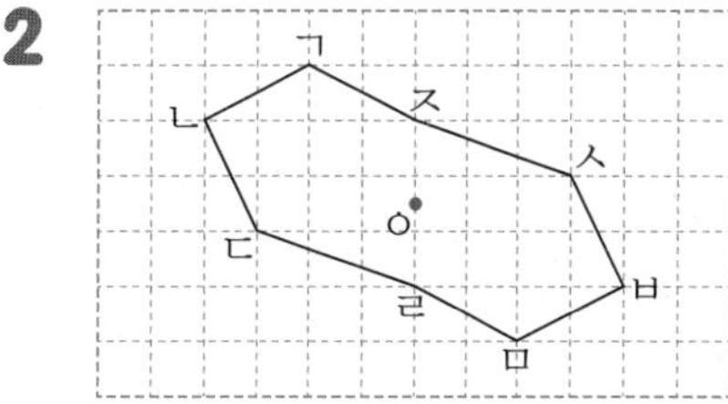

(1) 점 ㅂ의 대응점 ➡ (   )

(2) 변 ㄷㄹ의 대응변 ➡ (   )

(3) 각 ㄹㅁㅂ의 대응각 ➡ (   )

3

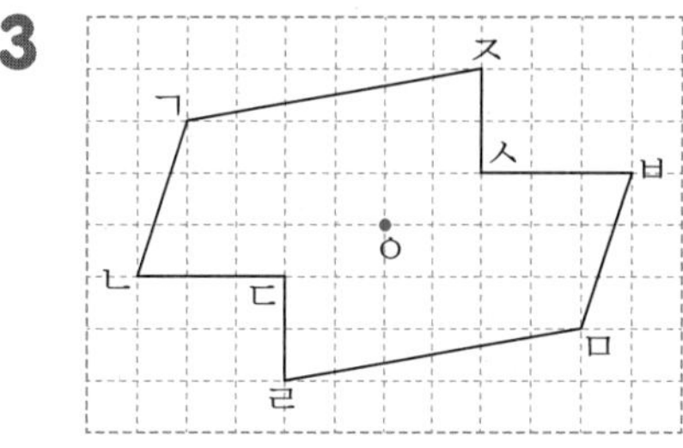

(1) 점 ㅅ의 대응점 ➡ (   )

(2) 변 ㄹㅁ의 대응변 ➡ (   )

(3) 각 ㅅㅂㅁ의 대응각 ➡ (   )

3

13 점대칭도형의 성질(1)

- 점 ㅇ을 대칭의 중심으로 하는 점대칭도형입니다. □ 안에 알맞은 수를 써넣으세요.

1

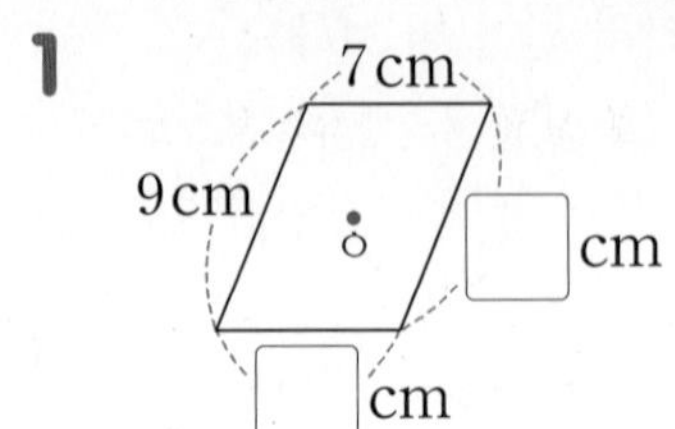

2

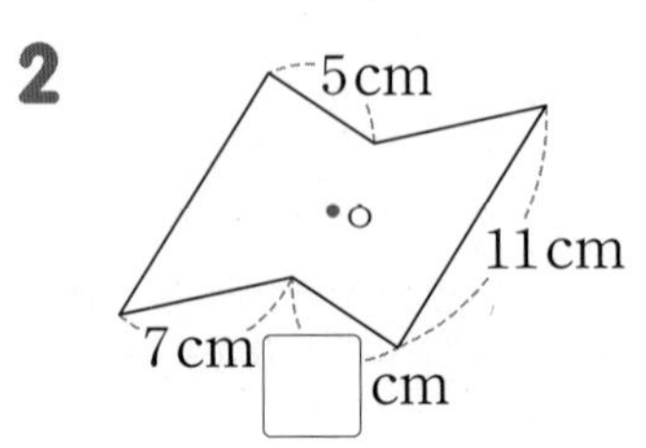

3

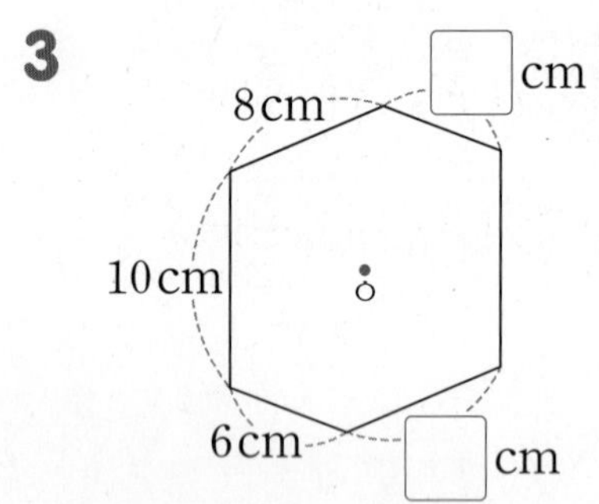

4

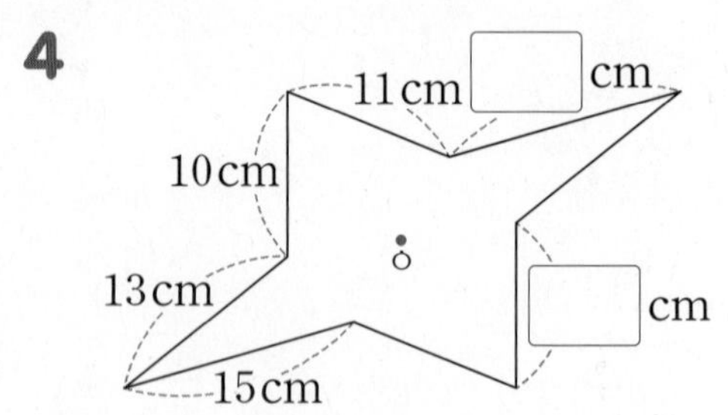

14 점대칭도형의 성질(2)

- 점 ㅇ을 대칭의 중심으로 하는 점대칭도형입니다. □ 안에 알맞은 수를 써넣으세요.

1

°
ㅇ
50°

2

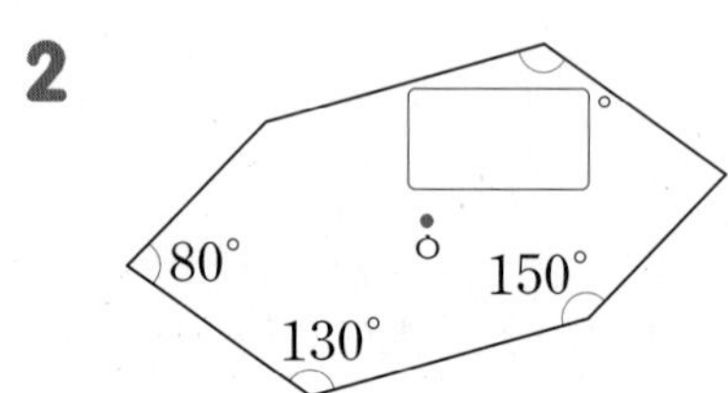

3

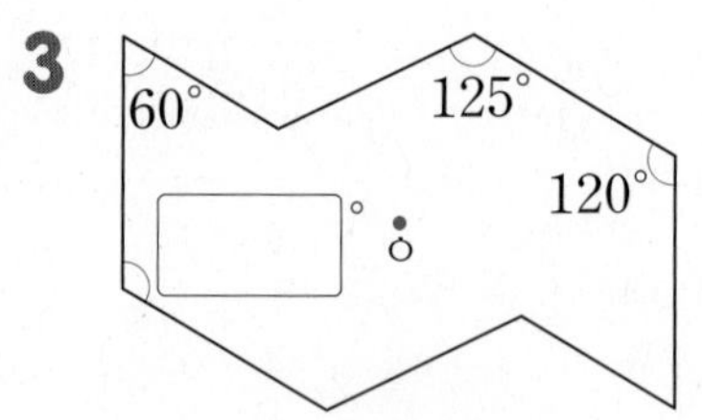

4

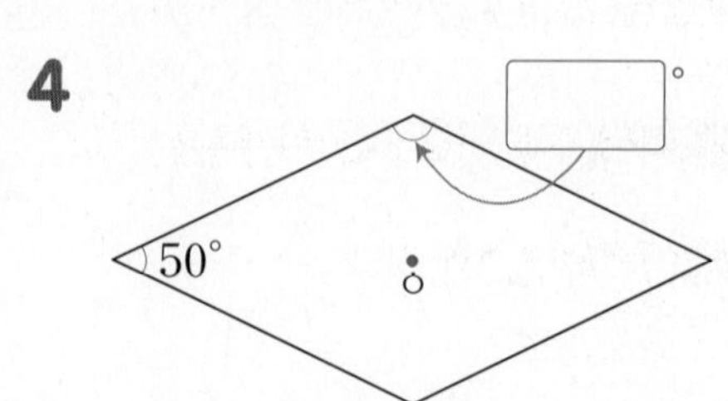

정답과 풀이 23쪽

15 점대칭도형에서 둘레가 주어질 때 변의 길이 구하기

• 점 ㅇ을 대칭의 중심으로 하는 점대칭도형입니다. 도형의 둘레가 다음과 같을 때 □ 안에 알맞은 수를 써넣으세요.

1 둘레: 18 cm

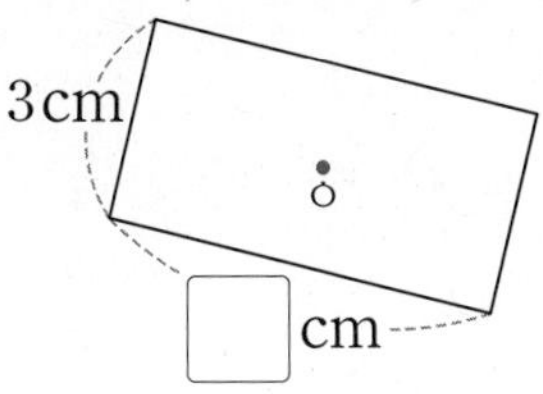

2 둘레: 40 cm

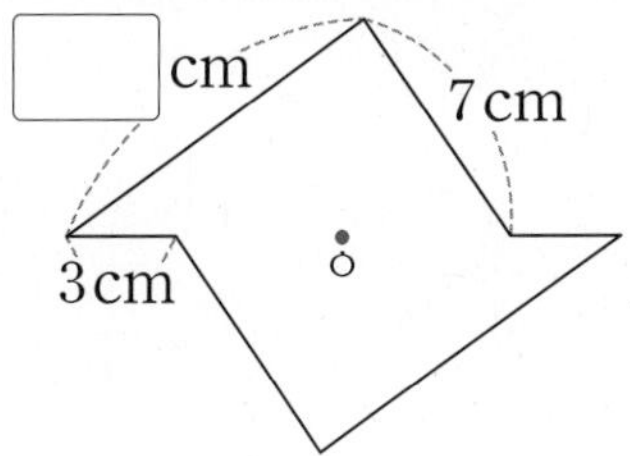

3 둘레: 50 cm

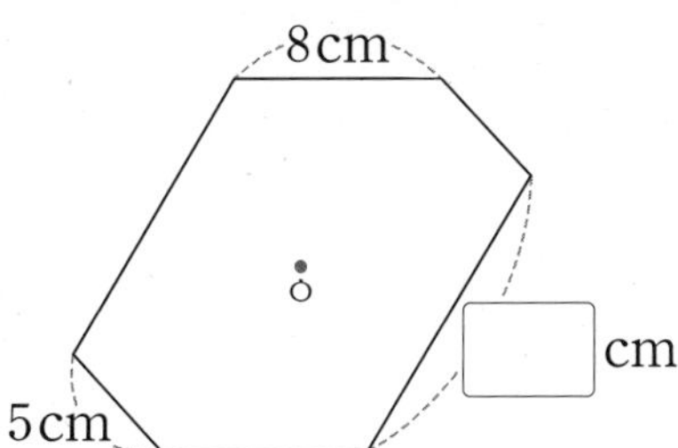

4 둘레: 42 cm

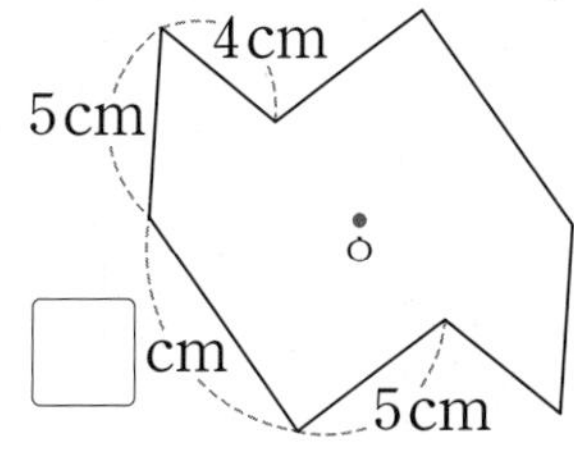

16 점대칭도형 완성하기

• 점대칭도형이 되도록 그림을 완성해 보세요.

1

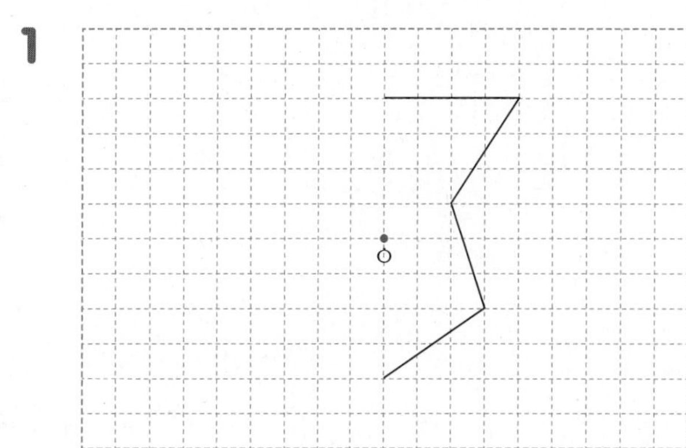

2

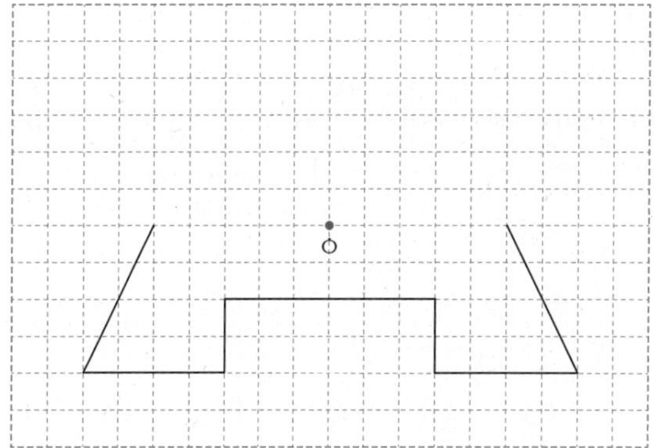

3

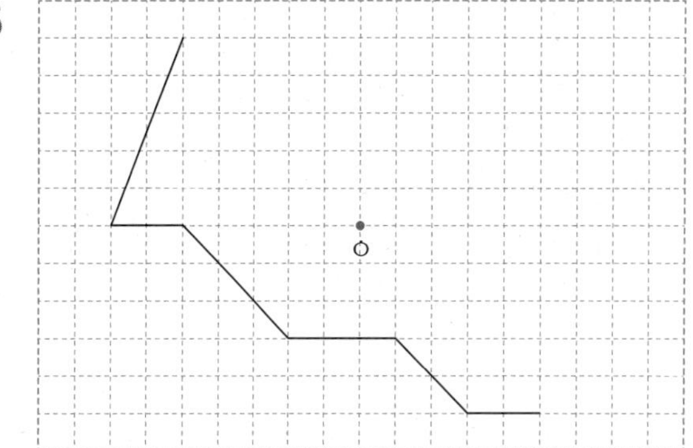

3

폴리오미노 → 정사각형을 이어 붙여 만든 모양

1 정사각형 4개를 이어 붙여 만든 모양을 테트로미노라고 합니다. 테트로미노가 선대칭도형인지 점대칭도형인지 쓰고, 정사각형 1개를 옮겨 선대칭도형은 점대칭도형으로, 점대칭도형은 선대칭도형으로 만들어 보세요.

(1)

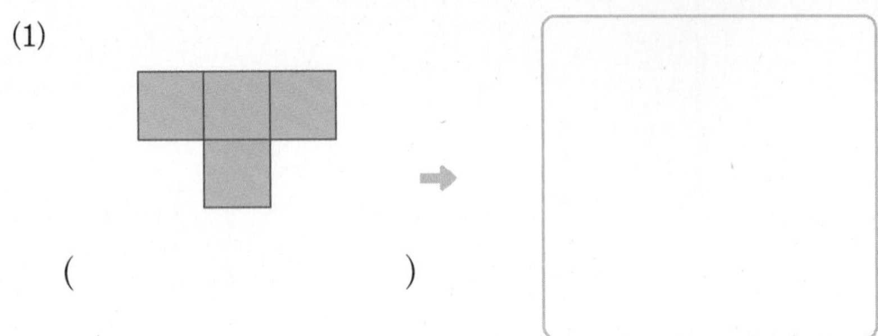

(　　　　　　　　)

(2)

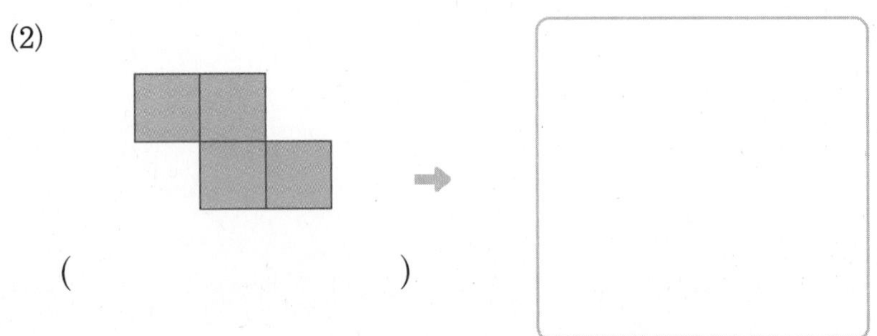

(　　　　　　　　)

2 정사각형 5개를 이어 붙여 만든 모양을 펜토미노라고 합니다. 선대칭도형과 점대칭도형인 펜토미노를 각각 만들어 보세요.

단원 평가

점수 확인

1 □ 안에 알맞은 말을 써넣으세요.

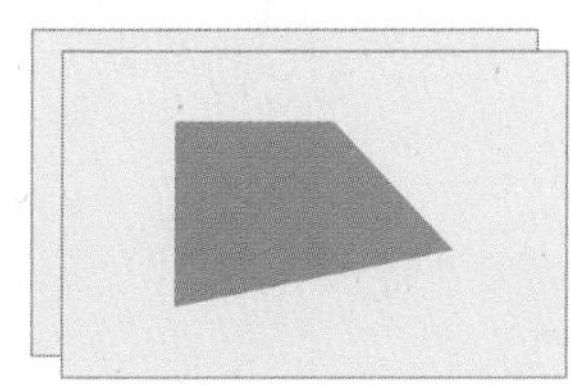

위의 그림과 같이 종이 두 장을 포개어 놓고 도형을 오렸을 때 두 도형의 모양과 크기가 똑같습니다. 이러한 두 도형의 관계를 □(이)라고 합니다.

[2~3] 도형을 보고 물음에 답하세요.

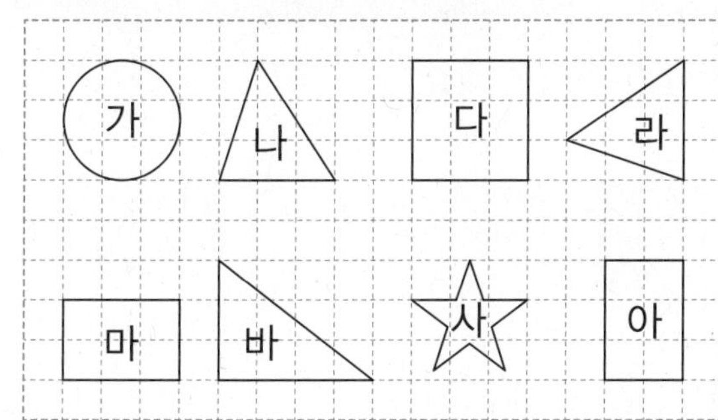

2 도형 나와 합동인 도형을 찾아 기호를 써 보세요.

(　　　　　　　)

3 도형 마와 합동인 도형을 찾아 기호를 써 보세요.

(　　　　　　　)

4 선대칭도형을 찾아 기호를 써 보세요.

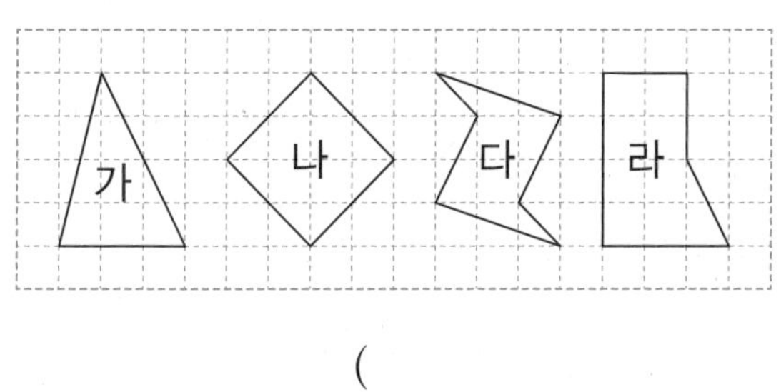

(　　　　　　　)

5 선대칭도형이 되도록 그림을 완성해 보세요.

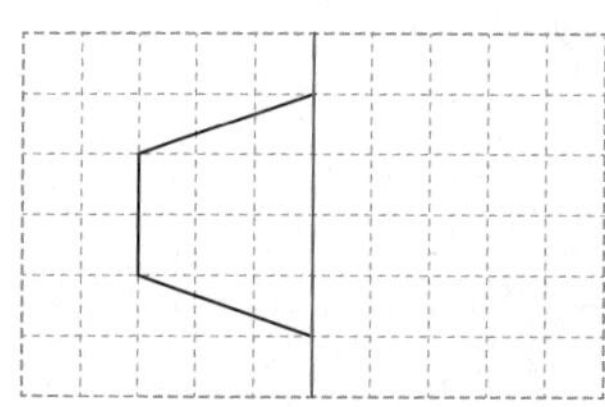

6 선대칭도형에서 대칭축은 모두 몇 개일까요?

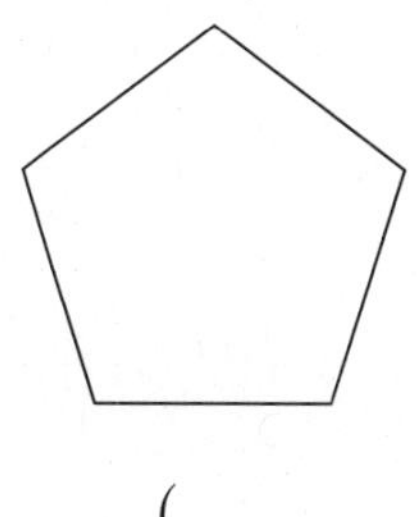

(　　　　　　　)

7 점대칭도형이 아닌 것을 모두 찾아 기호를 써 보세요.

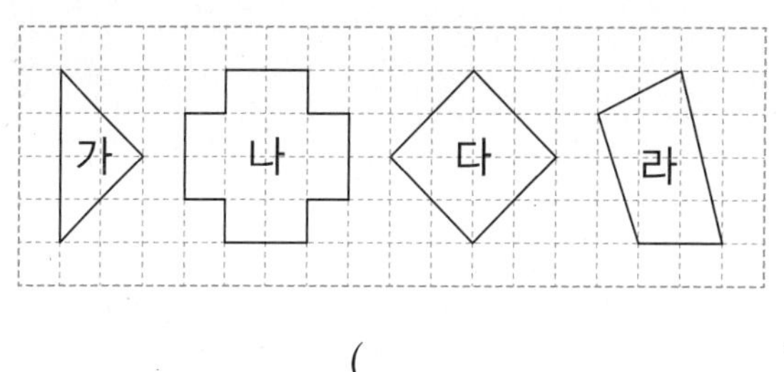

(　　　　　　　)

8 오른쪽 도형은 선대칭도형입니다. 각 ㄱㄷㄴ은 몇 도일까요?

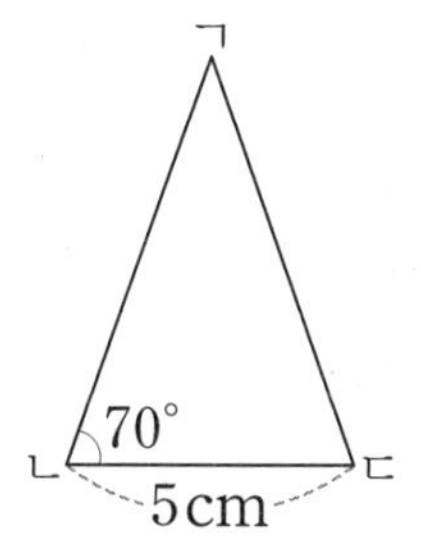

(　　　　　　　)

[9~10] 두 삼각형은 서로 합동입니다. 물음에 답하세요.

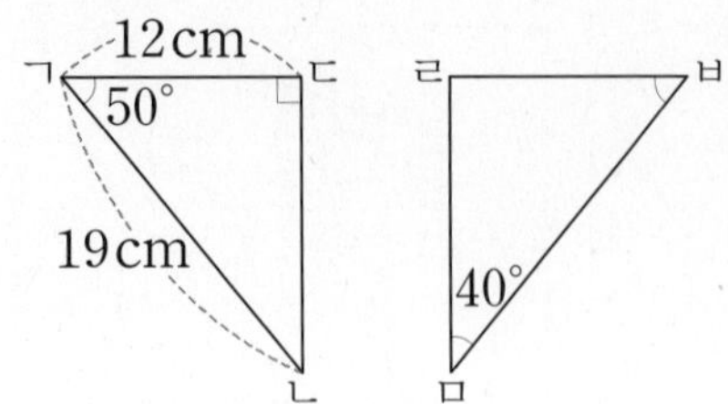

9 변 ㅁㅂ은 몇 cm일까요?

(   )

10 각 ㅁㅂㄹ은 몇 도일까요?

(   )

11 점대칭도형에서 대칭의 중심을 찾아 표시해 보세요.

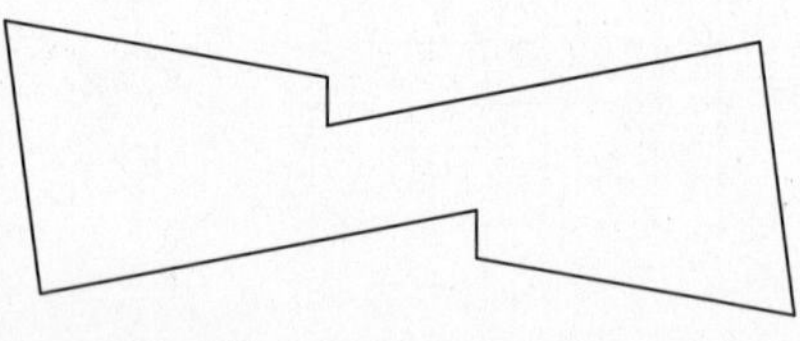

12 점대칭도형이 되도록 그림을 완성해 보세요.

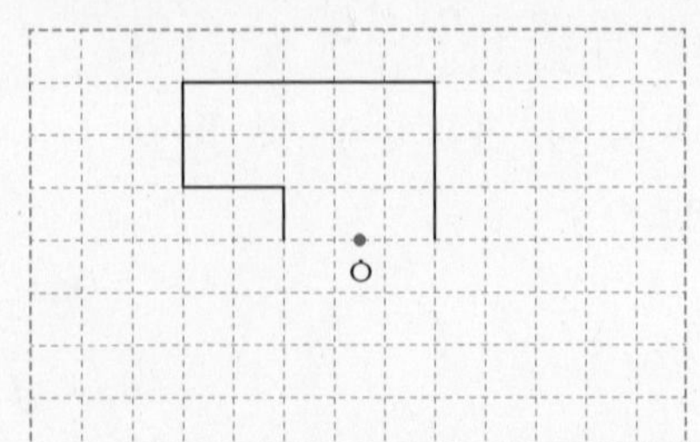

13 점 ㅇ을 대칭의 중심으로 하는 점대칭도형입니다. □ 안에 알맞은 수를 써넣으세요.

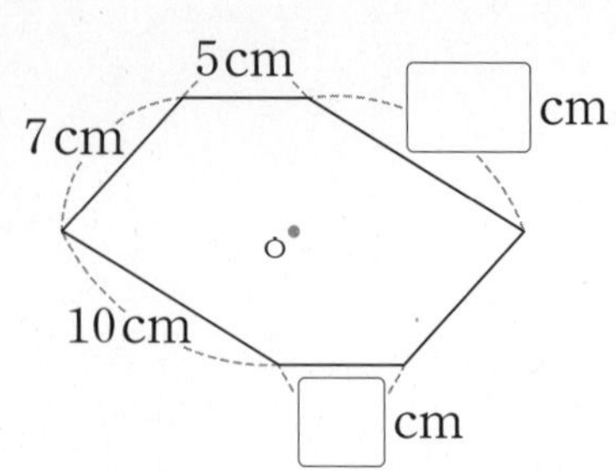

14 두 사각형은 서로 합동입니다. □ 안에 알맞은 수를 써넣으세요.

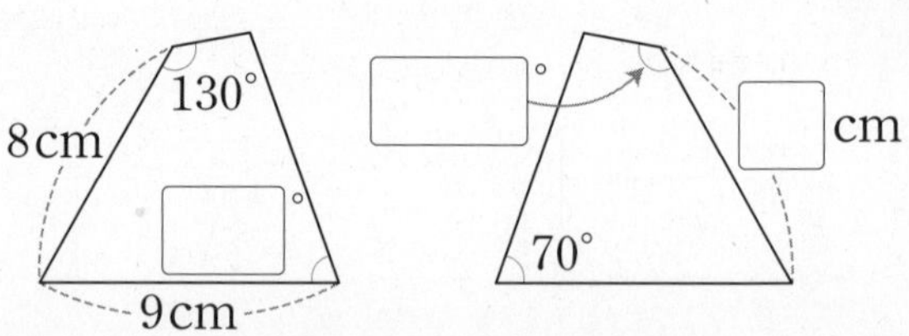

15 선대칭도형도 되고 점대칭도형도 되는 것을 모두 찾아 기호를 써 보세요.

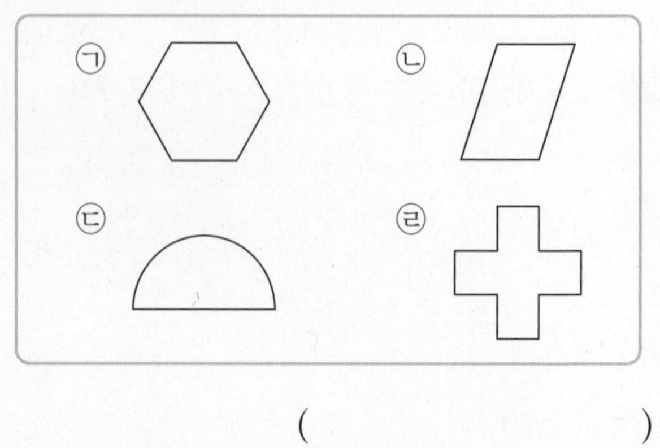

(   )

16 두 직사각형은 서로 합동입니다. 두 직사각형의 넓이의 합은 몇 cm^2일까요?

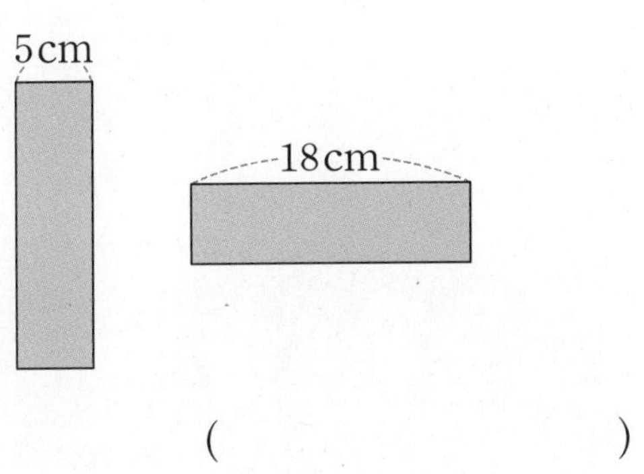

(　　　　　　　　)

17 오른쪽 도형은 점 ㅇ을 대칭의 중심으로 하는 점대칭도형입니다. 선분 ㄱㄹ이 14 cm일 때 선분 ㄱㅇ은 몇 cm일까요?

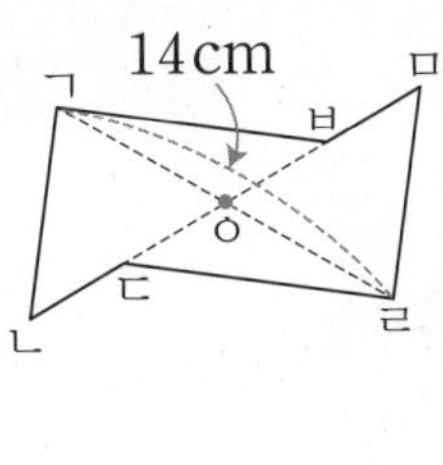

(　　　　　　　　)

18 점 ㅇ을 대칭의 중심으로 하는 점대칭도형입니다. 도형의 둘레는 몇 cm인지 구해 보세요.

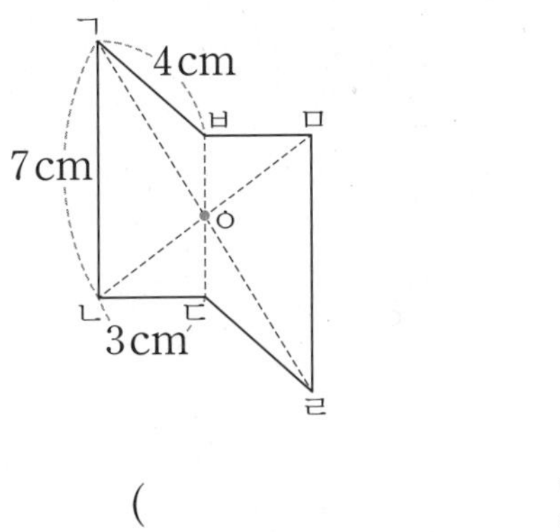

(　　　　　　　　)

서술형 문제

정답과 풀이 24쪽

19 오른쪽 선대칭도형에서 선분 ㅁㅇ의 길이는 몇 cm인지 보기 와 같이 풀이 과정을 쓰고 답을 구해 보세요.

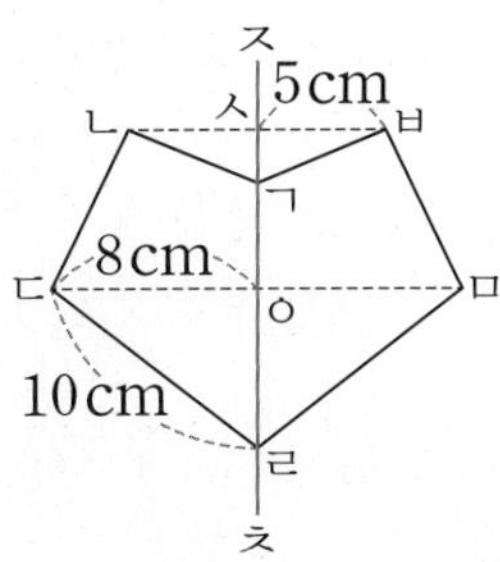

보기

점 ㄴ의 대응점은 점 ㅂ이므로

(선분 ㄴㅅ)=(선분 ㅂㅅ)=5 cm입니다.

답 5 cm

점 ㅁ의 대응점은

답

20 한글 자음에서 점대칭도형은 모두 몇 개인지 보기 와 같이 풀이 과정을 쓰고 답을 구해 보세요.

ZCSDPA　ㄷㅁㄹㅍㅂ

보기

알파벳 중에서 점대칭도형은 **Z**, **S**이므로

모두 2개입니다.

답 2개

한글 자음 중에서 점대칭도형은

답

3

4 소수의 곱셈

주아는 귤을 2.3 kg씩
3바구니 땄네!

그럼 제가 딴 귤의 무게는
2.3 kg을 3번 더한 것과 같아서
☐ kg이네요.

주아네 가족이 제주도에 놀러 가서 귤을 땄어요. 아빠랑 주아는 주아가 딴 귤의 무게를 알아보고 있고, 엄마랑 오빠는 귤을 옮기려고 하네요. □ 안에 알맞은 수를 써넣으세요.

1 (소수) × (자연수)

● (1보다 작은 소수) × (자연수)

• 0.4×3의 계산

방법 1 소수의 덧셈으로 계산하기

$$0.4 \times 3 = \underbrace{0.4 + 0.4 + 0.4}_{3개} = 1.2$$

방법 2 분수의 곱셈으로 계산하기

$$0.4 \times 3 = \frac{4}{10} \times 3 = \frac{4 \times 3}{10} = \frac{12}{10} = 1.2$$

방법 3 0.1의 개수로 계산하기

0.4는 0.1이 4개이므로 $0.4 \times 3 = 0.1 \times 4 \times 3$입니다.
0.1이 모두 12개이므로 $0.4 \times 3 = 1.2$입니다.

● (1보다 큰 소수) × (자연수)

• 1.5×5의 계산

방법 1 소수의 덧셈으로 계산하기

$$1.5 \times 5 = \underbrace{1.5 + 1.5 + 1.5 + 1.5 + 1.5}_{5개} = 7.5$$

방법 2 분수의 곱셈으로 계산하기

$$1.5 \times 5 = \frac{15}{10} \times 5 = \frac{15 \times 5}{10} = \frac{75}{10} = 7.5$$

방법 3 0.1의 개수로 계산하기

1.5는 0.1이 15개이므로 $1.5 \times 5 = 0.1 \times 15 \times 5$입니다.
0.1이 모두 75개이므로 $1.5 \times 5 = 7.5$입니다.

➔ 정답과 풀이 26쪽

1 0.6×4를 여러 가지 방법으로 계산한 것입니다. □ 안에 알맞은 수를 써넣으세요.

> **4학년 때 배웠어요**
> **소수의 덧셈**
> 0.2는 0.1이 2개, 0.3은 0.1이 3개이므로 $0.2+0.3$은 0.1이 모두 $2+3=5$(개)입니다.
> ➔ $0.2+0.3=0.5$

방법 1 소수의 덧셈으로 계산하기

$0.6\times4=0.6+\square+\square+\square=\square$

방법 2 분수의 곱셈으로 계산하기

$0.6\times4=\dfrac{\square}{10}\times4=\dfrac{\square\times\square}{10}=\dfrac{\square}{10}=\square$

방법 3 0.1의 개수로 계산하기

0.6은 0.1이 □개인 수이므로 $0.6\times4=0.1\times\square\times4$입니다.

0.1이 모두 □개이므로 $0.6\times4=\square$입니다.

2 어림하여 계산 결과가 8보다 작은 것을 찾아 기호를 써 보세요.

㉠ 1.9×4　　㉡ 2.3×4　　㉢ 4.1×2

(　　　　　　　　)

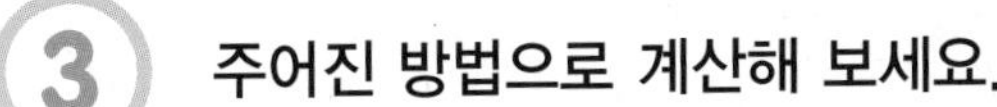

3 주어진 방법으로 계산해 보세요.

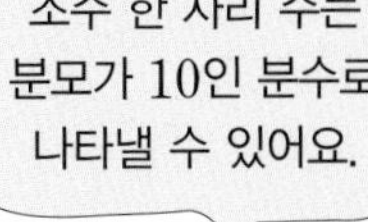

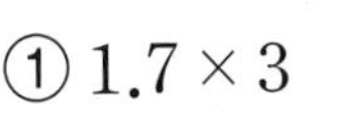

① 1.7×3

소수의 덧셈으로 계산하기

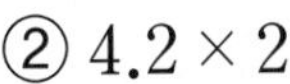

② 4.2×2

분수의 곱셈으로 계산하기

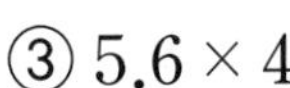

③ 5.6×4

0.1의 개수로 계산하기

2 (자연수) × (소수)

(자연수) × (1보다 작은 소수)

• 2 × 0.7의 계산

방법 1 그림으로 알아보기

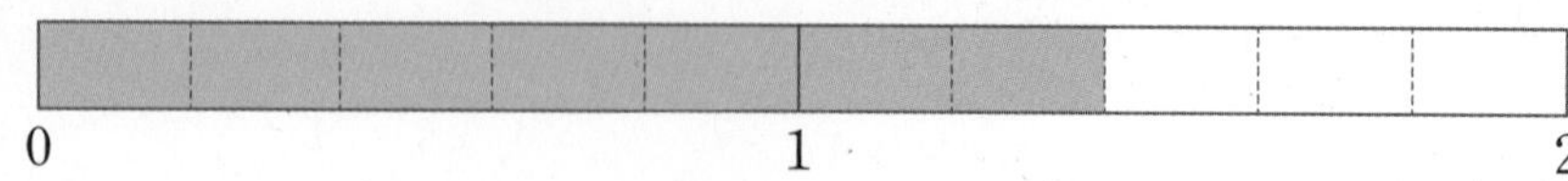

한 칸의 크기는 2의 0.1, 2의 $\frac{1}{10}$이고, 두 칸의 크기는 2의 0.2, 2의 $\frac{2}{10}$입니다.

일곱 칸의 크기는 2의 0.7, 2의 $\frac{7}{10}$이므로 $\frac{14}{10}$가 되어 1.4입니다.

방법 2 분수의 곱셈으로 계산하기

$$2 \times 0.7 = 2 \times \frac{7}{10} = \frac{2 \times 7}{10} = \frac{14}{10} = 1.4$$

방법 3 자연수의 곱셈으로 계산하기

$$2 \times 7 = 14$$

$\frac{1}{10}$배 ↓ $\frac{1}{10}$배 ↓

$$2 \times 0.7 = 1.4$$

→ 곱하는 수가 $\frac{1}{10}$배이면 계산 결과가 $\frac{1}{10}$배입니다.

(자연수) × (1보다 큰 소수)

• 4 × 1.6의 계산

방법 1 그림으로 알아보기

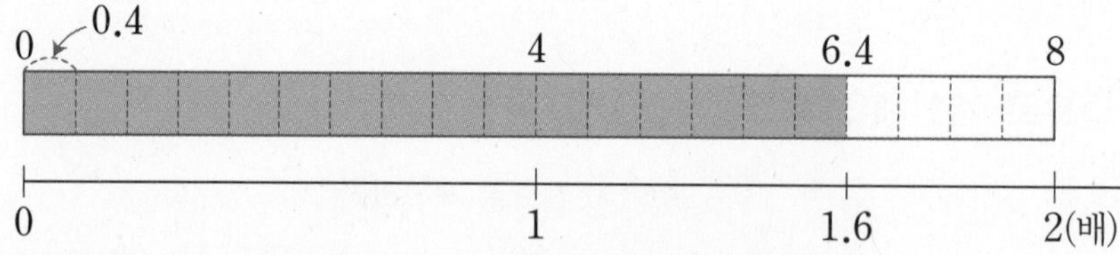

4의 1배는 4이고, 4의 0.6배는 2.4이므로 4의 1.6배는 6.4입니다.

방법 2 분수의 곱셈으로 계산하기

$$4 \times 1.6 = 4 \times \frac{16}{10} = \frac{4 \times 16}{10} = \frac{64}{10} = 6.4$$

방법 3 자연수의 곱셈으로 계산하기

$$4 \times 16 = 64$$

$\frac{1}{10}$배 ↓ $\frac{1}{10}$배 ↓

$$4 \times 1.6 = 6.4$$

➲ 정답과 풀이 26쪽

1 서로 다른 방법으로 계산해 보세요.

주어진 계산 방법 중 하나를 정한 후 그 방법으로 계산해 보아요.

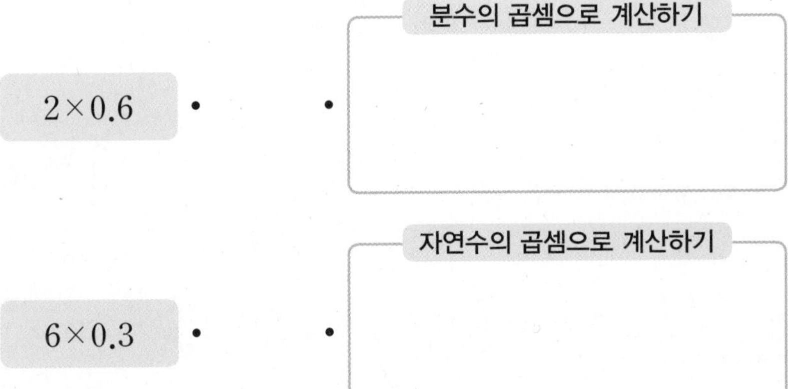

2 계산해 보세요.

① 13×0.4 ② 27×0.5

3 어림하여 계산 결과가 8보다 큰 것을 찾아 기호를 써 보세요.

㉠ 4의 1.87배	㉡ 3×1.9	㉢ 4의 2.03

( )

4 주어진 방법으로 계산해 보세요.

자연수의 곱셈으로 계산할 때 곱하는 수가 $\frac{1}{10}$배이면 계산 결과도 $\frac{1}{10}$배예요.

① 3×1.8

분수의 곱셈으로 계산하기

② 40×2.3

자연수의 곱셈으로 계산하기

기본기 강화 문제

1 (소수) × (자연수)의 계산 방법(1)

• 보기 와 같이 계산해 보세요.

보기

0.2×7
$=0.2+0.2+0.2+0.2+0.2+0.2+0.2$
$=1.4$

1 0.9×5

2 0.16×7

3 0.37×3

4 1.2×4

5 2.8×6

6 5.38×5

7 9.22×4

2 (소수) × (자연수)의 계산 방법(2)

• 보기 와 같이 계산해 보세요.

보기

$$0.2\times4=\frac{2}{10}\times4=\frac{2\times4}{10}=\frac{8}{10}=0.8$$

1 0.7×4

2 0.24×3

3 0.18×8

4 3.9×4

5 6.3×5

6 3.45×7

7 5.49×4

3 (소수) × (자연수)의 계산 방법(3)

• □ 안에 알맞은 수를 써넣으세요.

1 0.4×8

• 0.4는 0.1이 □개이므로
$0.4 \times 8 = 0.1 \times$ □ $\times 8$입니다.
• 0.1이 모두 □개이므로
$0.4 \times 8 =$ □입니다.

2 0.7×5

• 0.7은 0.1이 □개이므로
$0.7 \times 5 = 0.1 \times$ □ $\times 5$입니다.
• 0.1이 모두 □개이므로
$0.7 \times 5 =$ □입니다.

3 1.6×6

• 1.6은 0.1이 □개이므로
$1.6 \times 6 = 0.1 \times$ □ $\times 6$입니다.
• 0.1이 모두 □개이므로
$1.6 \times 6 =$ □입니다.

4 3.4×3

• 3.4는 0.1이 □개이므로
$3.4 \times 3 = 0.1 \times$ □ $\times 3$입니다.
• 0.1이 모두 □개이므로
$3.4 \times 3 =$ □입니다.

4 (소수) × (자연수)의 계산 연습

• 계산해 보세요.

1 0.6×7

2 0.8×5

3 0.16×8

4 0.67×2

5 5.3×2

6 7.8×4

7 2.54×4

8 4.76×7

5 길 찾기

• 계산 결과가 5보다 큰 길을 따라가면 당근을 먹을 수 있습니다. □ 안에 알맞은 수를 써넣고 토끼가 당근을 먹으러 가는 길을 표시해 보세요.

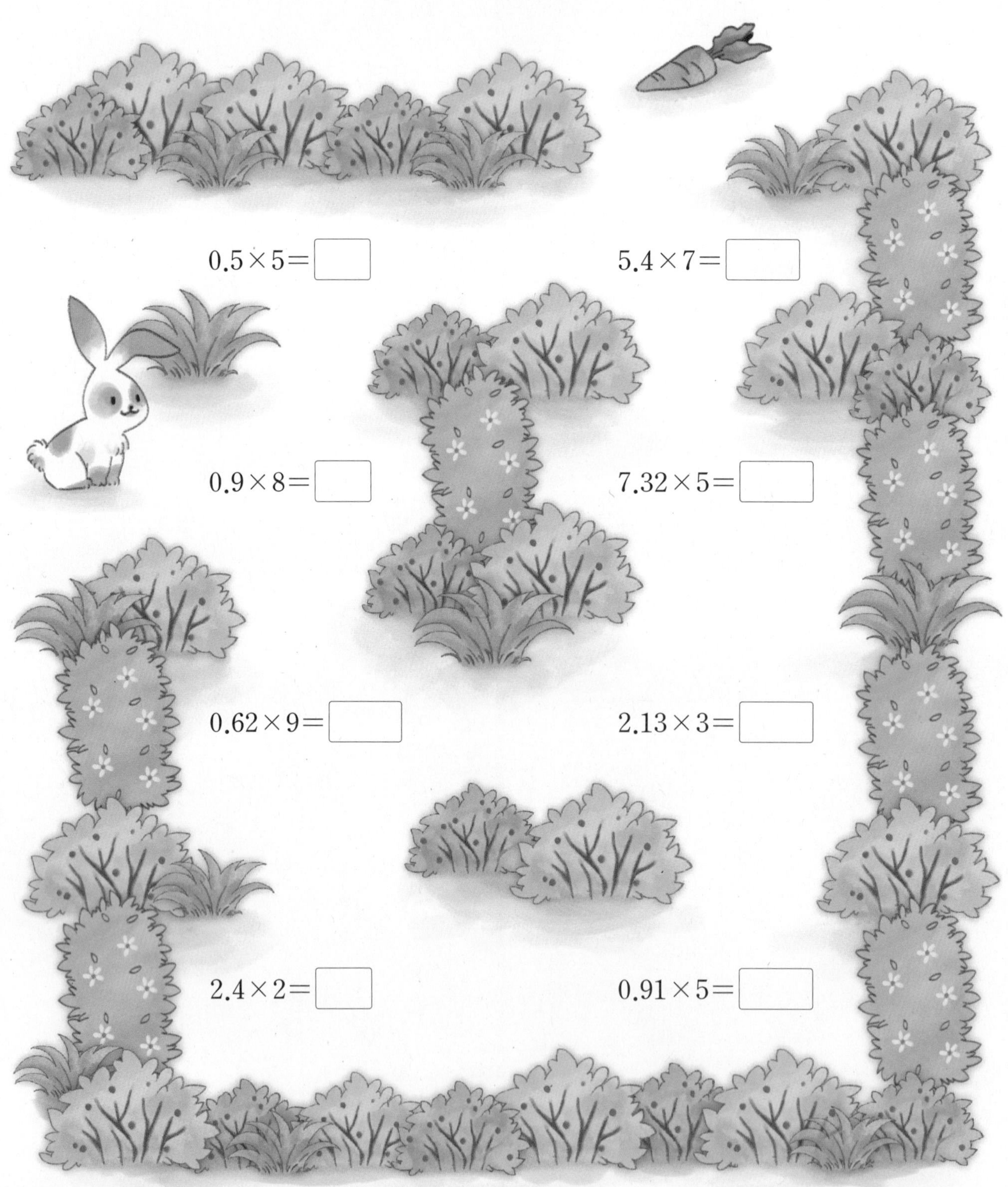

정답과 풀이 28쪽

6 여러 수 곱하기(1)

• 빈칸에 알맞은 수를 써넣으세요.

1

×	1	2	3	4
0.3				

2

×	1	2	3	4
0.9				

3

×	1	2	3	4
0.45				

4

×	1	2	3	4
2.8				

5

×	1	2	3	4
3.7				

6

×	1	2	3	4
3.49				

7 어림하여 계산 결과 비교하기(1)

• 어림하여 계산한 후 주어진 조건에 맞는 것을 찾아 기호를 써 보세요.

1 계산 결과가 4보다 큰 것

㉠ 0.79×4 ㉡ 0.7×6 ㉢ 0.4×9

( )

2 계산 결과가 2보다 작은 것

㉠ 0.83×3 ㉡ 0.19×8 ㉢ 0.4×7

( )

3 계산 결과가 6보다 작은 것

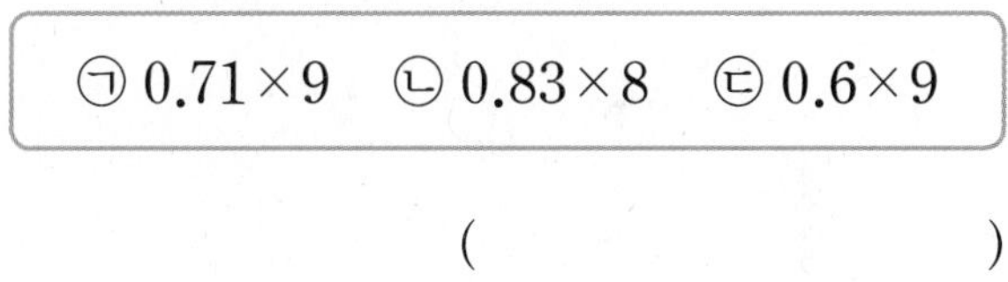

㉠ 0.71×9 ㉡ 0.83×8 ㉢ 0.6×9

( )

4 계산 결과가 12보다 큰 것

㉠ 5.9×2 ㉡ 3.11×4 ㉢ 1.5×6

( )

5 계산 결과가 20보다 작은 것

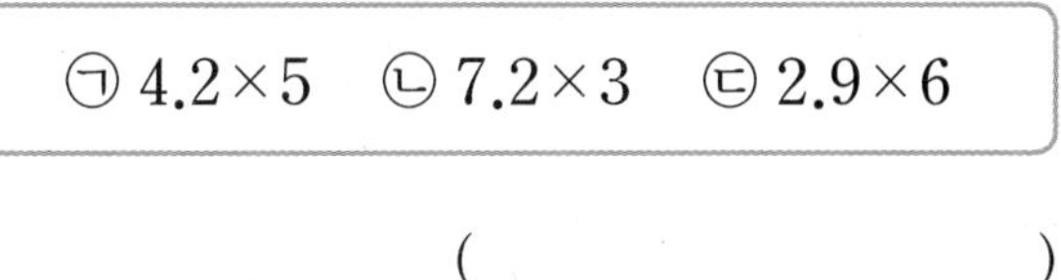

㉠ 4.2×5 ㉡ 7.2×3 ㉢ 2.9×6

( )

8 화살표를 따라 계산하기

• □ 안에 알맞은 수를 써넣으세요.

1 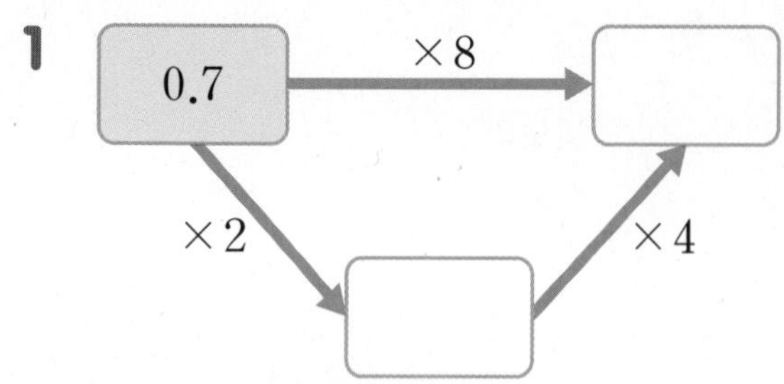

2 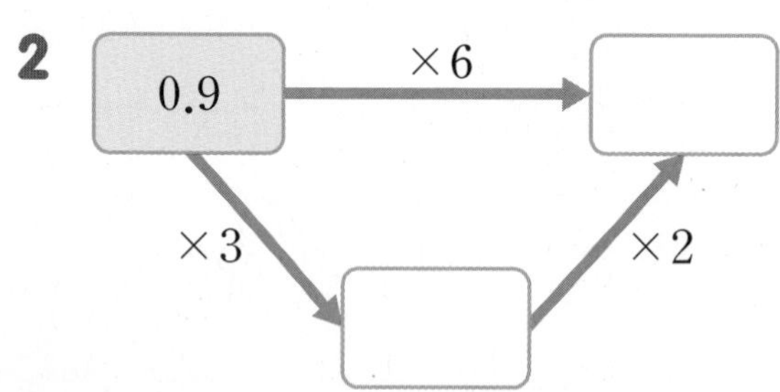

3 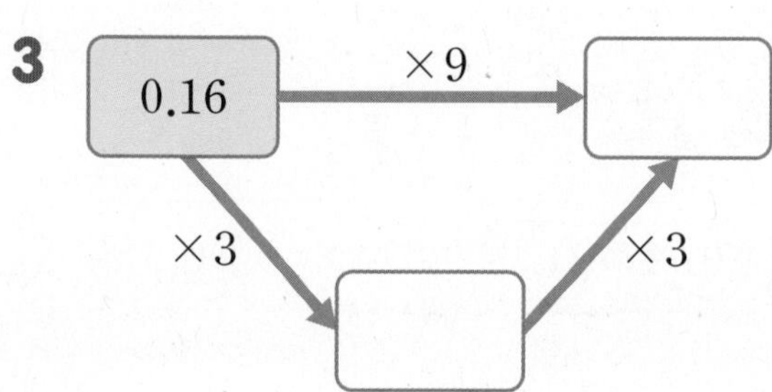

4 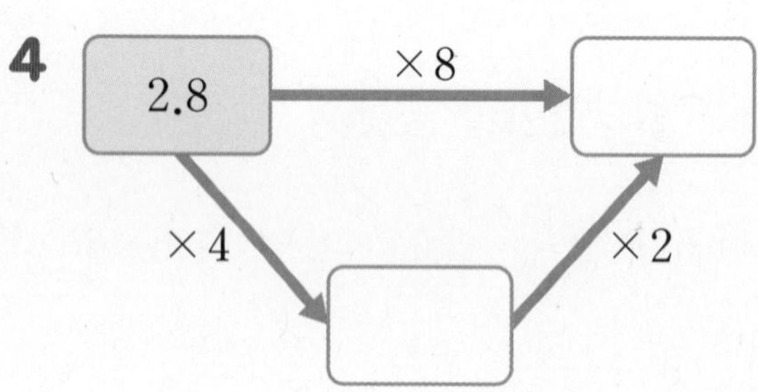

5 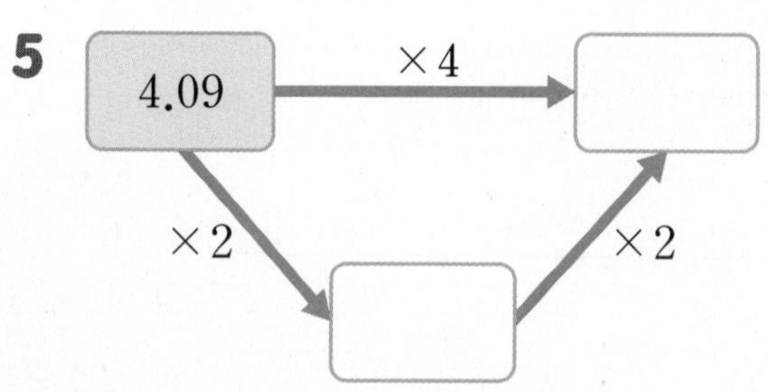

9 소수의 곱셈식 만들기

• 다음과 같은 방법으로 소수 한 자리 수와 자연수를 만들어 계산하려고 합니다. 계산 결과를 구해 보세요.

소수 한 자리 수

수 카드 중에서 2장을 골라 한 번씩만 사용하여 가장 작은 소수 한 자리 수를 만듭니다.

⬇

자연수

나머지 수 카드를 사용하여 자연수를 만듭니다.

2 0 3 ➡ 0 . 2 × 3 = 0.6

1 6 0 9 ➡ □.□×□=□

2 4 1 3 ➡ □.□×□=□

3 3 7 4 ➡ □.□×□=□

4 2 5 3 ➡ □.□×□=□

5 8 9 1 ➡ □.□×□=□

10 (자연수) × (소수)의 계산 방법(1)

• □ 안에 알맞은 수를 써넣으세요.

1 2×0.4

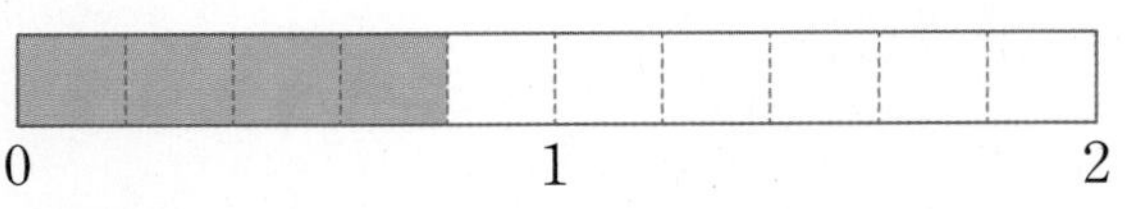

• 한 칸의 크기는 2의 0.1, 2의 $\frac{1}{10}$이고,

두 칸의 크기는 2의 □, 2의 □입니다.

• 4칸의 크기는 2의 □, 2의 □이므로

□이/가 되어 □입니다.

2 3×0.6

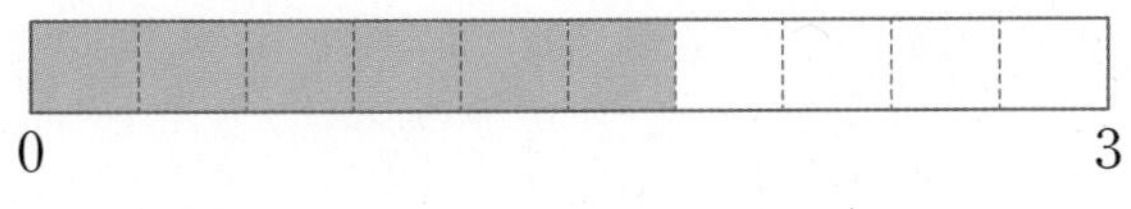

• 한 칸의 크기는 3의 0.1, 3의 $\frac{1}{10}$입니다.

• 6칸의 크기는 3의 □, 3의 □이므로

□이/가 되어 □입니다.

3 4×0.5

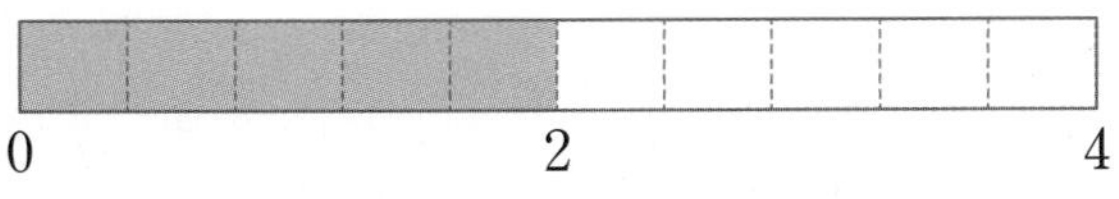

• 한 칸의 크기는 4의 0.1, 4의 $\frac{1}{10}$입니다.

• 5칸의 크기는 4의 □, 4의 □이므로

□이/가 되어 □입니다.

4 3×1.4

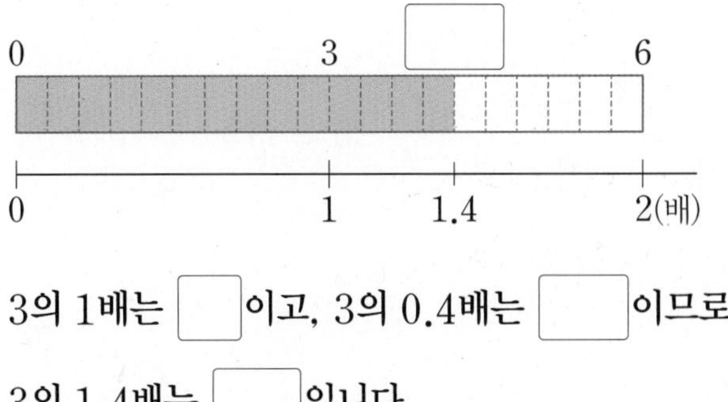

3의 1배는 □이고, 3의 0.4배는 □이므로

3의 1.4배는 □입니다.

5 5×2.2

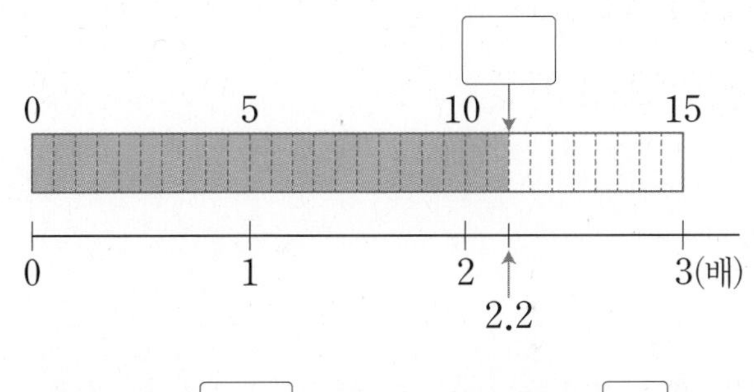

5의 2배는 □이고, 5의 0.2배는 □이므로

5의 2.2배는 □입니다.

6 8×1.8

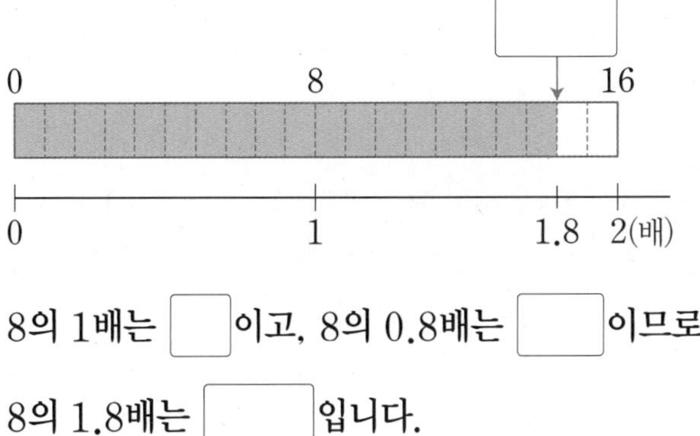

8의 1배는 □이고, 8의 0.8배는 □이므로

8의 1.8배는 □입니다.

11 (자연수) × (소수)의 계산 방법(2)

• 보기 와 같이 계산해 보세요.

보기

$$2\times0.3=2\times\frac{3}{10}=\frac{2\times3}{10}=\frac{6}{10}=0.6$$

1 12×0.8

2 5×0.31

3 6×0.67

4 4×1.8

5 3×5.6

6 2×6.13

7 4×5.24

12 (자연수) × (소수)의 계산 방법(3)

• 보기 와 같이 계산하려고 합니다. □ 안에 알맞은 수를 써넣으세요.

보기

$2\times2=4$

↓ $\frac{1}{10}$배 ↓ $\frac{1}{10}$배

$2\times0.2=0.4$

1 $3\times9=\square$

↓ $\frac{1}{10}$배 ↓ $\frac{1}{10}$배

$3\times0.9=\square$

2 $7\times5=\square$

↓ $\frac{1}{10}$배 ↓ $\frac{1}{10}$배

$7\times0.5=\square$

3 $2\times32=\square$

↓ $\frac{1}{100}$배 ↓ $\frac{1}{100}$배

$2\times0.32=\square$

4 $5\times26=\square$

↓ $\frac{1}{100}$배 ↓ $\frac{1}{100}$배

$5\times0.26=\square$

정답과 풀이 29쪽

5 $2 \times 14 = \square$

$\downarrow \frac{1}{10}$배 $\downarrow \frac{1}{10}$배

$2 \times 1.4 = \square$

6 $4 \times 37 = \square$

$\downarrow \frac{1}{10}$배 $\downarrow \frac{1}{10}$배

$4 \times 3.7 = \square$

7 $16 \times 23 = \square$

$\downarrow \frac{1}{10}$배 $\downarrow \frac{1}{10}$배

$16 \times 2.3 = \square$

8 $3 \times 124 = \square$

$\downarrow \frac{1}{100}$배 $\downarrow \frac{1}{100}$배

$3 \times 1.24 = \square$

9 $20 \times 205 = \square$

$\downarrow \frac{1}{100}$배 $\downarrow \frac{1}{100}$배

$20 \times 2.05 = \square$

13 (자연수)×(소수)의 계산 연습

• 계산해 보세요.

1 13×0.8

2 25×0.6

3 8×0.58

4 7×0.15

5 4×1.9

6 7×3.3

7 9×4.16

8 5×2.04

14 어림하여 계산 결과 비교하기(2)

- 어림하여 계산한 후 주어진 조건에 맞는 것을 찾아 기호를 써 보세요.

1 계산 결과가 3보다 큰 것

㉠ 5의 0.53 ㉡ 6의 0.7배 ㉢ 3×0.92

(   )

2 계산 결과가 15보다 큰 것

㉠ 30의 0.6 ㉡ 15×0.8 ㉢ 5의 2.82배

(   )

3 계산 결과가 16보다 작은 것

㉠ 8×1.92 ㉡ 20×0.81 ㉢ 32의 0.7배

(   )

4 계산 결과가 6보다 작은 것

㉠ 4의 2.04배 ㉡ 3×2.4 ㉢ 2의 2.78

(   )

5 계산 결과가 8보다 큰 것

㉠ 16의 0.4 ㉡ 4×2.01 ㉢ 8×0.99

(   )

15 나누어 곱한 후 더하기(1)

- □ 안에 알맞은 수를 써넣으세요.

1

$6\times1 = \square$

$6\times0.3 = \square$ (+)

$6\times1.3 = \square$

2

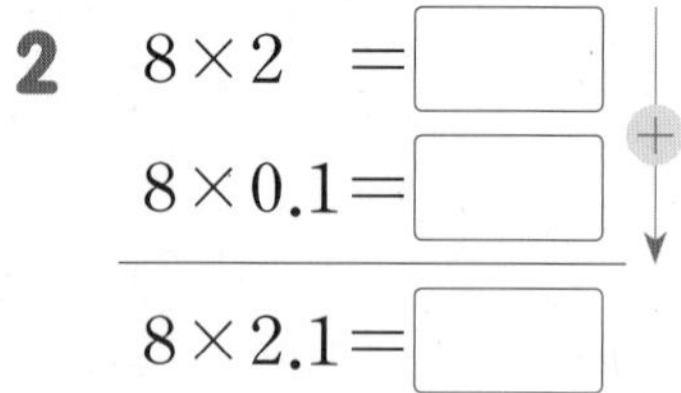

$8\times2 = \square$

$8\times0.1 = \square$ (+)

$8\times2.1 = \square$

3

$3\times7 = \square$

$3\times0.5 = \square$ (+)

$3\times7.5 = \square$

4

$4\times3 = \square$

$4\times0.36 = \square$ (+)

$4\times3.36 = \square$

5

$5\times4 = \square$

$5\times0.27 = \square$ (+)

$5\times4.27 = \square$

16 소수의 곱셈의 활용(1)

1 여러 행성에서 잰 몸무게는 지구에서 잰 몸무게의 몇 배가 되는지 나타낸 것입니다. 몸무게를 보고 빈칸에 알맞은 행성의 이름을 써넣으세요.

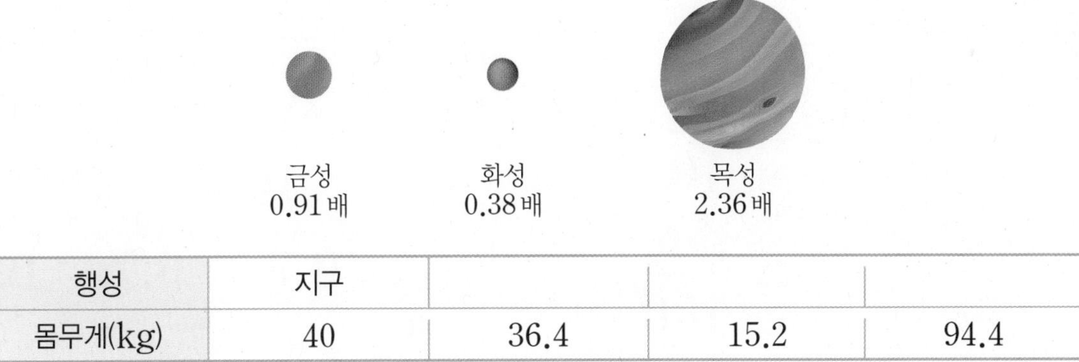

행성	지구			
몸무게(kg)	40	36.4	15.2	94.4

2 떨어진 높이의 0.6배만큼 튀어 오르는 공이 있습니다. 이 공을 15 m 높이에서 떨어뜨렸을 때 공이 두 번째로 튀어 오른 높이는 몇 m인지 구해 보세요.

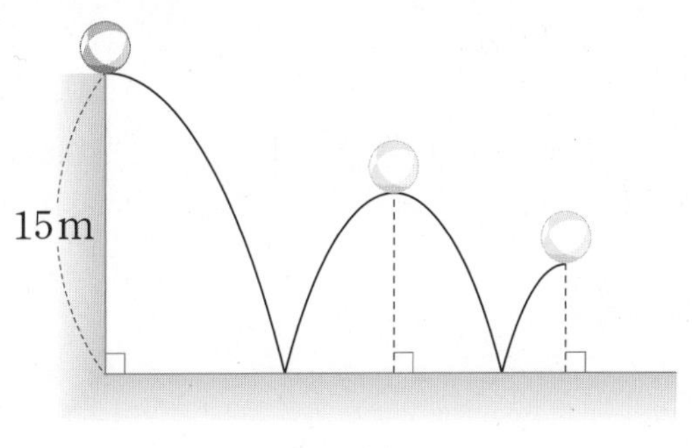

( )

3 어느 도로의 한쪽에 처음부터 끝까지 일정한 간격으로 나무를 모두 16그루 심었습니다. 도로의 길이는 몇 m인지 구해 보세요. (단, 나무의 굵기는 생각하지 않습니다.)

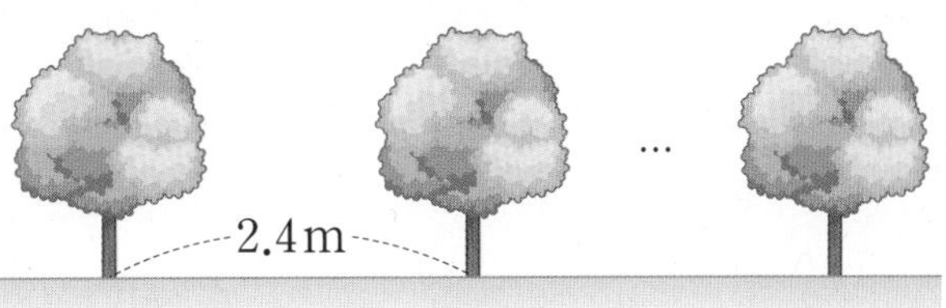

( )

3 (소수)×(소수)

● (1보다 작은 소수)×(1보다 작은 소수)

• 0.8×0.7의 계산

방법 1 분수의 곱셈으로 계산하기

$$0.8\times0.7=\frac{8}{10}\times\frac{7}{10}=\frac{56}{100}=0.56$$

방법 2 자연수의 곱셈으로 계산하기

$$8\times7=56$$

($\frac{1}{10}$배, $\frac{1}{10}$배, $\frac{1}{100}$배)

$$0.8\times0.7=0.56$$

→ 곱해지는 수와 곱하는 수가 각각 $\frac{1}{10}$배가 되면 계산 결과는 $\frac{1}{100}$배가 됩니다.

방법 3 세로로 계산하기

$$\begin{array}{r} 0.8 \\ \times\ 0.7 \\ \hline 5\ 6 \end{array} \rightarrow \begin{array}{r} 0.8 \\ \times\ 0.7 \\ \hline 0.5\ 6 \end{array}$$

→ 자연수처럼 생각하고 계산한 다음 소수의 크기를 생각하여 소수점을 찍습니다.

방법 4 소수의 크기를 생각하여 계산하기

자연수의 곱셈 결과에 소수의 크기를 생각하여 소수점을 찍습니다.
8×7=56인데 0.8에 0.7을 곱하면 0.8보다 작아야 하므로 계산 결과는 0.56입니다.

● (1보다 큰 소수)×(1보다 큰 소수)

• 2.4×1.9의 계산

방법 1 분수의 곱셈으로 계산하기

$$2.4\times1.9=\frac{24}{10}\times\frac{19}{10}=\frac{456}{100}=4.56$$

방법 2 자연수의 곱셈으로 계산하기

$$24\times19=456$$

($\frac{1}{10}$배, $\frac{1}{10}$배, $\frac{1}{100}$배)

$$2.4\times1.9=4.56$$

방법 3 세로로 계산하기

$$\begin{array}{r} 2.4 \\ \times\ 1.9 \\ \hline 4\ 5\ 6 \end{array} \rightarrow \begin{array}{r} 2.4 \\ \times\ 1.9 \\ \hline 4.5\ 6 \end{array}$$

방법 4 소수의 크기를 생각하여 계산하기

자연수의 곱셈 결과에 소수의 크기를 생각하여 소수점을 찍습니다.
24×19=456인데 2.4에 1.9를 곱하면 2.4의 2배인 4.8보다 작아야 하므로 4.56입니다.

➲ 정답과 풀이 31쪽

1 0.5×0.9를 여러 가지 방법으로 계산한 것입니다. □ 안에 알맞은 수를 써넣으세요.

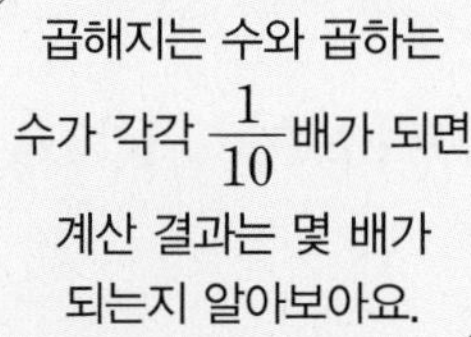

방법 1 분수의 곱셈으로 계산하기

$$0.5 \times 0.9 = \frac{5}{10} \times \frac{\square}{10} = \frac{5 \times \square}{100} = \frac{\square}{100} = \square$$

방법 2 자연수의 곱셈으로 계산하기

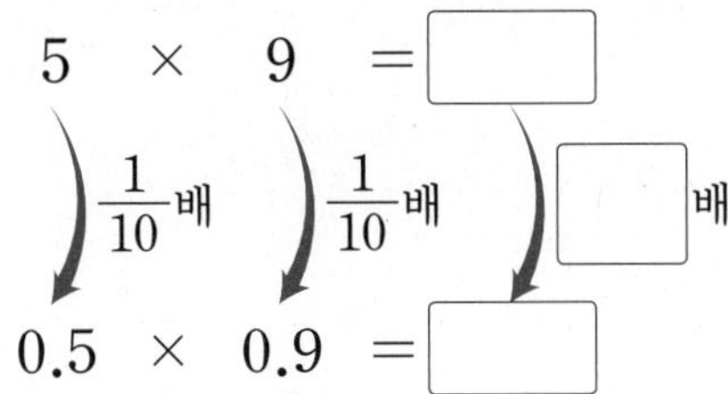

2 계산해 보세요.

① 0.3×0.42

② $\begin{array}{r} 0.15 \\ \times\ 0.28 \\ \hline \end{array}$

3 어림하여 계산 결과가 4보다 작은 것을 찾아 기호를 써 보세요.

㉠ 8.4의 0.5	㉡ 2.9×1.3	㉢ 4.2의 1.2배

( )

4 주어진 방법으로 계산해 보세요.

① 4.8×5.2

분수의 곱셈으로 계산하기

② 1.35×2.4

소수의 크기를 생각하여 계산하기

곱의 소수점 위치

● (소수)×1, 10, 100, 1000의 계산

$$2.67 \times 1 = 2.67$$

$$2.67 \times 10 = 26.7$$ → 오른쪽으로 한 칸 이동

$$2.67 \times 100 = 267$$ → 오른쪽으로 2칸 이동

$$2.67 \times 1000 = 2670$$ → 오른쪽으로 3칸 이동

➡ 곱하는 수의 0이 하나씩 늘어날 때마다 곱의 소수점이 오른쪽으로 한 칸씩 옮겨집니다. → 소수점을 오른쪽으로 이동할 때 소수점을 옮길 자리가 없으면 0을 채우면서 옮깁니다.

● (자연수)×1, 0.1, 0.01, 0.001의 계산

$$452 \times 1 = 452$$

$$452 \times 0.1 = 45.2$$ → 왼쪽으로 한 칸 이동

$$452 \times 0.01 = 4.52$$ → 왼쪽으로 2칸 이동

$$452 \times 0.001 = 0.452$$ → 왼쪽으로 3칸 이동

➡ 곱하는 소수의 소수점 아래 자리 수가 하나씩 늘어날 때마다 곱의 소수점이 왼쪽으로 한 칸씩 옮겨집니다. → 소수점을 왼쪽으로 이동할 때 소수점을 옮길 자리가 없으면 0을 채우면서 옮깁니다.

● (소수)×(소수)에서 소수점의 위치

$$7 \times 6 = 42$$

$$0.7 \times 0.6 = 0.42$$

소수 한 자리 수, 소수 한 자리 수, 소수 두 자리 수

$$0.7 \times 0.06 = 0.042$$

소수 한 자리 수, 소수 두 자리 수, 소수 세 자리 수

$$0.07 \times 0.06 = 0.0042$$

소수 두 자리 수, 소수 두 자리 수, 소수 네 자리 수

➡ 곱하는 두 수의 소수점 아래 자리 수를 더한 값만큼 소수점 아래 자리 수가 정해집니다.

정답과 풀이 31쪽

소수점의 위치를 생각하여 계산해 보세요.

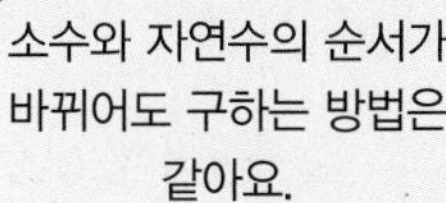

① 2.57×1
2.57×10
2.57×100
2.57×1000

② 1×3.84
10×3.84
100×3.84
1000×3.84

2 소수점의 위치를 생각하여 계산해 보세요.

① 160×1
160×0.1
160×0.01
160×0.001

② 1×720
0.1×720
0.01×720
0.001×720

3 다음 식을 두 가지 방법으로 계산하고, 이를 바탕으로 자연수의 곱셈 결과에서 소수점을 왼쪽으로 세 칸만큼 옮기는 이유를 써 보세요.

곱하는 수가 0.01배, 곱해지는 수가 0.1배가 되면 계산 결과는 몇 배가 되는지 알아보아요.

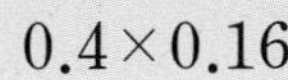

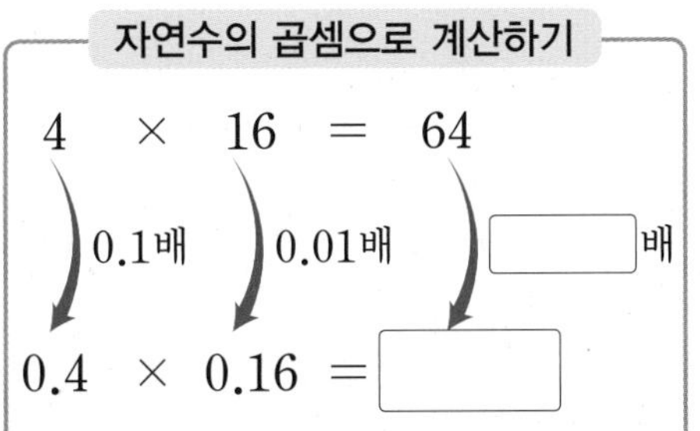

분수의 곱셈으로 계산하기

이유

기본기 강화 문제

17 (소수)×(소수)의 계산 방법(1)

• 보기 와 같이 계산해 보세요.

보기

$$0.5\times0.3=\frac{5}{10}\times\frac{3}{10}=\frac{15}{100}=0.15$$

1 0.8×0.4

2 0.29×0.5

3 0.4×0.38

4 0.17×0.31

5 1.5×4.8

6 4.61×5.6

7 5.2×8.05

18 (소수)×(소수)의 계산 방법(2)

• 보기 와 같이 계산하려고 합니다. □ 안에 알맞은 수를 써넣으세요.

보기

$3 \times 4 = 12$

$\downarrow \frac{1}{10}$배 $\downarrow \frac{1}{10}$배 $\downarrow \frac{1}{100}$배

$0.3 \times 0.4 = 0.12$

1 $5 \times 7 = \square$

$\downarrow \frac{1}{10}$배 $\downarrow \frac{1}{10}$배 $\downarrow \frac{1}{100}$배

$0.5 \times 0.7 = \square$

2 $9 \times 8 = \square$

$\downarrow \frac{1}{10}$배 $\downarrow \frac{1}{10}$배 $\downarrow \frac{1}{100}$배

$0.9 \times 0.8 = \square$

3 $13 \times 5 = \square$

$\downarrow \frac{1}{100}$배 $\downarrow \frac{1}{10}$배 $\downarrow \frac{1}{1000}$배

$0.13 \times 0.5 = \square$

4 $7 \times 61 = \square$

$\downarrow \frac{1}{10}$배 $\downarrow \frac{1}{100}$배 $\downarrow \frac{1}{1000}$배

$0.7 \times 0.61 = \square$

5 $27 \times 18 = \square$

$\downarrow \frac{1}{100}$배 $\downarrow \frac{1}{100}$배 $\downarrow \frac{1}{10000}$배

$0.27 \times 0.18 = \square$

6 $56 \times 24 = \square$

$\downarrow \frac{1}{10}$배 $\downarrow \frac{1}{10}$배 $\downarrow \frac{1}{100}$배

$5.6 \times 2.4 = \square$

7 $236 \times 14 = \square$

$\downarrow \frac{1}{100}$배 $\downarrow \frac{1}{10}$배 $\downarrow \frac{1}{1000}$배

$2.36 \times 1.4 = \square$

8 $32 \times 284 = \square$

$\downarrow \frac{1}{10}$배 $\downarrow \frac{1}{100}$배 $\downarrow \frac{1}{1000}$배

$3.2 \times 2.84 = \square$

9 $156 \times 445 = \square$

$\downarrow \frac{1}{100}$배 $\downarrow \frac{1}{100}$배 $\downarrow \frac{1}{10000}$배

$1.56 \times 4.45 = \square$

19 (소수) × (소수)의 계산 방법(3)

- 소수의 크기를 생각하여 계산하려고 합니다. □ 안에 알맞은 수를 써넣고, 알맞은 말에 ○표 하세요.

1 0.6 × 0.9의 계산

6 × 9 = □ 인데 0.6에 0.9를 곱하면 0.6보다 (작은 , 큰) 값이 나와야 하므로 계산 결과는 □ 입니다.

2 0.34 × 0.4의 계산

34 × 4 = □ 인데 0.34에 0.4를 곱하면 0.34의 0.5배인 0.17보다 (작은 , 큰) 값이 나와야 하므로 계산 결과는 □ 입니다.

3 3.2 × 4.7의 계산

32 × 47 = □ 인데 3.2에 4.7을 곱하면 3.2의 4배인 12.8보다 (작은 , 큰) 값이 나와야 하므로 계산 결과는 □ 입니다.

4 2.82 × 1.2의 계산

282 × 12 = □ 인데 2.82에 1.2를 곱하면 2.82의 1배인 2.82보다 (작은 , 큰) 값이 나와야 하므로 계산 결과는 □ 입니다.

20 (소수) × (소수)의 계산 연습(1)

• 계산해 보세요.

1 0.3×0.7

2 0.15×0.8

3 0.5×0.25

4 0.18×0.55

5 8.5×9.9

6 1.5×3.29

7 2.78×4.1

8 2.11×4.06

21 (소수) × (소수)의 계산 연습(2)

• 계산해 보세요.

1 $\begin{array}{r} 0.9 \\ \times\ 0.4 \\ \hline \end{array}$

2 $\begin{array}{r} 0.33 \\ \times\ 0.6 \\ \hline \end{array}$

3 $\begin{array}{r} 0.7 \\ \times\ 0.44 \\ \hline \end{array}$

4 $\begin{array}{r} 0.46 \\ \times\ 0.23 \\ \hline \end{array}$

5 $\begin{array}{r} 7.2 \\ \times\ 5.2 \\ \hline \end{array}$

6 $\begin{array}{r} 9.3 \\ \times\ 6.23 \\ \hline \end{array}$

7 $\begin{array}{r} 9.35 \\ \times\ 3.8 \\ \hline \end{array}$

8 $\begin{array}{r} 4.25 \\ \times\ 2.18 \\ \hline \end{array}$

정답과 풀이 32쪽

 어림하여 계산 결과 비교하기(3)

- 어림하여 계산한 후 주어진 조건에 맞는 것을 찾아 기호를 써 보세요.

1 계산 결과가 2보다 작은 것

㉠ 6.1×0.4 ㉡ 4.1의 0.5배 ㉢ 2.9의 0.6

( )

2 계산 결과가 3보다 작은 것

㉠ 12.4의 0.3배 ㉡ 9.01의 0.4 ㉢ 4.7×0.6

( )

3 계산 결과가 8보다 큰 것

㉠ 7.82×0.9 ㉡ 16.3×0.5 ㉢ 1.7의 3.8배

( )

4 계산 결과가 14보다 작은 것

㉠ 27.65의 0.4 ㉡ 3.1×5.24 ㉢ 7.1의 2.2배

( )

5 계산 결과가 10보다 작은 것

㉠ 2.05×5.2 ㉡ 20.17×0.5 ㉢ 5.75의 1.5

( )

 나누어 곱한 후 더하기(2)

- □ 안에 알맞은 수를 써넣으세요.

1
$0.6\times0.4=\square$
$0.6\times0.5=\square$ (+)
$0.6\times0.9=\square$

2
$2.6\times5=\square$
$2.6\times0.9=\square$ (+)
$2.6\times5.9=\square$

3
$3.7\times2=\square$
$3.7\times0.8=\square$ (+)
$3.7\times2.8=\square$

4
$4.01\times3=\square$
$4.01\times0.2=\square$ (+)
$4.01\times3.2=\square$

5
$7.1\times5=\square$
$7.1\times0.03=\square$ (+)
$7.1\times5.03=\square$

4

24 계산 결과 비교하기

• 계산하지 않고 크기를 비교하여 ◯ 안에 >, =, <를 알맞게 써넣으세요.

1 1.3 ◯ 1.3×0.01

1.3 ◯ 1.3×3.01

2 3.8 ◯ 3.8×0.9

3.8 ◯ 3.8×1.4

3 2.54 ◯ 2.54×3.4

2.54 ◯ 2.54×0.8

4 0.5 ◯ 0.5×0.6

0.5 ◯ 0.5×1.7

5 6.26 ◯ 6.26×7.2

6.26 ◯ 6.26×0.15

25 연산 기호 넣기

• +, −, × 중 알맞은 연산 기호를 골라 □ 안에 써넣으세요.

1 $0.5 \square 0.4 = 0.9$

$0.5 \square 0.4 = 0.1$

$0.5 \square 0.4 = 0.2$

2 $0.8 \square 0.2 = 0.6$

$0.8 \square 0.2 = 0.16$

$0.8 \square 0.2 = 1$

3 $2.6 \square 0.3 = 0.78$

$2.6 \square 0.3 = 2.9$

$2.6 \square 0.3 = 2.3$

4 $7.4 \square 5.1 = 12.5$

$7.4 \square 5.1 = 2.3$

$7.4 \square 5.1 = 37.74$

5 $4.32 \square 2.3 = 9.936$

$4.32 \square 2.3 = 6.62$

$4.32 \square 2.3 = 2.02$

정답과 풀이 32쪽

26 가장 큰 수와 가장 작은 수의 곱 구하기

• 가장 큰 수와 가장 작은 수의 곱을 구해 보세요.

1

2.5	0.9	12.7	6.8

( )

2

0.5	1.12	0.28	7.3

( )

3

0.39	4.15	0.6	14.4

( )

4

2.05	0.18	20.8	5.7

( )

5

9.35	10.6	0.32	43.2

( )

6

52.95	7.8	1.2	13.2

( )

27 1, 10, 100, 1000 곱하기

• 계산해 보세요.

1 0.34×1

0.34×10

0.34×100

0.34×1000

2 0.27×1

0.27×10

0.27×100

0.27×1000

3 4.35×1

4.35×10

4.35×100

4.35×1000

4 6.73×1

6.73×10

6.73×100

6.73×1000

4

28 1, 0.1, 0.01, 0.001 곱하기

• 계산해 보세요.

1 1420×1

1420×0.1

1420×0.01

1420×0.001

2 635×1

635×0.1

635×0.01

635×0.001

3 28×1

28×0.1

28×0.01

28×0.001

4 3.2×1

3.2×0.1

3.2×0.01

3.2×0.001

29 여러 수 곱하기(2)

• 계산해 보세요.

1 1.3×4

1.3×0.4

1.3×0.04

1.3×0.004

2 3.5×8

3.5×0.8

3.5×0.08

3.5×0.008

3 2×6

0.2×0.6

0.2×0.06

0.02×0.06

4 7×25

0.7×2.5

0.7×0.25

0.07×0.25

➔ 정답과 풀이 33쪽

30 다르면서 같은 곱셈

• 계산해 보세요.

1 0.27×0.2

2.7×0.02

2 4.2×0.03

42×0.003

3 1.5×0.28

0.15×2.8

4 10.9×0.04

1.09×0.4

5 0.12×16

1.2×1.6

6 8.4×1.59

0.84×15.9

31 주어진 식을 이용하여 식 완성하기

• 주어진 식을 이용하여 식을 완성해 보세요.

1 $4.6 \times 58 = 266.8$

$4.6 \times \square = 26680$

$\square \times 58 = 2.668$

2 $273 \times 34 = 9282$

$2.73 \times \square = 0.9282$

$\square \times 3400 = 928.2$

3 $62 \times 51.2 = 3174.4$

$0.62 \times \square = 317.44$

$\square \times 5120 = 31744$

4 $504 \times 91 = 45864$

$\square \times 0.91 = 4.5864$

$50.4 \times \square = 458.64$

정답과 풀이 34쪽

소수의 곱셈의 활용(2)

1 직사각형의 넓이는 몇 cm^2인지 구해 보세요.

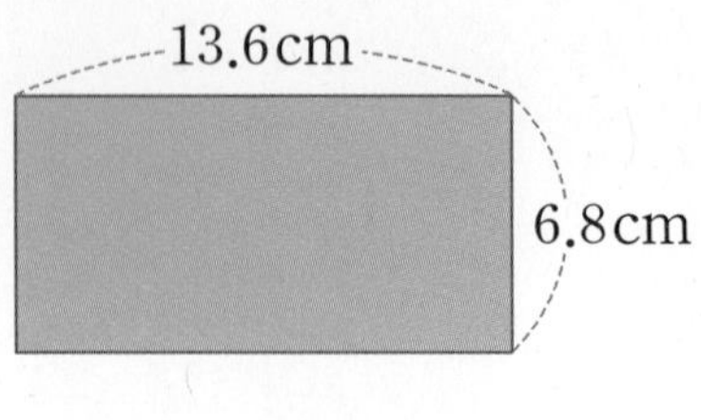

(　　　　　　)

2 사랑이네 집에서 학교까지의 거리는 1.8 km이고, 학교에서 도서관까지의 거리는 사랑이네 집에서 학교까지 거리의 3.2배입니다. 학교에서 도서관까지의 거리는 몇 km인지 구해 보세요.

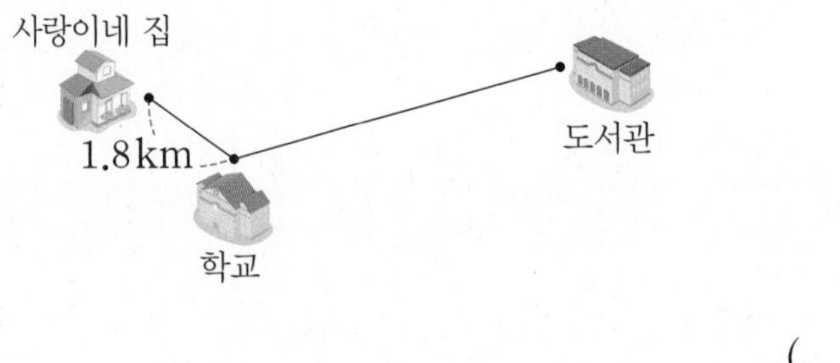

(　　　　　　)

3 은행에서 미국 돈 1달러를 우리나라 돈 1418.6원으로 바꿀 수 있습니다. 10달러, 100달러, 1000달러짜리 지폐가 각각 1장씩 있을 때 이 돈을 우리나라 돈으로 바꾸면 모두 얼마인지 구해 보세요.

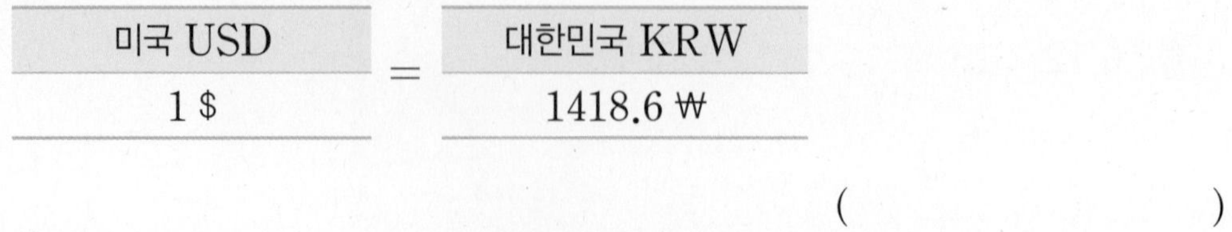

미국 USD		대한민국 KRW
1 $	=	1418.6 ₩

(　　　　　　)

단원 평가

점수 확인

1 소수를 분수로 고쳐서 계산하려고 합니다. □ 안에 알맞은 수를 써넣으세요.

$$1.7\times3.24=\frac{17}{10}\times\frac{\square}{100}$$
$$=\frac{\square}{1000}=\square$$

2 보기 와 같이 계산해 보세요.

보기

$$0.19\times6=\frac{19}{100}\times6=\frac{19\times6}{100}$$
$$=\frac{114}{100}=1.14$$

0.57×12

3 계산해 보세요.

(1) 2.6×7

(2) 4.61×8

4 □ 안에 알맞은 수를 써넣으세요.

$$55\times21=\square$$

$\frac{1}{100}$배, $\frac{1}{100}$배, □배

$$0.55\times0.21=\square$$

5 빈칸에 알맞은 수를 써넣으세요.

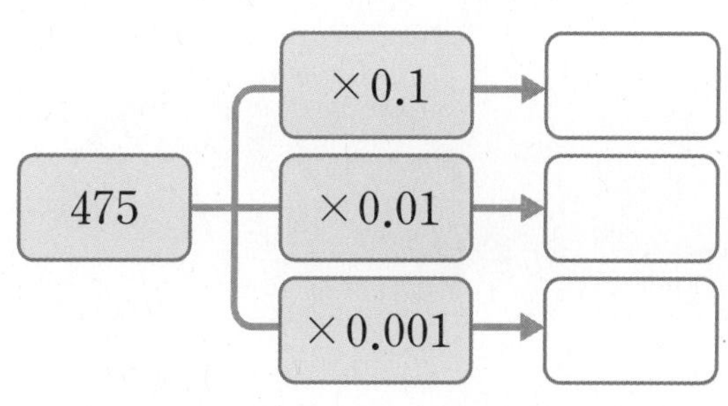

6 바르게 계산한 것을 찾아 기호를 써 보세요.

㉠ $12\times0.2=0.24$
㉡ $23\times0.07=1.61$
㉢ $6\times0.25=0.15$
㉣ $34\times0.75=2.55$

( )

7 어림하여 계산 결과가 6보다 작은 것을 찾아 기호를 써 보세요.

㉠ 0.92×7 ㉡ 0.8×7 ㉢ 12×0.5

( )

4

8 빈칸에 알맞은 수를 써넣으세요.

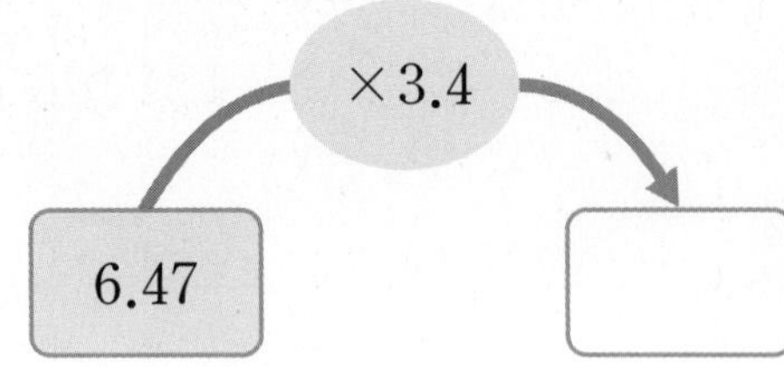

9 $26\times8=208$을 이용하여 □ 안에 알맞은 수를 써넣으세요.

(1) $0.26\times8=$ □

(2) $26\times0.8=$ □

10 □ 안에 알맞은 수를 써넣으세요.

(1) □ $\times0.001=0.73$

(2) $0.86\times$ □ $=8.6$

11 $26\times39=1014$일 때 곱이 다른 것을 찾아 기호를 써 보세요.

㉠ 2.6×3.9	㉡ 260×0.039
㉢ 0.26×3.9	㉣ 26×0.39

(　　　　　　　　)

12 계산 결과를 비교하여 ○ 안에 >, =, <를 알맞게 써넣으세요.

(1) 16×2.3 ○ 12×2.7

(2) 1.4×2.8 ○ 4.9×0.8

13 윤정이가 8.4×1.5를 잘못 계산한 것입니다. 잘못된 부분을 찾아 바르게 고쳐 보세요.

바르게 고치기 ....

....

14 가장 큰 수와 가장 작은 수의 곱을 구해 보세요.

4.1	13.9	27.48	0.5

(　　　　　　　　)

15 평행사변형의 넓이는 몇 m^2일까요?

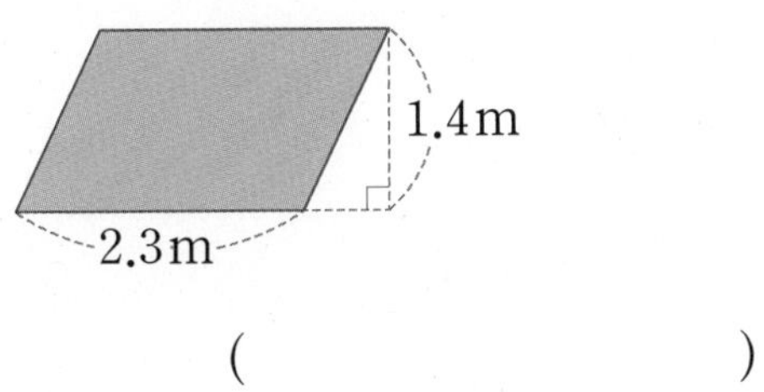

( )

16 계산 결과가 작은 것부터 차례로 기호를 써 보세요.

㉠ 2.3×0.4
㉡ 6.9×0.3
㉢ 0.2×5.6

( )

17 234×42는 9828입니다. 2.34×4.2의 값을 어림하여 소수점을 찍고, 그 이유를 써 보세요.

$2.34 \times 4.2 = 9\ 8\ 2\ 8$

이유

18 재훈이네 집에서는 우유를 매일 2.5 L씩 마십니다. 재훈이네 집에서 일주일 동안 마신 우유는 몇 L일까요?

( )

서술형 문제

정답과 풀이 34쪽

19 어느 식당에서 하루에 사용하는 김치와 쌀의 양입니다. 하루에 사용하는 쌀은 몇 kg인지 보기 와 같이 풀이 과정을 쓰고 답을 구해 보세요.

• 김치: 하루에 12 kg의 0.24만큼 사용
• 쌀: 하루에 36 kg의 0.12만큼 사용

보기
하루에 사용하는 김치의 양은
$12 \times 0.24 = 2.88$ (kg)입니다.
답 2.88 kg

하루에 사용하는 쌀의 양은

답

20 1시간에 87.4 km를 가는 자동차가 같은 빠르기로 2시간 18분 동안 갈 수 있는 거리는 몇 km인지 보기 와 같이 풀이 과정을 쓰고 답을 구해 보세요.

보기
1시간 24분$=1\frac{24}{60}$시간$=1.4$시간입니다.
따라서 1.4시간 동안 갈 수 있는 거리는
$87.4 \times 1.4 = 122.36$ (km)입니다.
답 122.36 km

2시간 18분=

답

4

5 직육면체

친구들이 조각 전시회에 갔어요. 전시회의 조각들은 모두 상자 모양이네요.
조각들은 사각형 몇 개로 둘러싸여 있는지 ☐ 안에 알맞은 수를 써넣으세요.

1 직육면체, 정육면체 알아보기

직육면체 알아보기

- **직육면체**: 직사각형 6개로 둘러싸인 도형
- 직육면체의 구성 요소

  면: 선분으로 둘러싸인 부분

  모서리: 면과 면이 만나는 선분

  꼭짓점: 모서리와 모서리가 만나는 점

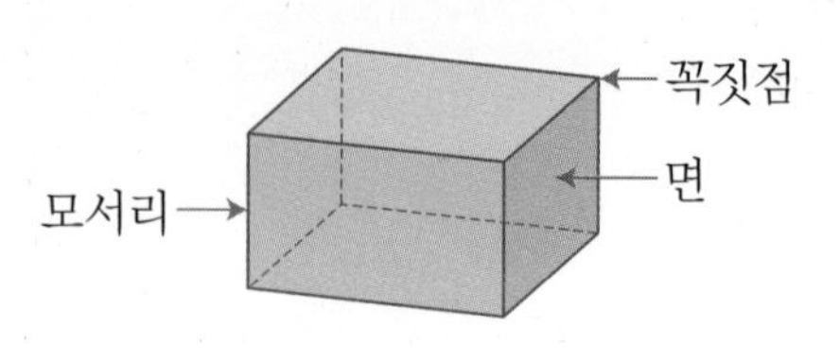

- 직육면체의 면의 모양, 면, 모서리, 꼭짓점의 수

면의 모양	면의 수(개)	모서리의 수(개)	꼭짓점의 수(개)
직사각형	6	12	8

정육면체 알아보기

- **정육면체**: 정사각형 6개로 둘러싸인 도형
- 정육면체의 면의 모양, 면, 모서리, 꼭짓점의 수

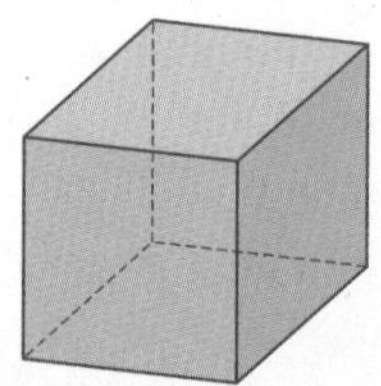

면의 모양	면의 수(개)	모서리의 수(개)	꼭짓점의 수(개)
정사각형	6	12	8

(6 → 모양이 모두 같습니다.) (12 → 길이가 모두 같습니다.)

직육면체와 정육면체의 공통점과 차이점

공통점	차이점
• 면의 수는 모두 같습니다. • 모서리의 수는 모두 같습니다. • 꼭짓점의 수는 모두 같습니다.	• 면의 모양이 직육면체는 직사각형이고, 정육면체는 정사각형으로 다릅니다. • 직육면체는 모서리의 길이가 다르지만 정육면체는 모서리의 길이가 모두 같습니다.

개념 자세히 보기

- **정사각형은 직사각형이므로 정육면체는 직육면체라고 할 수 있어요!**

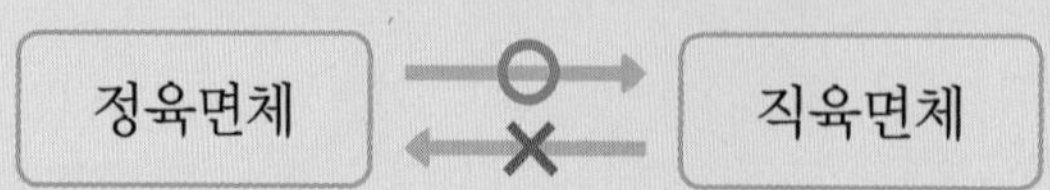

➲ 정답과 풀이 36쪽

1 직육면체의 각 부분의 이름을 □ 안에 알맞게 써넣으세요.

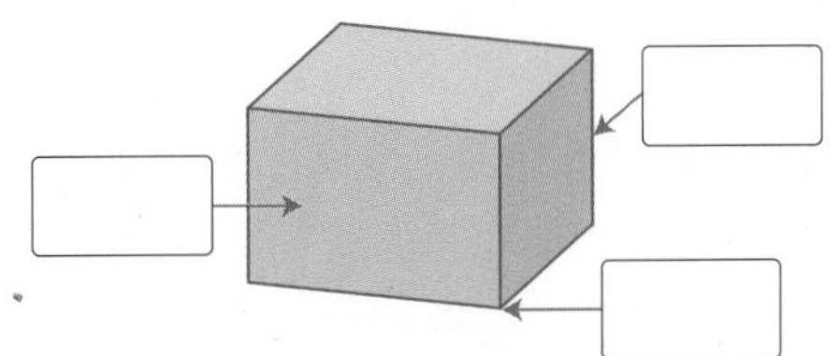

2 그림을 보고 직육면체를 모두 찾아 기호를 써 보세요.

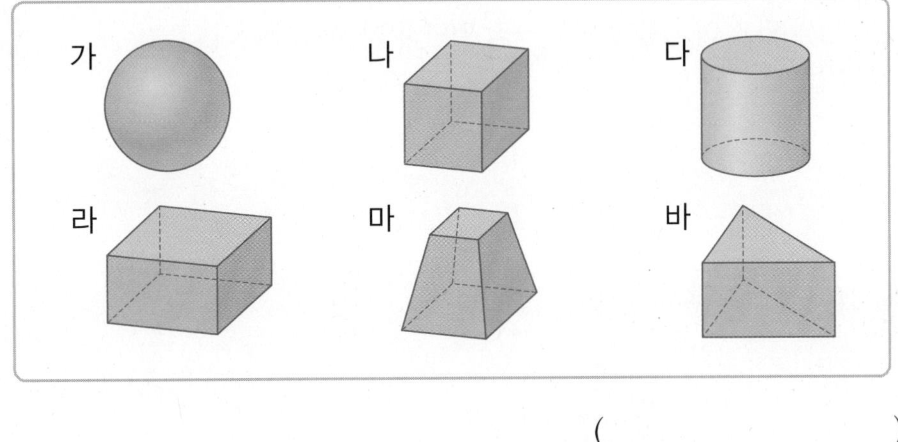

( )

모든 면의 모양이 직사각형인 도형을 찾아보아요.

3 오른쪽 그림과 같이 정사각형 6개로 둘러싸인 도형을 무엇이라고 할까요?

( )

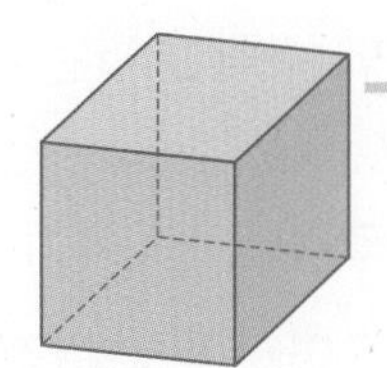

4학년 때 배웠어요

- 다각형: 선분으로만 둘러싸인 도형
- 정다각형: 변의 길이가 모두 같고, 각의 크기가 모두 같은 다각형

4 그림을 보고 정육면체를 모두 찾아 기호를 써 보세요.

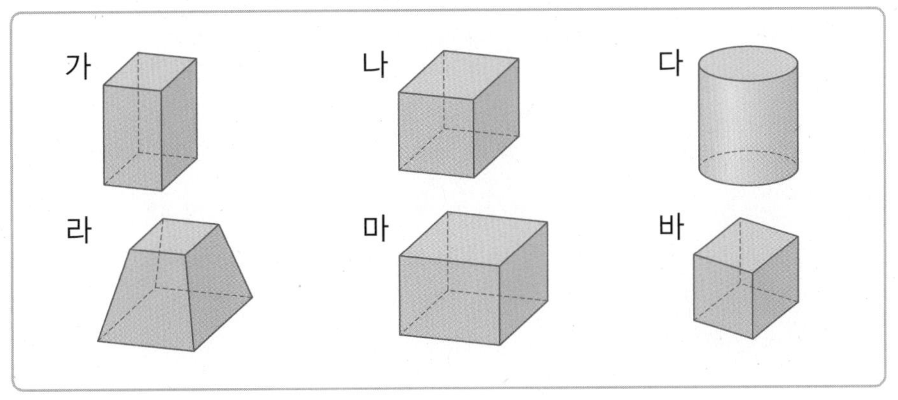

( )

정육면체는 크기가 같은 정사각형 6개로 둘러싸여 있어요.

직육면체의 성질, 직육면체의 겨냥도 알아보기

● 직육면체의 성질 알아보기

• 직육면체의 **밑면**: 직육면체에서 색칠한 두 면처럼 계속 늘여도 만나지 않는 평행한 두 면

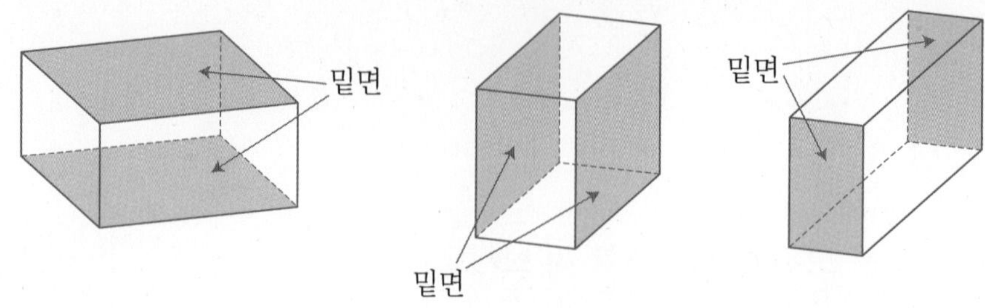

➡ 직육면체에는 평행한 면이 3쌍 있고 이 평행한 면은 각각 밑면이 될 수 있습니다.

• 삼각자 3개를 그림과 같이 놓았을 때 면 ㄱㄴㄷㄹ과 면 ㄷㅅㅇㄹ은 수직입니다.

→ 면 ㄴㅂㅅㄷ과 면 ㄷㅅㅇㄹ, 면 ㄱㄴㄷㄹ과 면 ㄴㅂㅅㄷ도 수직입니다.

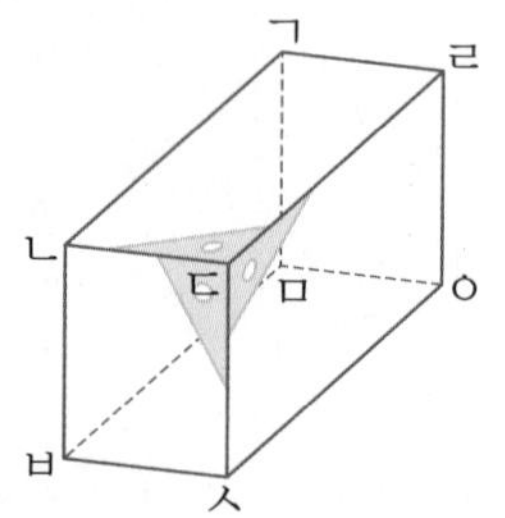

• 직육면체의 **옆면**: 직육면체에서 밑면과 수직인 면

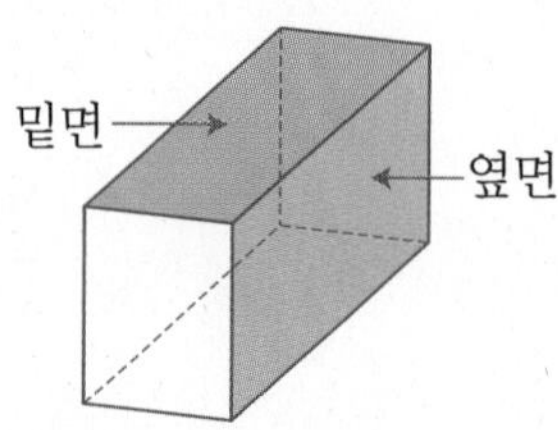

➡ 직육면체에서 한 면에 수직인 면은 4개입니다.

● 직육면체의 겨냥도 알아보기

• 직육면체의 **겨냥도**: 직육면체 모양을 잘 알 수 있도록 나타낸 그림

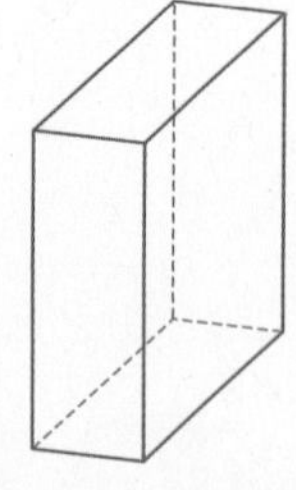

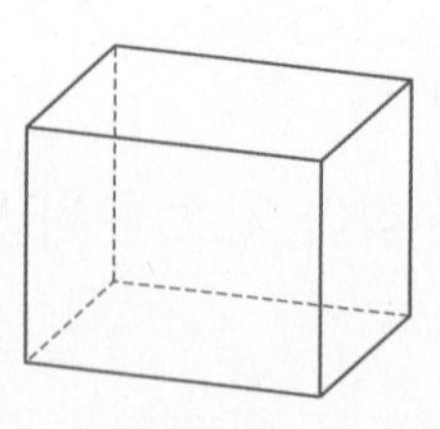

➡ 겨냥도에서 보이는 모서리는 실선으로, 보이지 않는 모서리는 점선으로 그립니다.

면의 수(개)		모서리의 수(개)		꼭짓점의 수(개)	
보이는 면	보이지 않는 면	보이는 모서리	보이지 않는 모서리	보이는 꼭짓점	보이지 않는 꼭짓점
3	3	9	3	7	1

➲ 정답과 풀이 36쪽

1 **직육면체에서 색칠한 면과 평행한 면을 찾아 색칠해 보세요.**

①
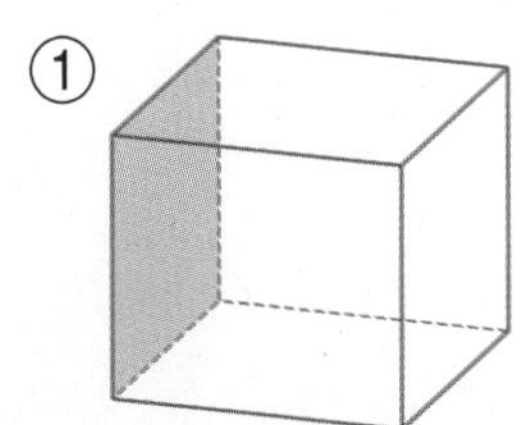

②
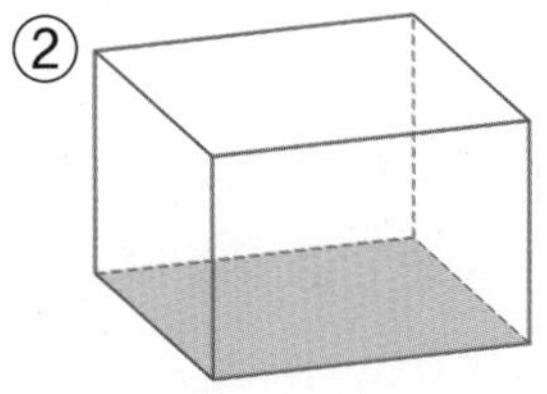

직육면체에서 한 면과 평행한 면은 1개뿐이에요.

2 **직육면체를 보고 물음에 답하세요.**

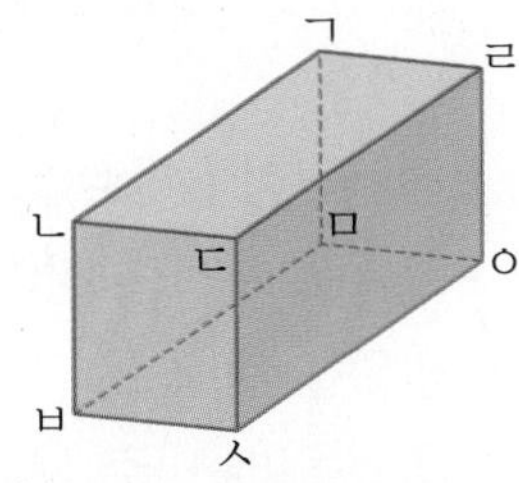

① 꼭짓점 ㄷ과 만나는 면을 모두 써 보세요.

(   )

② □ 안에 알맞은 말을 써넣으세요.

> 꼭짓점 ㄷ과 만나는 면들에 삼각자를 대어 보면 꼭짓점 ㄷ을 중심으로 모두 □입니다.

3 **□ 안에 알맞은 말을 써넣으세요.**

> 직육면체의 겨냥도는 직육면체 모양을 잘 알 수 있도록 보이는 모서리는 □(으)로, 보이지 않는 모서리는 □(으)로 그린 그림입니다.

4 **직육면체의 겨냥도를 바르게 그린 것을 찾아 기호를 써 보세요.**

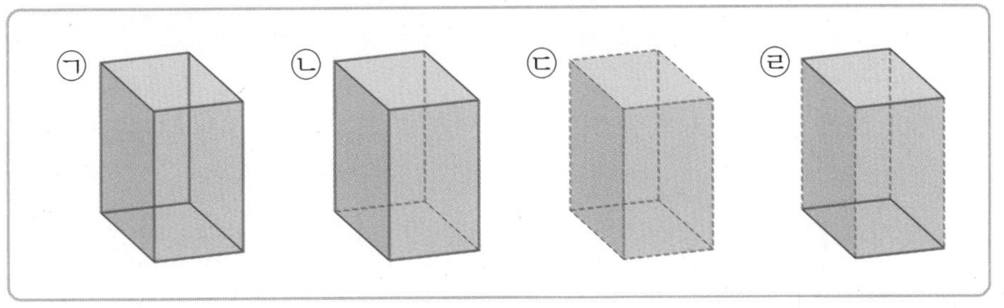

(   )

보이는 모서리와 보이지 않는 모서리를 바르게 나타내었는지 살펴보아요.

5

3 정육면체와 직육면체의 전개도 알아보기

정육면체의 전개도 알아보기

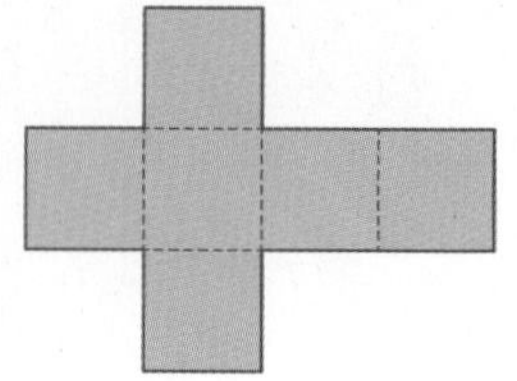

- 정육면체의 **전개도**: 정육면체의 모서리를 잘라서 펼친 그림
  ➡ 정육면체의 전개도에서 잘린 모서리는 실선으로, 잘리지 않는 모서리는 점선으로 표시합니다.

여러 가지 정육면체의 전개도의 공통점

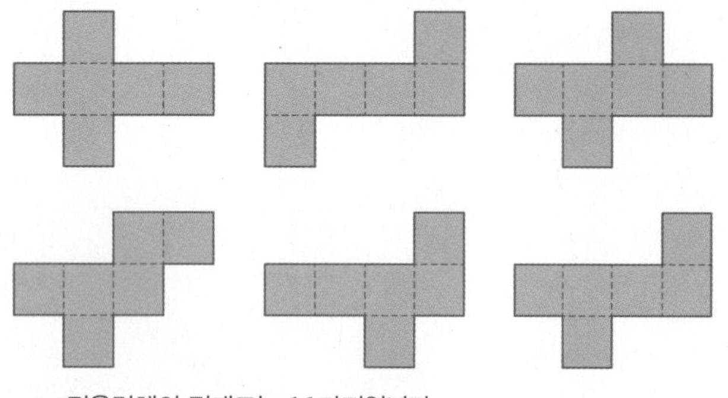

→ 정육면체의 전개도는 11가지입니다.

- 정사각형 6개로 이루어져 있습니다.
- 모든 모서리의 길이가 같습니다.
- 접었을 때 서로 겹치는 부분이 없습니다.
- 접었을 때 마주 보며 평행한 면이 서로 3쌍이 있습니다.
- 접었을 때 만나는 모서리의 길이가 같습니다.
- 접었을 때 한 면과 수직인 면이 4개입니다.

직육면체의 전개도 알아보기

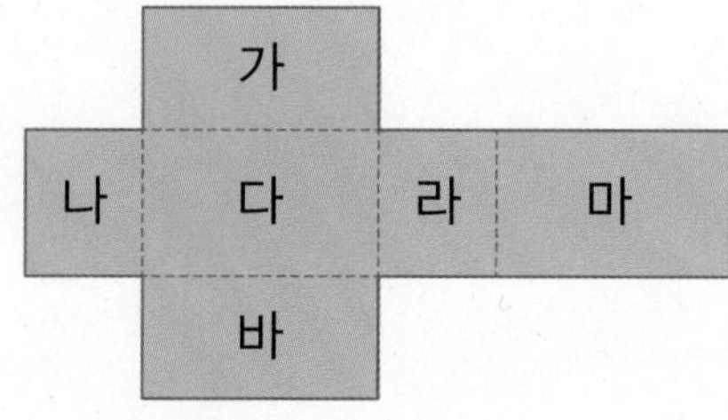

- 전개도를 접었을 때 면 가와 면 바, 면 나와 면 라, 면 다와 면 마는 각각 평행합니다.
- 전개도를 접었을 때 한 면에 수직인 면은 4개, 한 꼭짓점에서 만나는 모서리는 3개, 한 꼭짓점에서 만나는 면은 3개입니다.

직육면체의 전개도 그리기

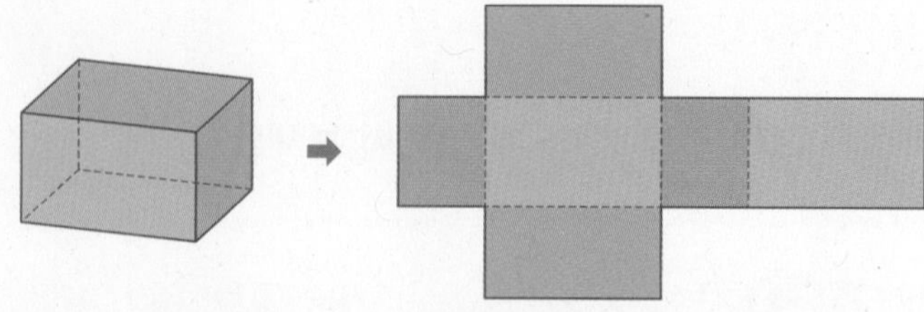

- 밑에 놓을 면을 어디로 정하는지에 따라 또는 모서리를 어떤 방법으로 자르는지에 따라 전개도의 모양은 다릅니다.
- 전개도를 그리고 난 후 모양과 크기가 같은 면이 3쌍 있는지, 접었을 때 만나는 모서리의 길이가 같은지, 겹치는 면은 없는지 확인합니다.

정답과 풀이 37쪽

1 □ 안에 알맞은 말을 써넣으세요.

정육면체의 모서리를 잘라서 펼친 그림을

정육면체의 □(이)라고 합니다.

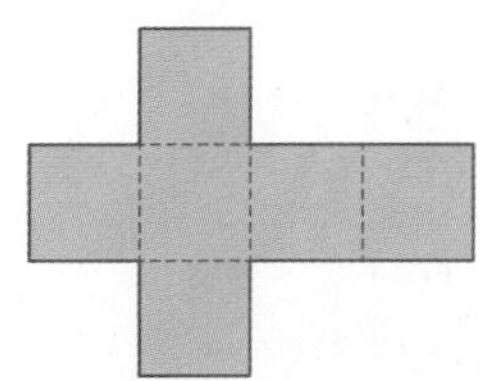

2 전개도를 접어서 정육면체를 만들었을 때 색칠한 면과 평행한 면에 색칠해 보세요.

전개도를 접었을 때 마주 보는 면을 찾아보아요.

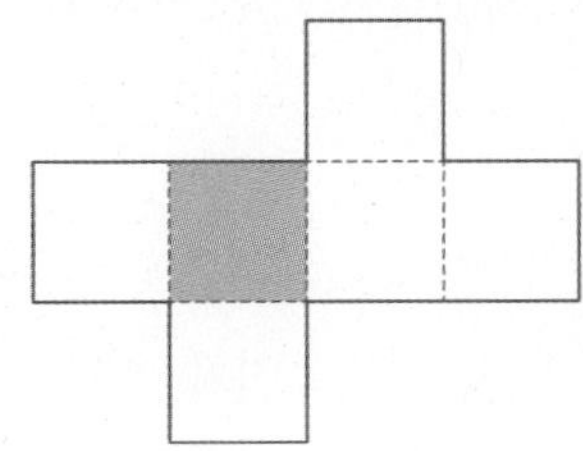

3 직육면체의 전개도를 그린 것입니다. □ 안에 알맞은 수를 써넣으세요.

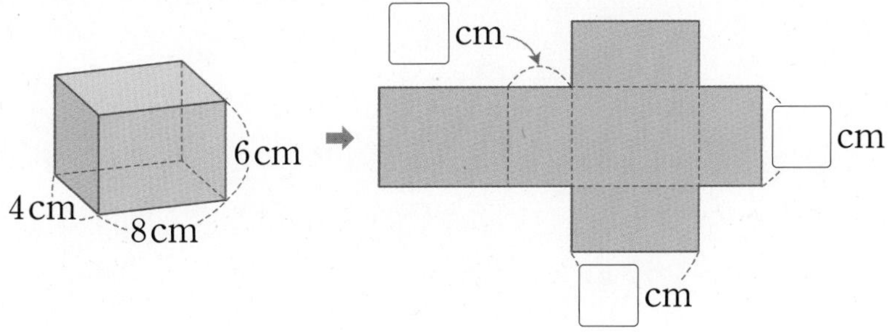

4 직육면체의 전개도를 완성해 보세요.

직육면체의 전개도에서 마주 보는 면은 모양과 크기가 같게 그려요.

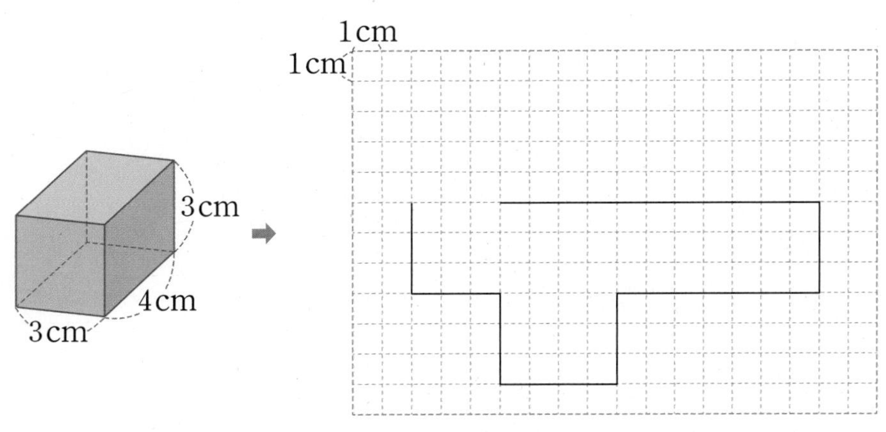

5

기본기 강화 문제

1 직육면체 찾기

• 직육면체인 것에 ○표, 직육면체가 아닌 것에 ×표 하세요.

1
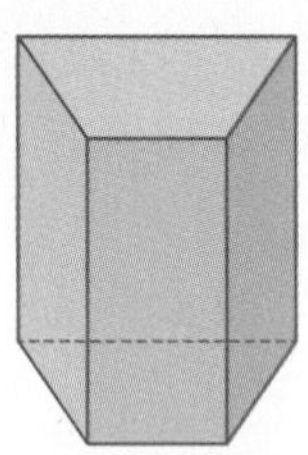
( )

2
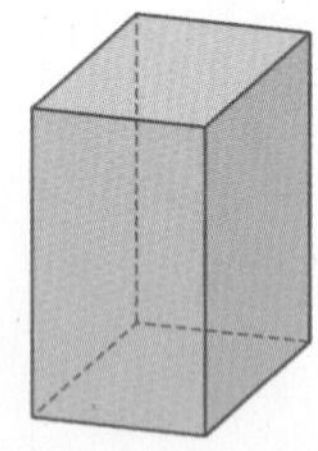
( )

3
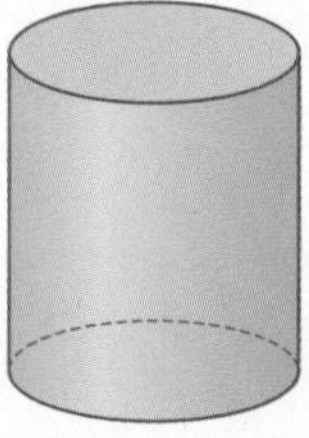
( )

4
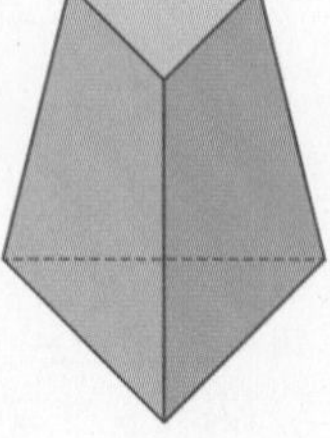
( )

5
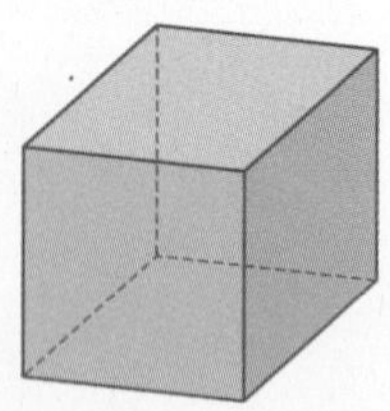
( )

2 직육면체의 구성 요소

• □ 안에 알맞은 말을 써넣으세요.

1 직육면체에서 선분으로 둘러싸인 부분을 □(이)라고 합니다.

2 직육면체에서 면과 면이 만나는 선분을 □(이)라고 합니다.

3 직육면체에서 모서리와 모서리가 만나는 점을 □(이)라고 합니다.

• 직육면체를 보고 빈칸에 알맞게 써넣으세요.

4
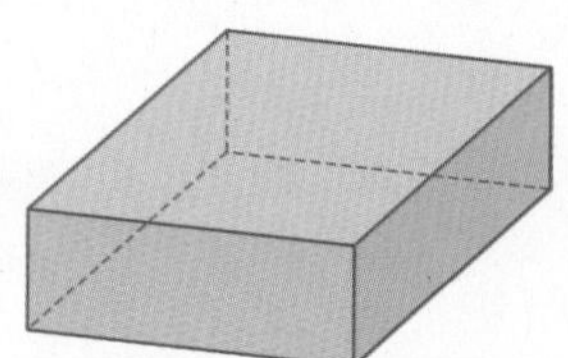

면의 모양	면의 수(개)	모서리의 수(개)	꼭짓점의 수(개)

5

보이는 면의 수(개)	보이는 모서리의 수(개)	보이는 꼭짓점의 수(개)

3 정육면체 찾기

• 정육면체인 것에 ○표, 정육면체가 아닌 것에 ×표 하세요.

1 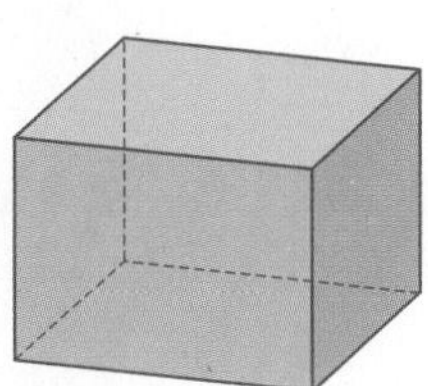

( )

2 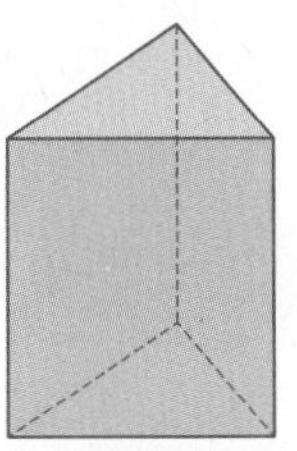

( )

3 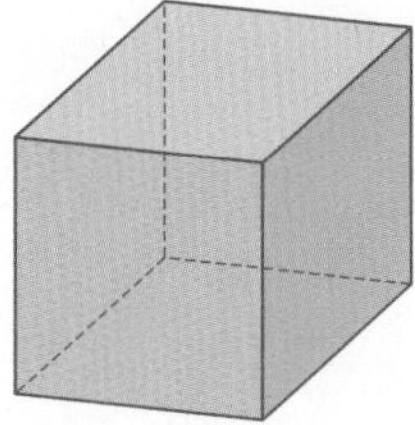

( )

4 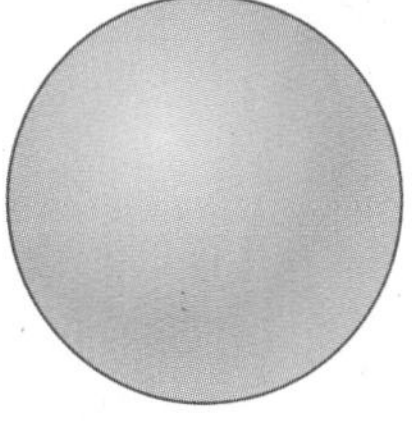

( )

5 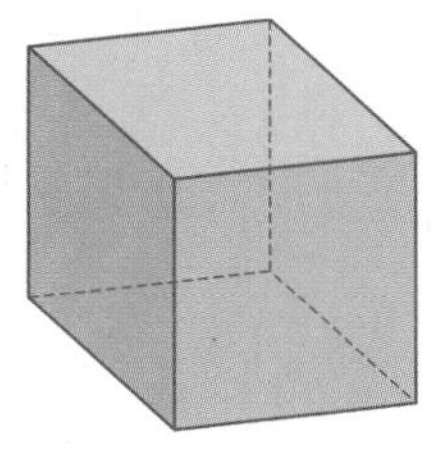

( )

4 정육면체의 구성 요소

• 다음 설명 중 옳은 것은 ○표, 옳지 않은 것은 ×표 하세요.

1 정육면체는 직육면체라고 할 수 있습니다.

( )

2 직육면체는 정육면체라고 할 수 있습니다.

( )

3 정육면체는 모서리의 길이가 모두 같습니다.

( )

• 정육면체를 보고 빈칸에 알맞게 써넣으세요.

4 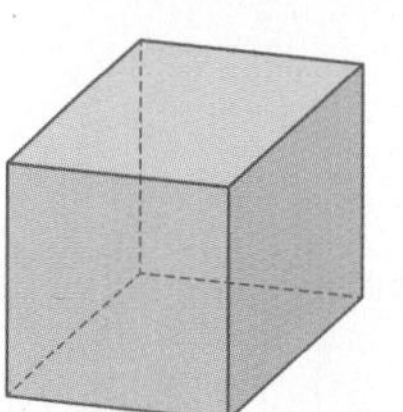

면의 모양	면의 수(개)	모서리의 수(개)	꼭짓점의 수(개)

5 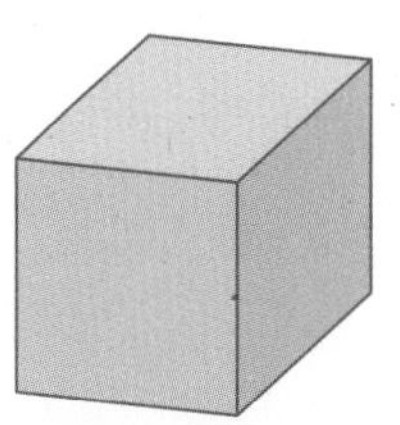

보이는 면의 수(개)	보이는 모서리의 수(개)	보이는 꼭짓점의 수(개)

5

5 직육면체의 모서리의 길이 구하기

- 직육면체를 보고 ☐ 안에 알맞은 수를 써넣으세요.

1

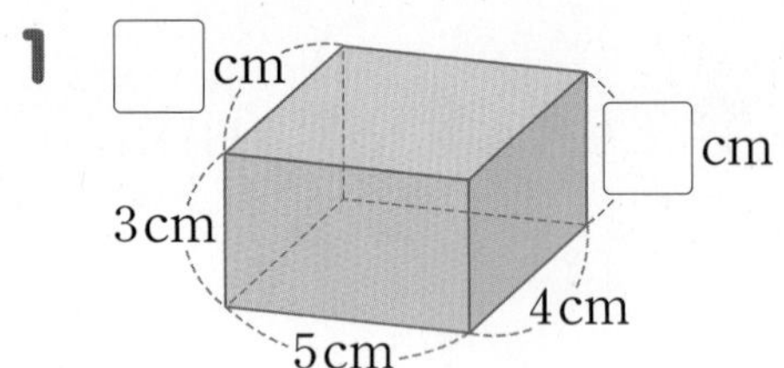

2

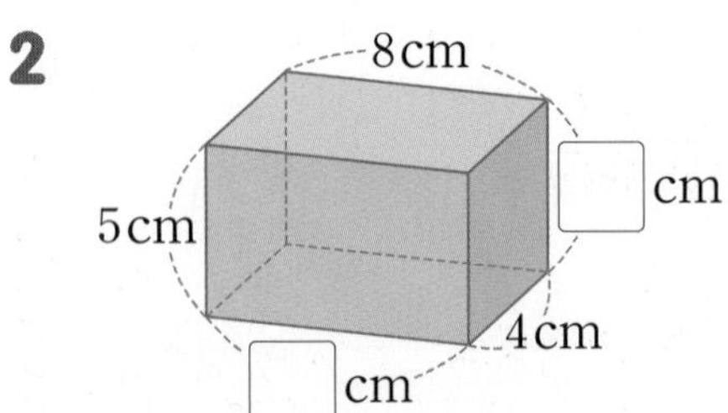

3

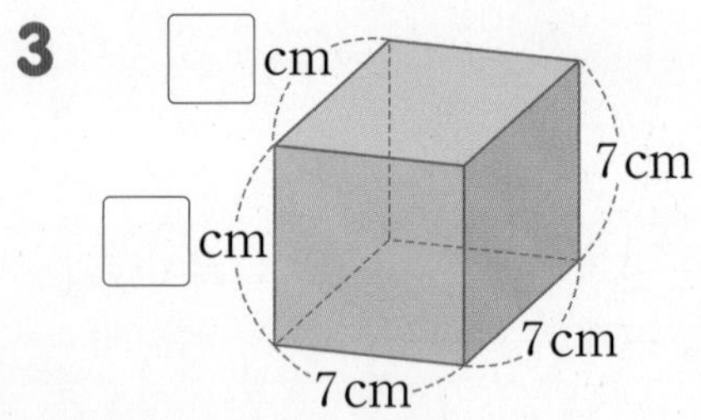

4

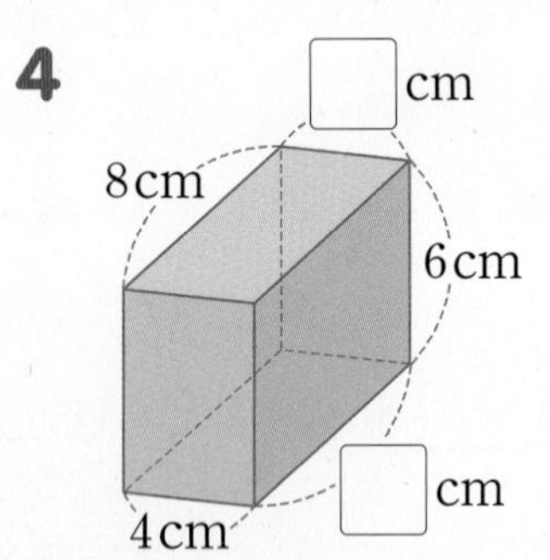

6 직육면체의 모든 모서리의 길이의 합 구하기

- 직육면체의 모든 모서리의 길이의 합을 구해 보세요.

1

5cm
4cm
8cm

(　　　　　　　　)

2

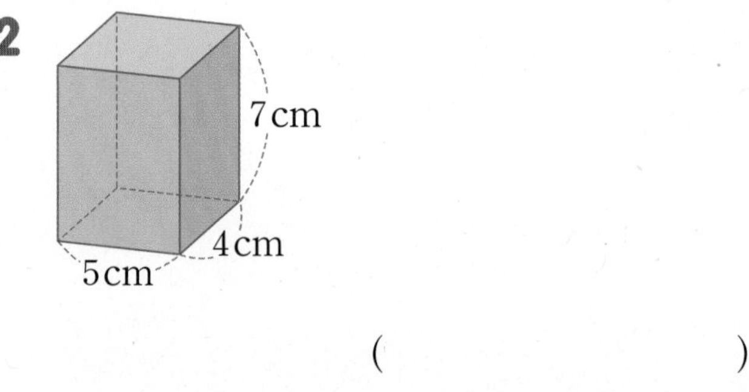

(　　　　　　　　)

3

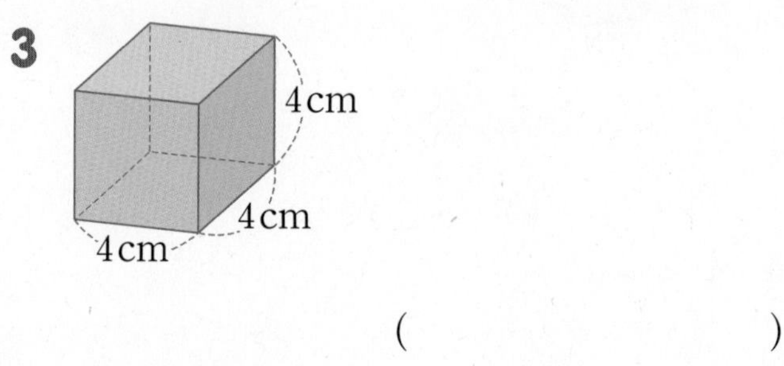

(　　　　　　　　)

4

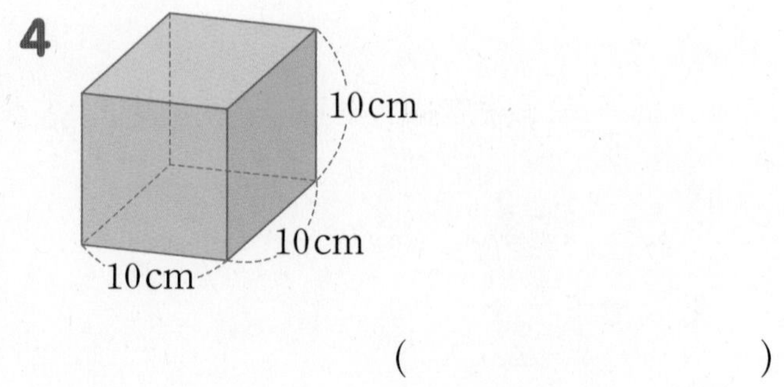

(　　　　　　　　)

정답과 풀이 37쪽

7 직육면체의 밑면 알아보기

• 직육면체를 보고 화살표의 규칙에 따라 □ 안에 알맞게 써넣으세요.

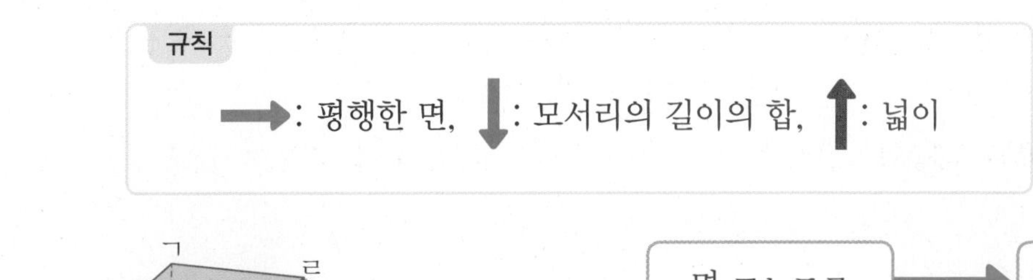

1

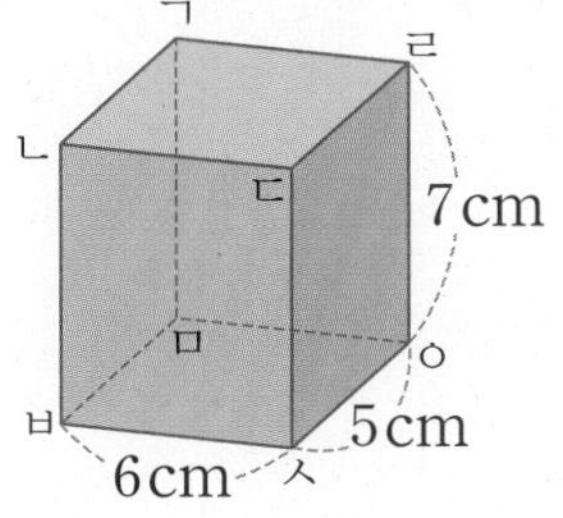

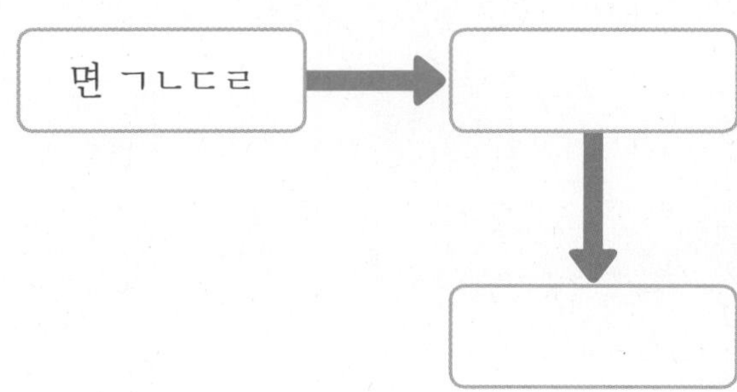

2

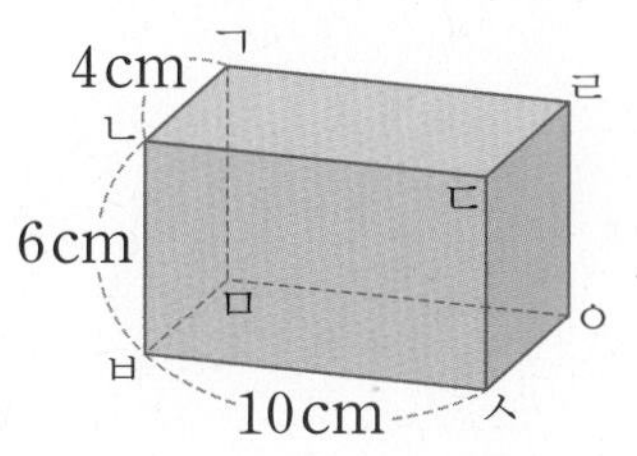

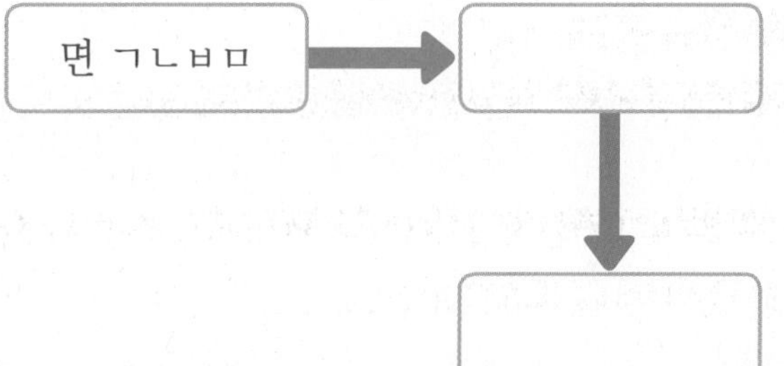

3

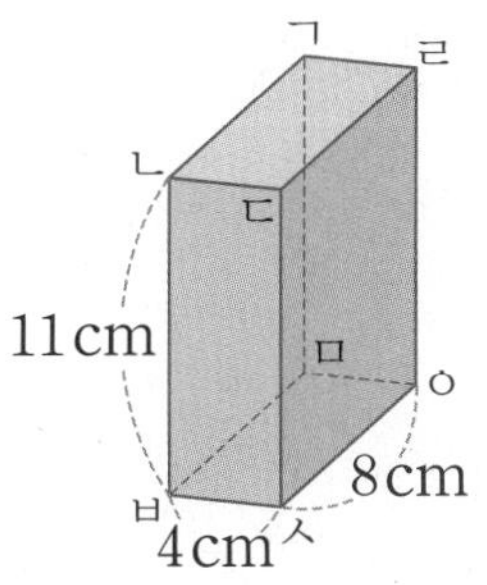

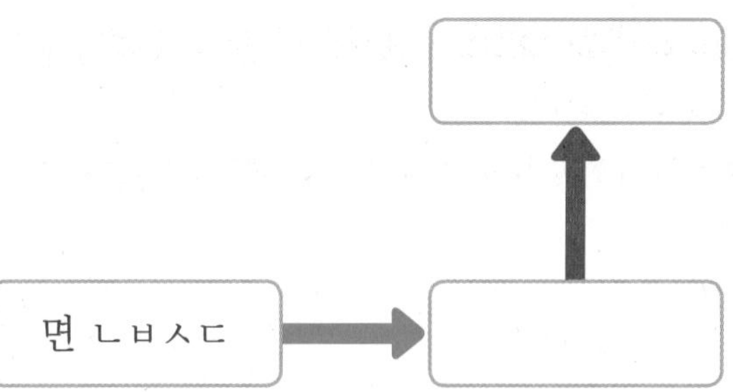

8 직육면체의 한 꼭짓점에서 만나는 면 알아보기

• 직육면체를 보고 다음을 구해 보세요.

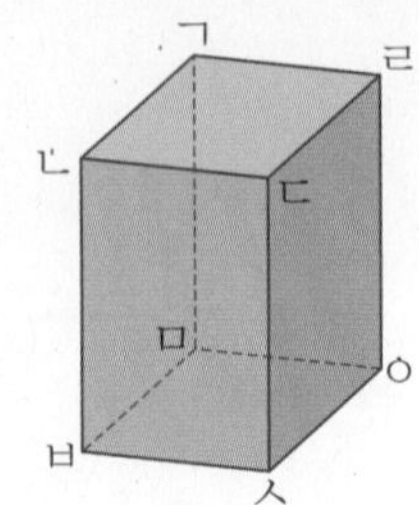

1 꼭짓점 ㄱ과 만나는 면

( )

2 꼭짓점 ㄴ과 만나는 면

( )

3 꼭짓점 ㄹ과 만나는 면

( )

4 꼭짓점 ㅂ과 만나는 면

( )

5 꼭짓점 ㅅ과 만나는 면

( )

9 직육면체의 옆면 알아보기

• 직육면체에서 색칠한 면과 수직인 면을 모두 찾아 써 보세요.

1

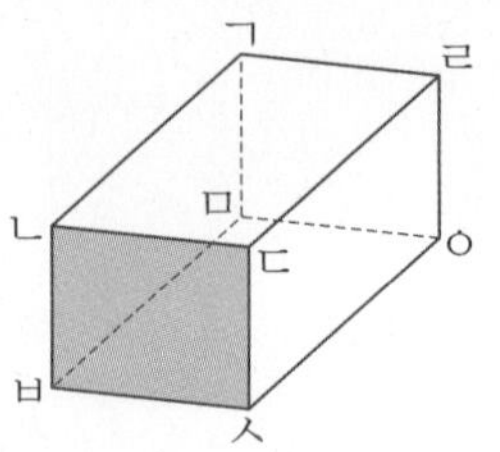

면 ( ), 면 ( ),
면 ( ), 면 ( )

2

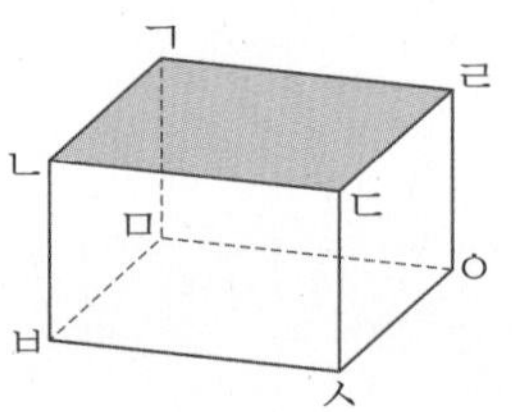

면 ( ), 면 ( ),
면 ( ), 면 ( )

3

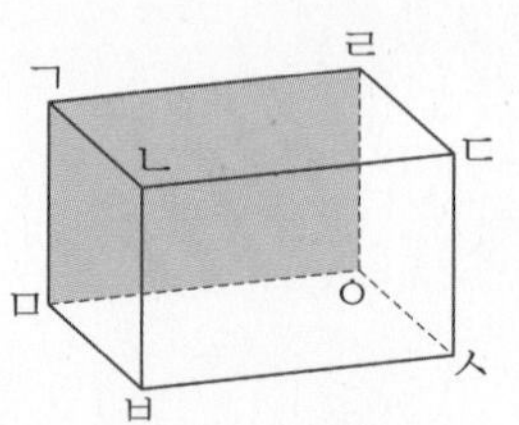

면 ( ), 면 ( ),
면 ( ), 면 ( )

4

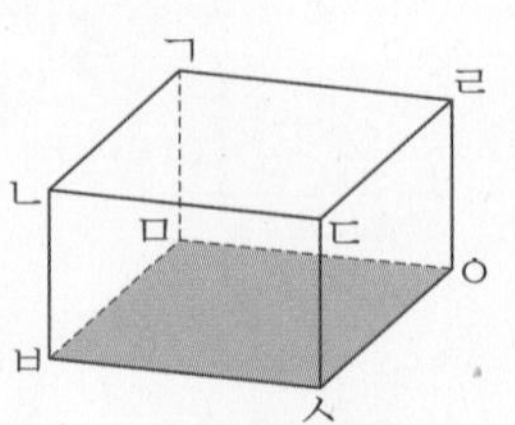

면 ( ), 면 ( ),
면 ( ), 면 ( )

정답과 풀이 38쪽

10 직육면체의 겨냥도 알아보기

• 직육면체의 겨냥도를 바르게 그린 것에 ○표, 틀리게 그린 것에 ×표 하세요.

1

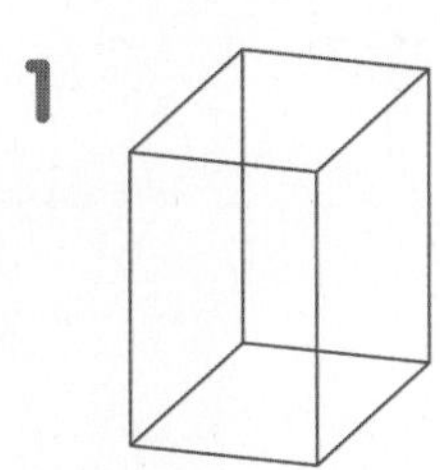

(　　　)

2

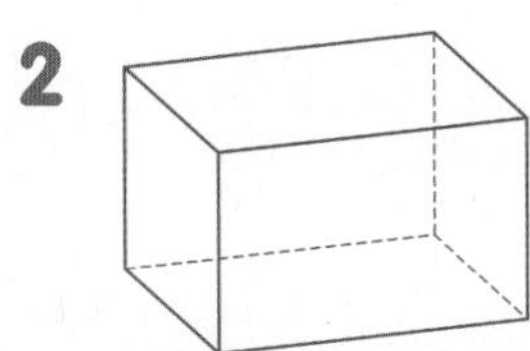

(　　　)

3

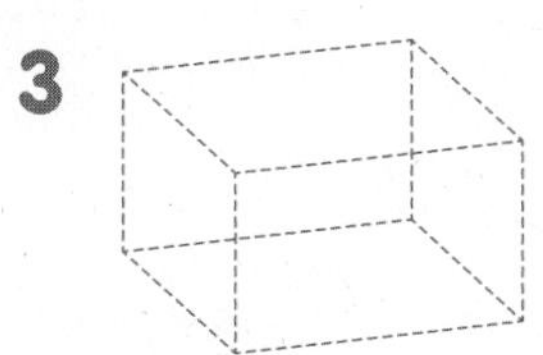

(　　　)

4

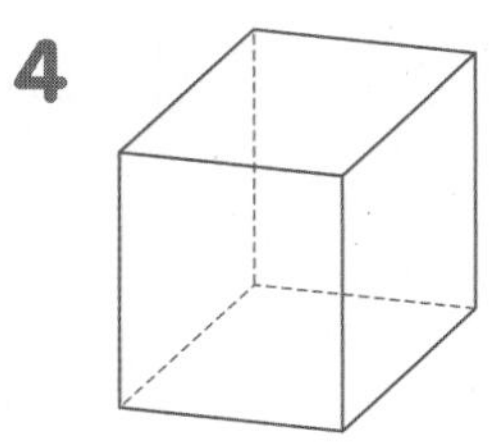

(　　　)

5

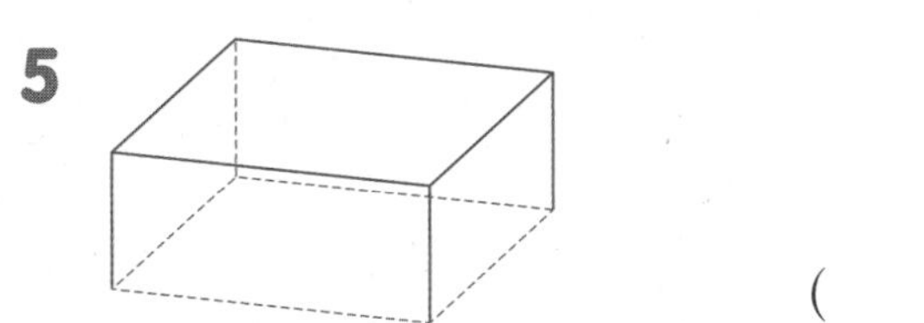

(　　　)

11 직육면체의 겨냥도 완성하기

• 그림에서 빠진 부분을 그려 넣어 직육면체의 겨냥도를 완성해 보세요.

1

2

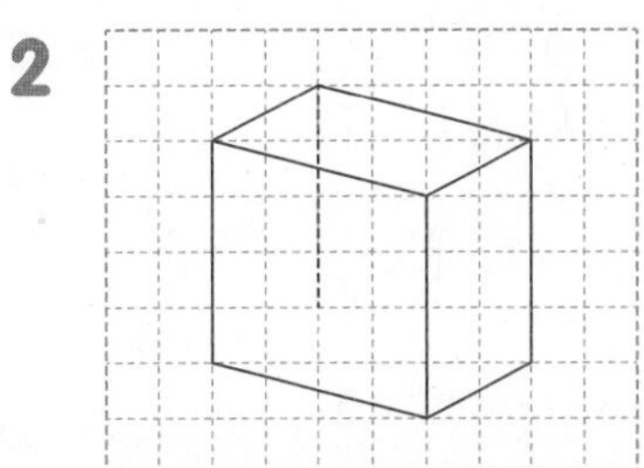

3

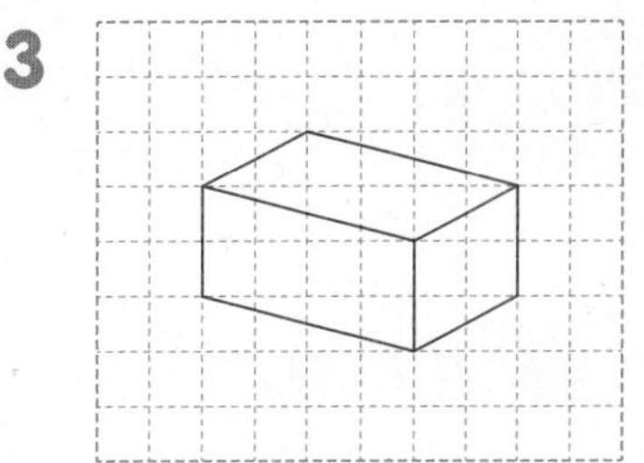

4

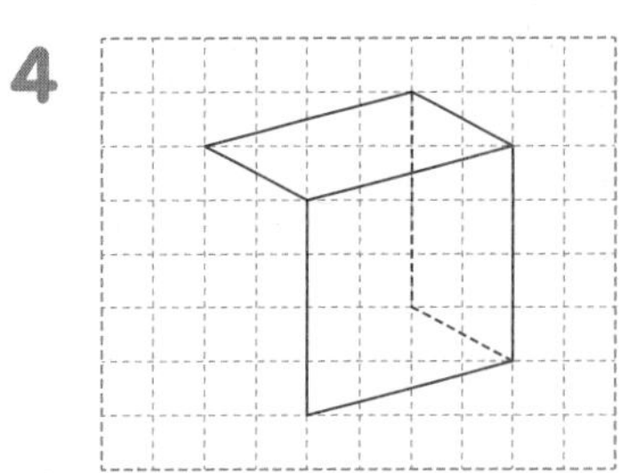

5

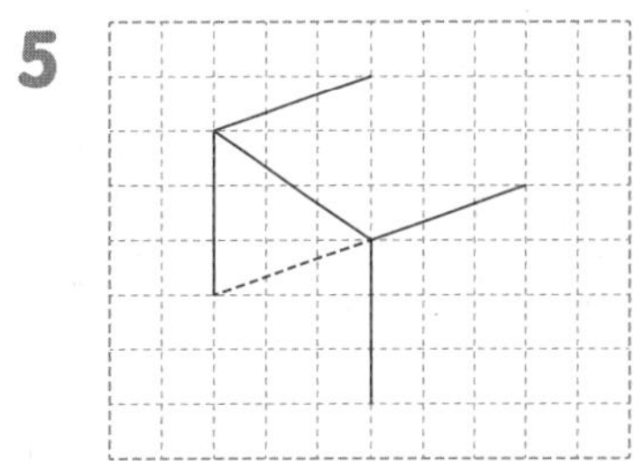

12 직육면체에서 보이는 모서리와 보이지 않는 모서리의 길이의 합 구하기

• 직육면체를 보고 보이는 모서리와 보이지 않는 모서리의 길이의 합을 각각 구해 보세요.

1

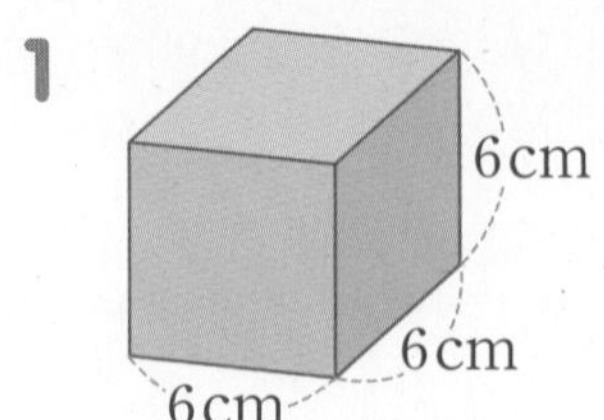

보이는 모서리의 길이의 합
( )

보이지 않는 모서리의 길이의 합
( )

2

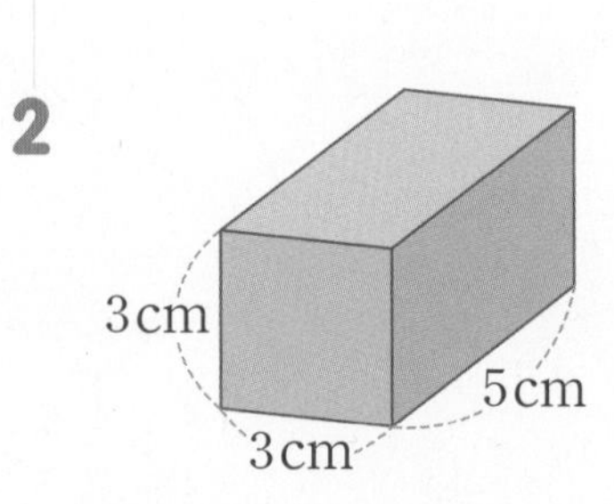

보이는 모서리의 길이의 합
( )

보이지 않는 모서리의 길이의 합
( )

3

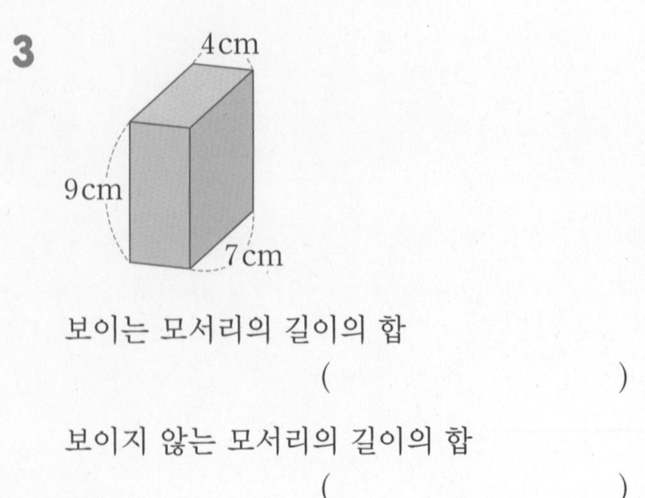

보이는 모서리의 길이의 합
( )

보이지 않는 모서리의 길이의 합
( )

13 정육면체의 전개도를 접었을 때 평행한 면 찾기

• 전개도를 접어서 정육면체를 만들었을 때 색칠한 면과 평행한 면을 찾아 기호를 써 보세요.

1

( )

2

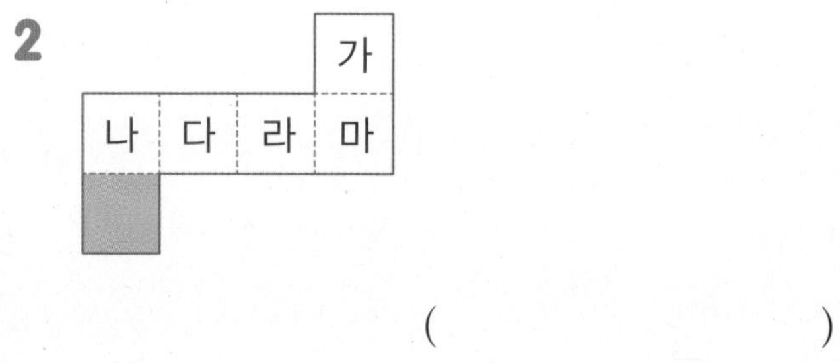

( )

3

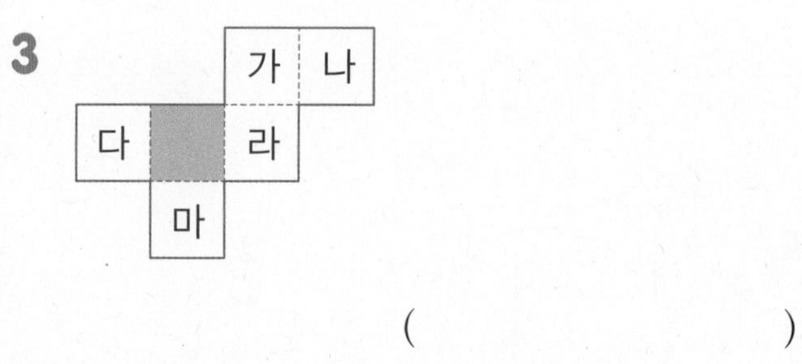

( )

4

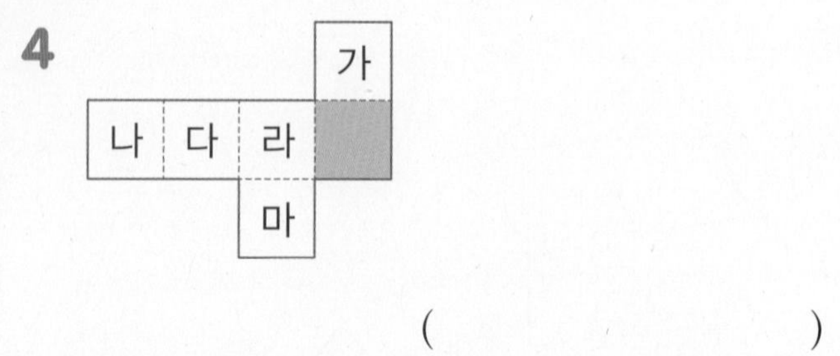

( )

정답과 풀이 38쪽

14 정육면체의 전개도를 접었을 때 수직인 면 찾기

- 전개도를 접어서 정육면체를 만들었을 때 색칠한 면과 수직인 면에 모두 색칠해 보세요.

1

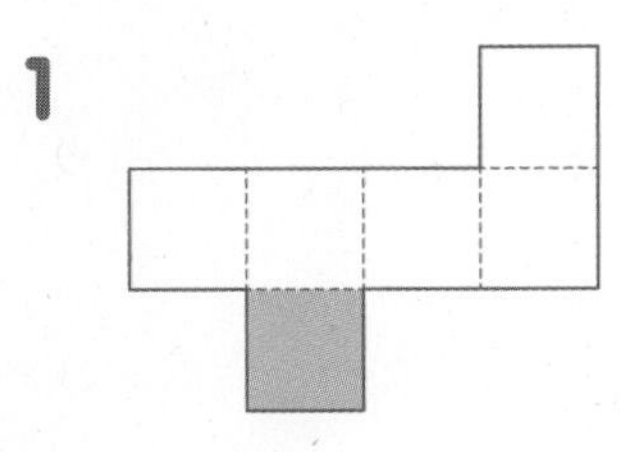

2

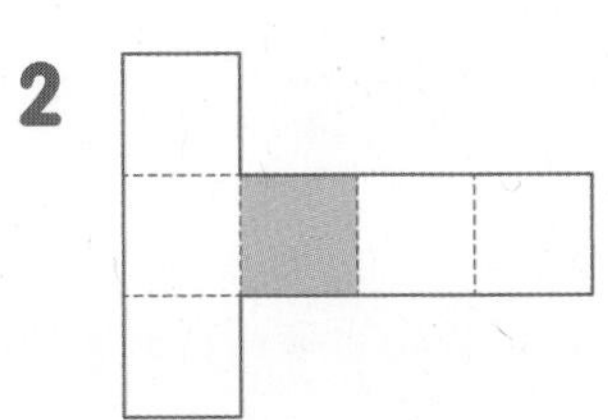

3

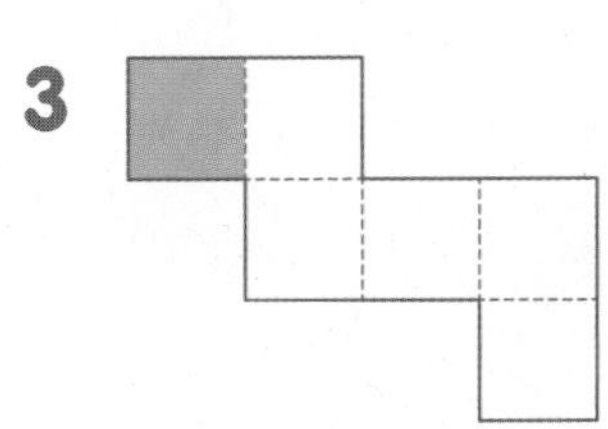

4

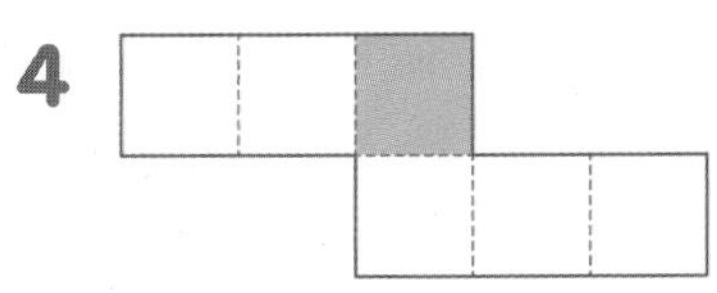

5

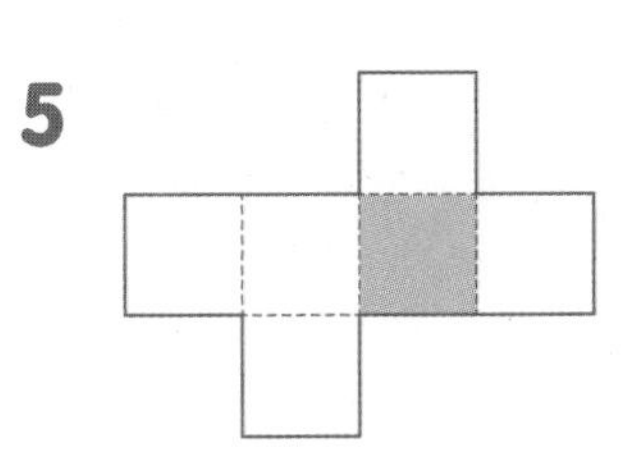

15 정육면체의 전개도를 접었을 때 겹치는 선분 찾기

- 전개도를 접어서 정육면체를 만들었습니다. 주어진 선분과 겹치는 선분을 찾아보세요.

1

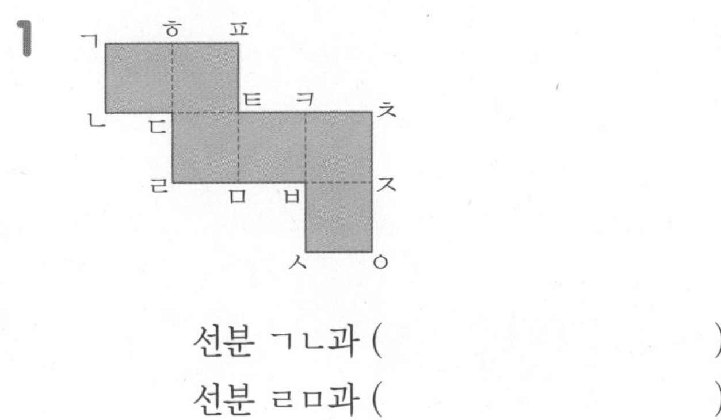

선분 ㄱㄴ과 (　　　　　　　　)

선분 ㄹㅁ과 (　　　　　　　　)

2

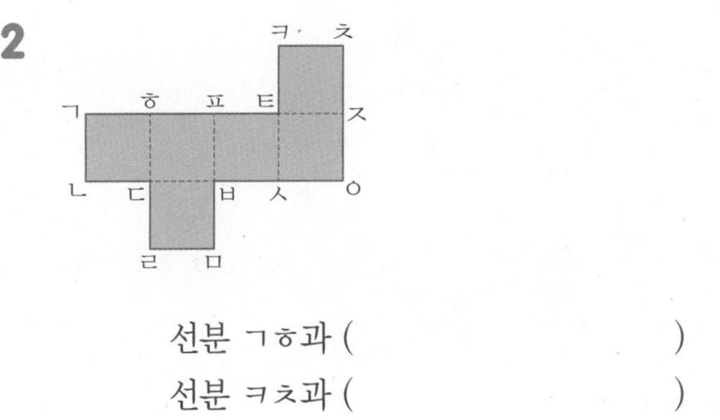

선분 ㄱㅎ과 (　　　　　　　　)

선분 ㅋㅊ과 (　　　　　　　　)

3

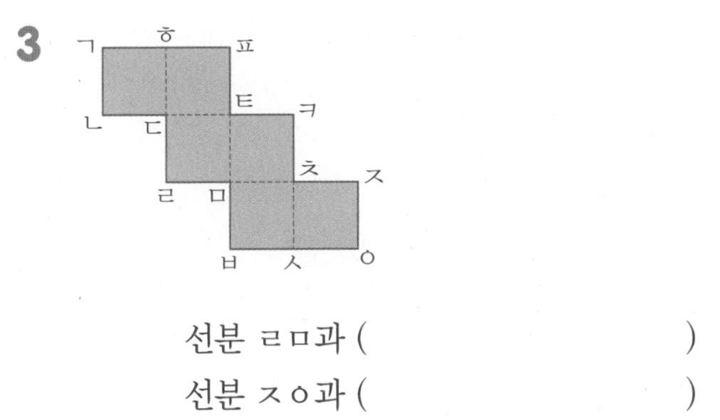

선분 ㄹㅁ과 (　　　　　　　　)

선분 ㅈㅇ과 (　　　　　　　　)

16 정육면체의 전개도에서 만나는 점 찾기

• 정육면체의 모서리를 잘라서 정육면체의 전개도를 만들었습니다. □ 안에 알맞은 기호를 써넣으세요.

1

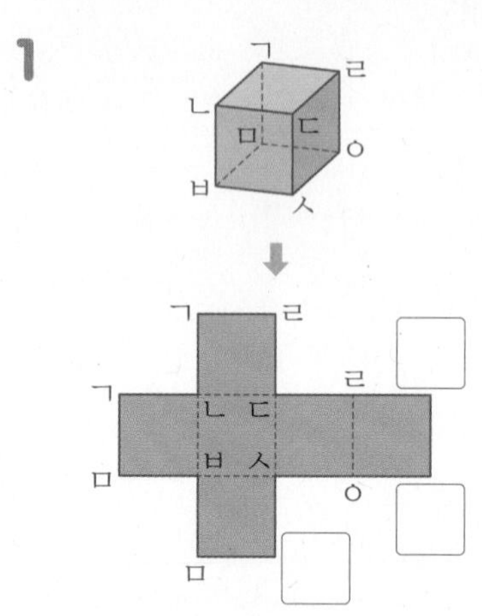

2

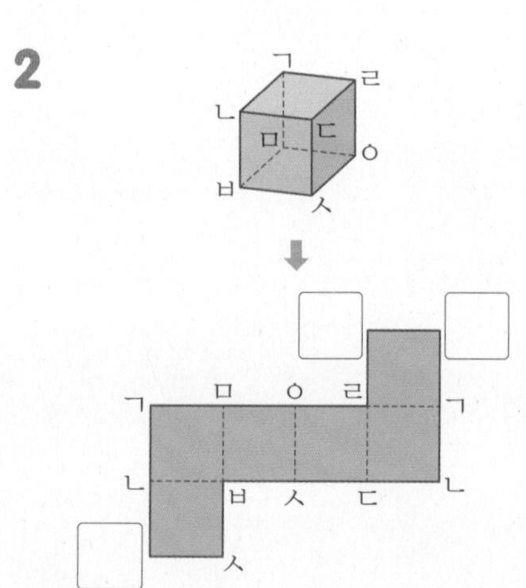

3

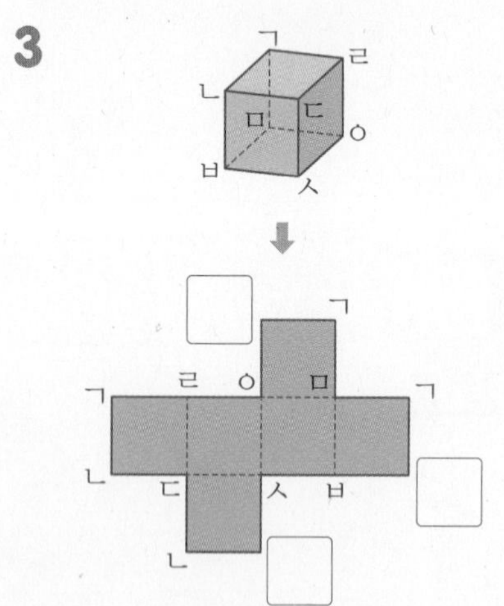

17 직육면체의 전개도에서 모서리의 길이 구하기

• 직육면체의 전개도를 그린 것입니다. □ 안에 알맞은 수를 써넣으세요.

1

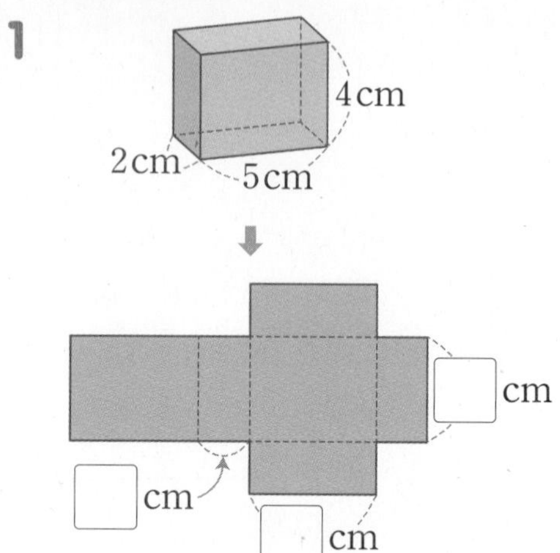

2

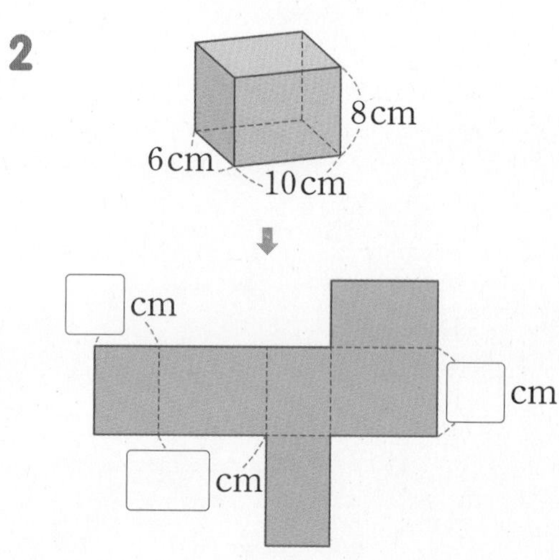

3

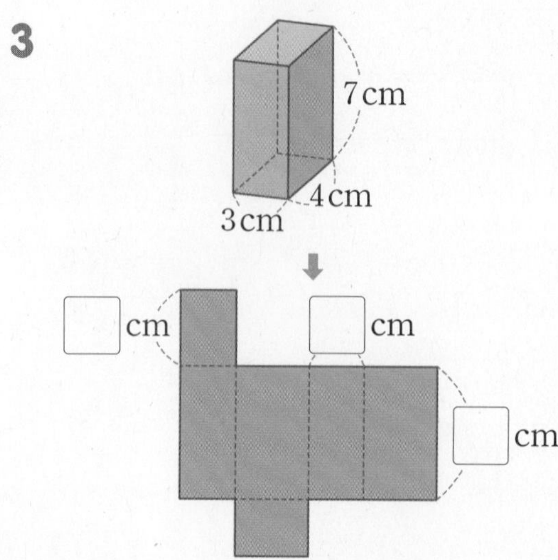

정답과 풀이 39쪽

18 직육면체를 보고 전개도 완성하기

• 직육면체를 보고 전개도를 완성해 보세요.

1

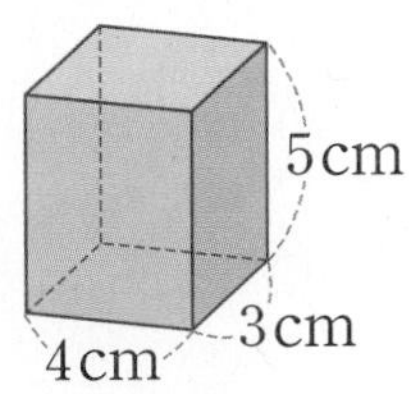

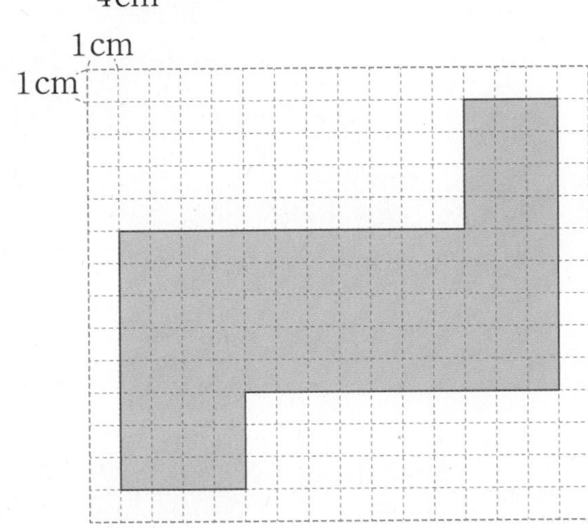

2

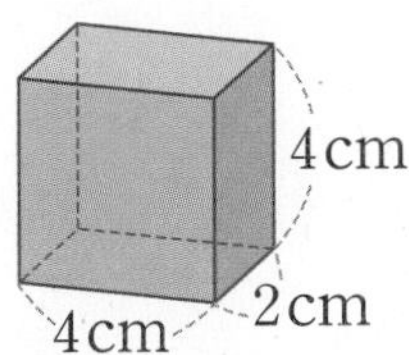

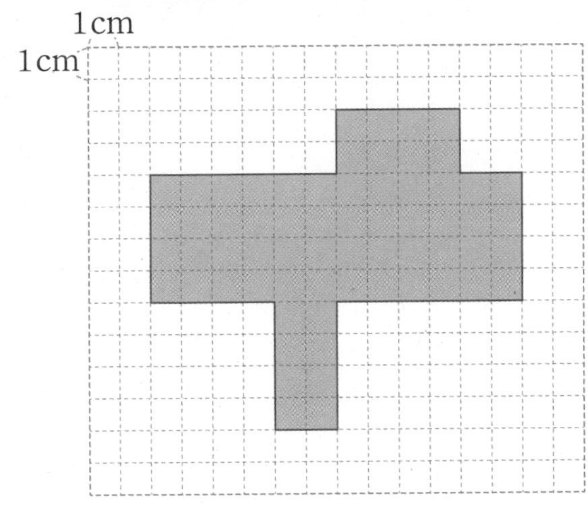

19 직육면체의 겨냥도를 보고 전개도 그리기

• 직육면체의 겨냥도를 보고 전개도를 그려 보세요.

1

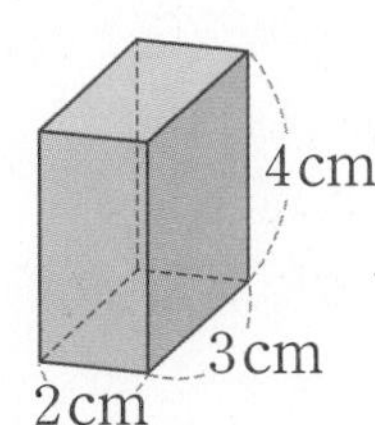

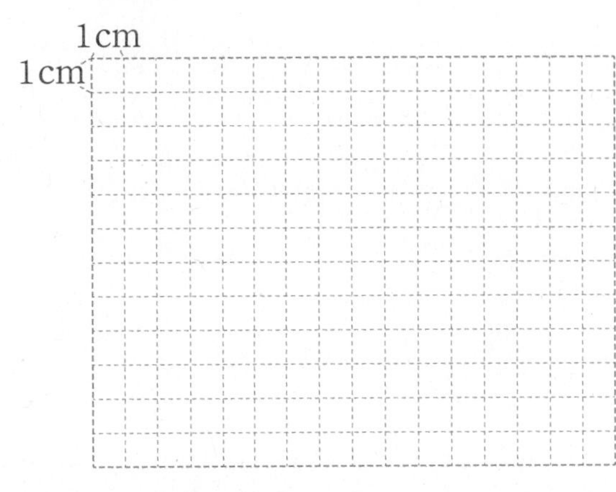

2

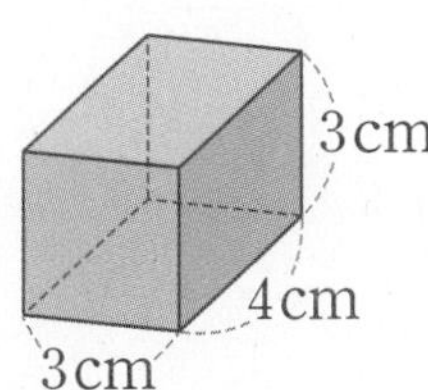

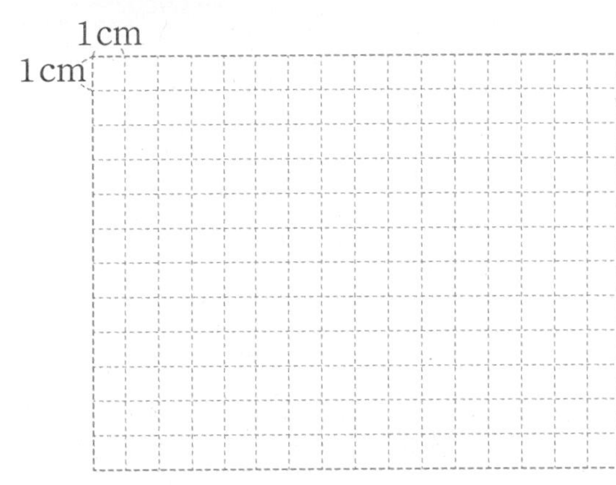

5

20 선이 지나가는 자리

• 전개도를 접어서 정육면체를 만들었을 때 전개도에 그려진 선이 하나로 이어지는 것을 찾아 기호를 써 보세요.

㉠
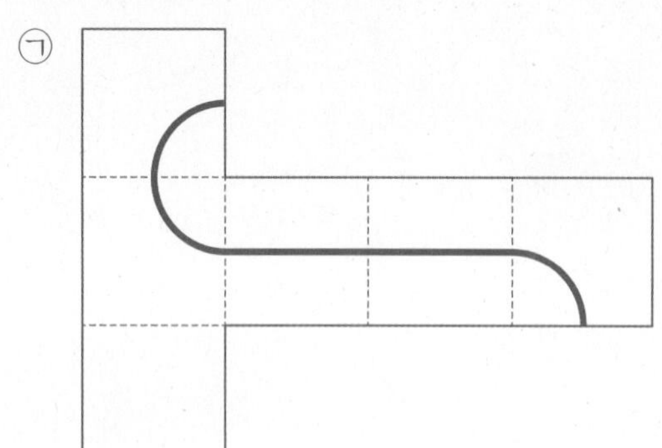

㉡
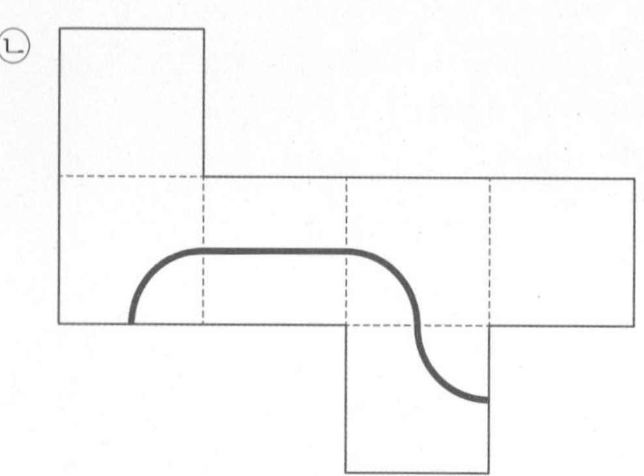

㉢
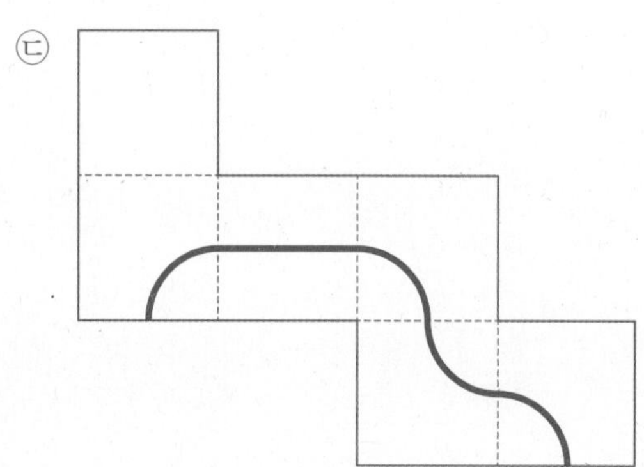

㉣
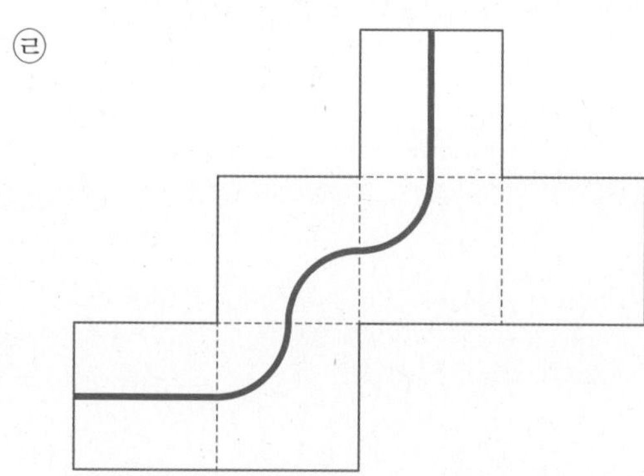

㉤
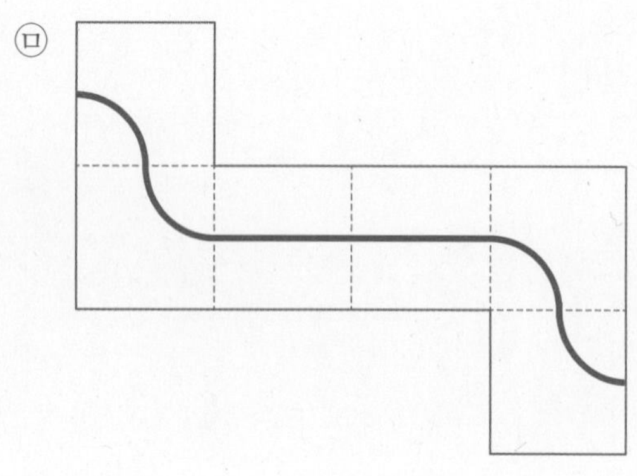

㉥
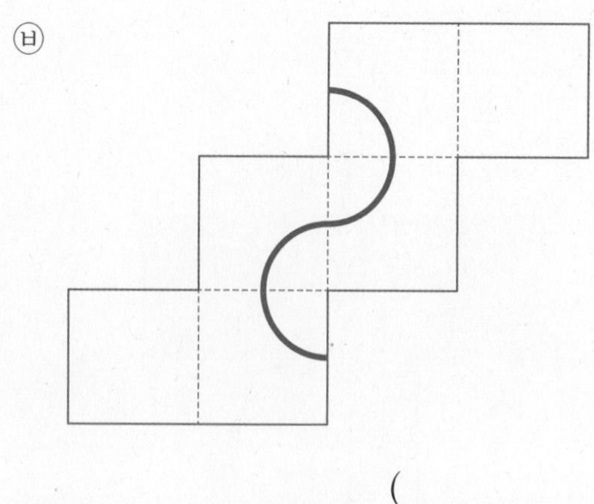

(　　　　　　　　　)

단원 평가

점수 확인

1 직육면체를 찾아 기호를 써 보세요.

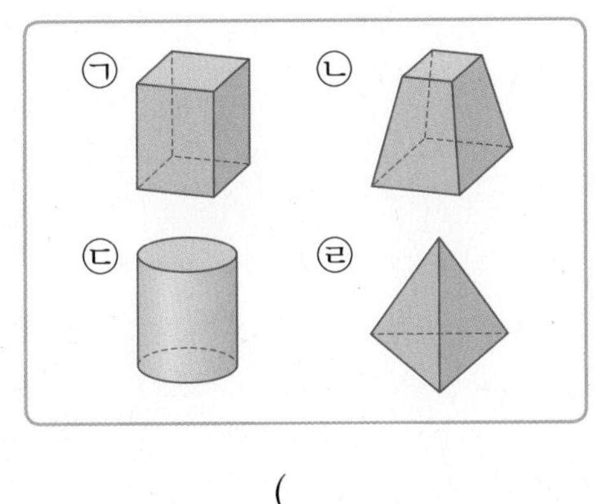

( )

[2~4] 직육면체를 보고 물음에 답하세요.

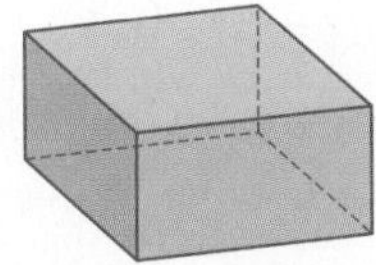

2 직육면체의 면은 몇 개일까요?

( )

3 직육면체의 모서리는 몇 개일까요?

( )

4 직육면체의 꼭짓점은 몇 개일까요?

( )

5 다음 설명 중 옳은 것은 ○표, 틀린 것은 ×표 하세요.

(1) 직육면체는 정육면체라고 할 수 있습니다.

( )

(2) 정육면체는 꼭짓점이 8개입니다.

( )

6 오른쪽 정육면체를 보고 □ 안에 알맞은 말을 써넣으세요.

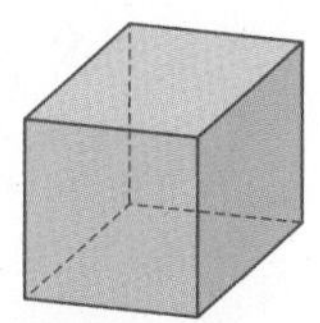

□ 6개로 둘러싸인 도형을 정육면체라고 합니다.

7 직육면체에서 색칠한 면과 수직인 면에 모두 빗금을 그어 보세요.

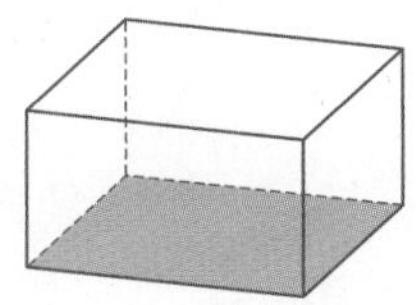

8 □ 안에 알맞은 수를 써넣으세요.

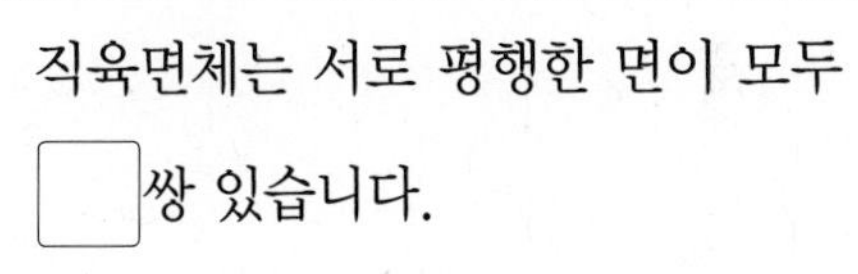

직육면체는 서로 평행한 면이 모두 □쌍 있습니다.

9 직육면체의 겨냥도를 바르게 그린 것을 찾아 기호를 써 보세요.

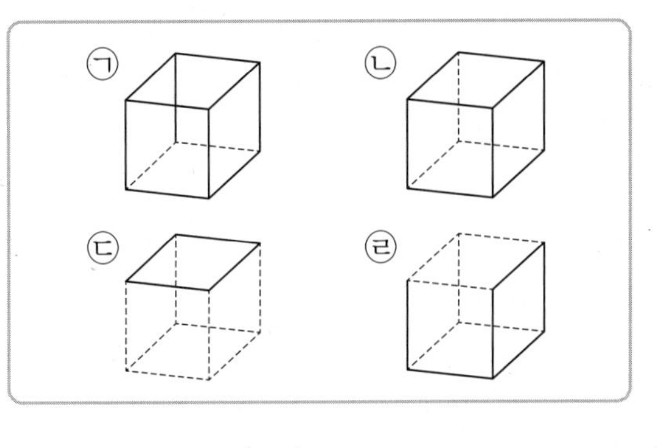

( )

5

10 직육면체의 겨냥도를 완성해 보세요.

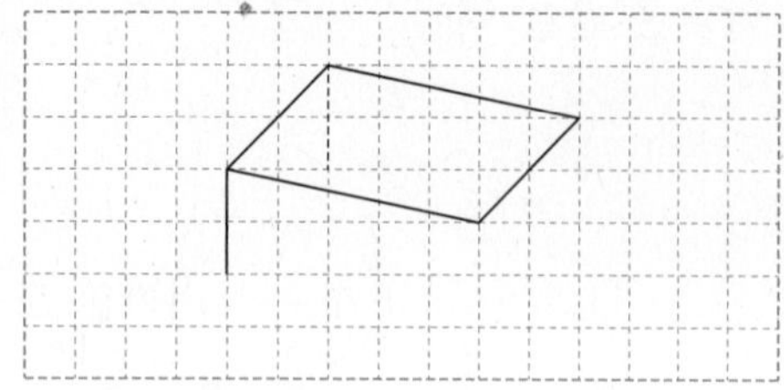

11 정육면체를 보고 면 ㄱㅁㅇㄹ과 수직인 면을 모두 찾아 써 보세요.

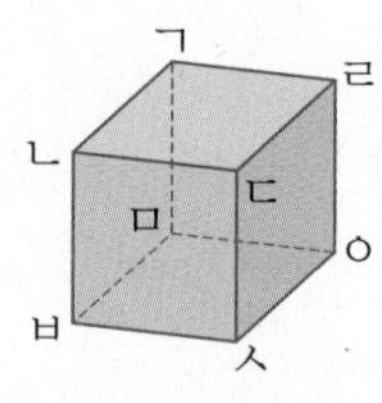

12 직육면체의 겨냥도에서 보이지 않는 면은 몇 개일까요?

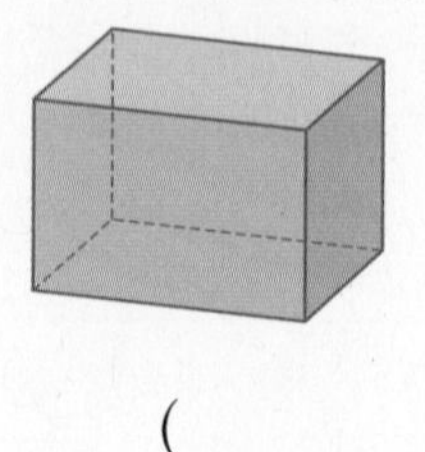

( )

13 정육면체에서 모서리 ㉠과 길이가 같은 모서리는 ㉠을 포함하여 모두 몇 개일까요?

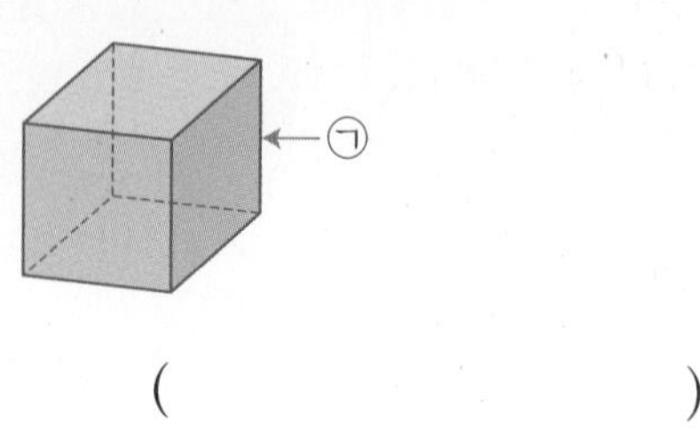

( )

14 재서와 소율이가 주사위를 만들기 위해 정육면체의 전개도를 각자 그려 보았습니다. 전개도를 접어서 주사위를 만들 수 없는 사람의 이름을 써 보세요.

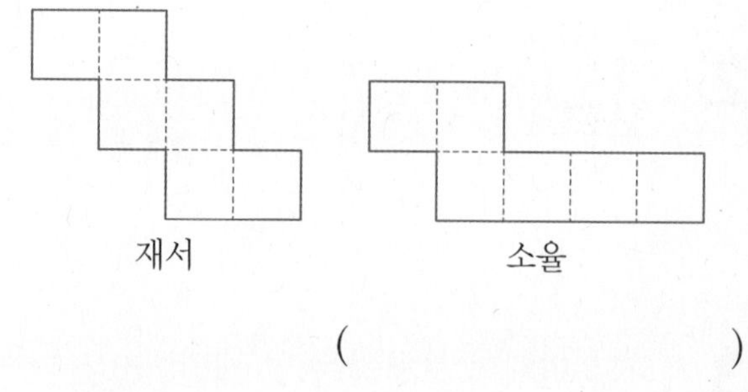

( )

15 직육면체의 전개도로 알맞은 것을 찾아 기호를 써 보세요.

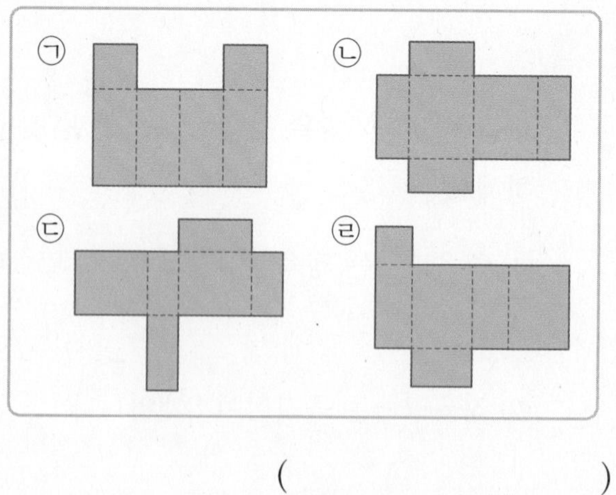

( )

16 전개도를 접어서 직육면체를 만들었을 때 주어진 선분과 겹치는 선분을 찾아 써 보세요.

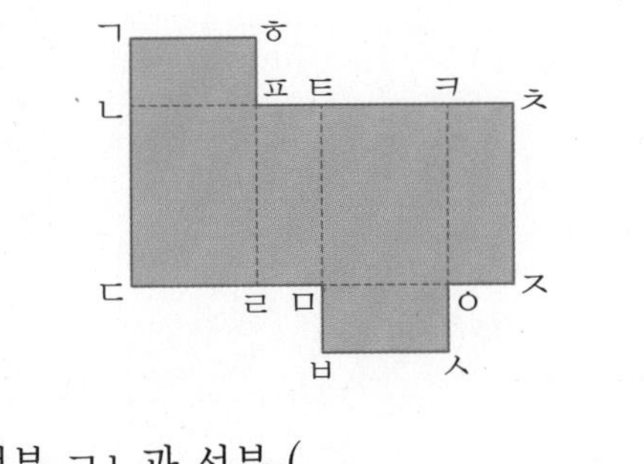

선분 ㄱㄴ과 선분 (　　　　　　　　)

선분 ㅌㅋ과 선분 (　　　　　　　　)

17 전개도를 접어서 직육면체를 만들 때 면 ㉯와 평행한 면과 수직인 면을 모두 찾아 써 보세요.

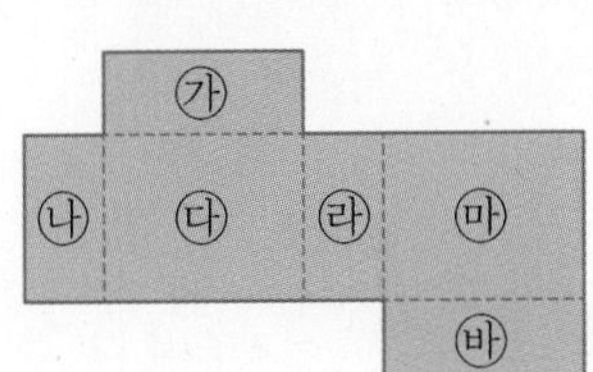

평행한 면 (　　　　　　　　)

수직인 면 (　　　　　　　　)

18 정육면체에서 모든 모서리의 길이의 합은 몇 cm인지 구해 보세요.

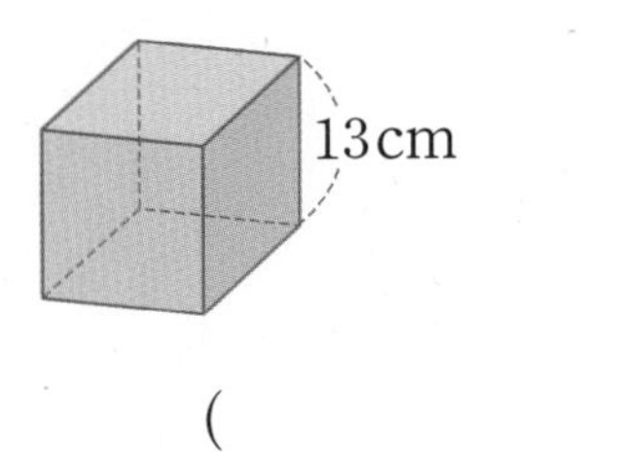

(　　　　　　　　)

서술형 문제　　정답과 풀이 41쪽

19 직육면체의 전개도가 아닌 이유를 보기 와 같이 써 보세요.

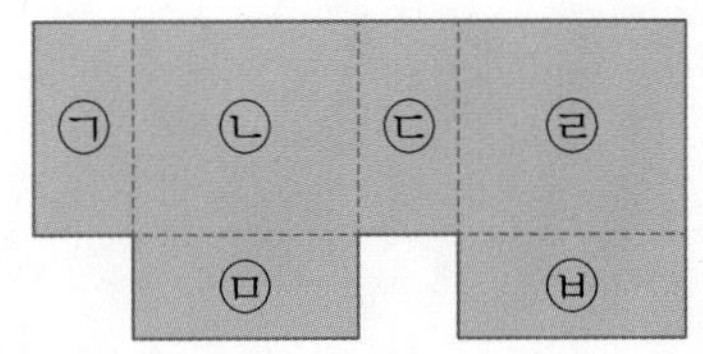

보기

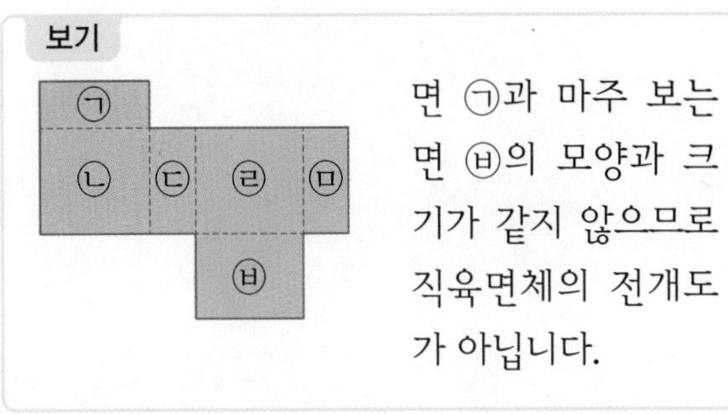

면 ㉠과 마주 보는 면 ㉥의 모양과 크기가 같지 않으므로 직육면체의 전개도가 아닙니다.

전개도를 접었을 때

20 오른쪽 직육면체의 겨냥도에서 보이는 모서리의 길이의 합은 몇 cm인지 보기 와 같이 풀이 과정을 쓰고 답을 구해 보세요.

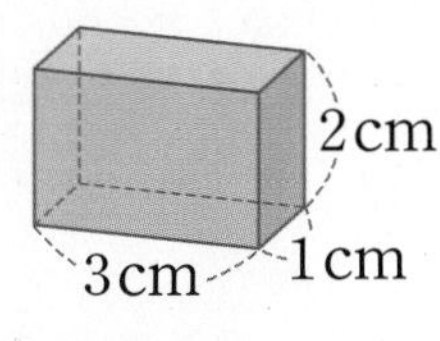

보기

보이지 않는 모서리는 길이가 3 cm, 1 cm, 2 cm인 모서리가 각각 1개씩이므로 보이지 않는 모서리의 길이의 합은 $3+1+2=6$ (cm)입니다.

답　6 cm

보이는 모서리는 길이가

답

6 평균과 가능성

친구들이 농장 체험을 가서 농장 곳곳에서 달걀을 찾고 있어요.
한 사람당 달걀을 몇 개씩 가지면 되는지 ☐ 안에 알맞은 수를 써넣으세요.

1 평균 알아보기, 평균 구하기

평균 알아보기

• 평균: 자료의 값을 모두 더해 자료의 수로 나눈 값으로 그 자료를 대표하는 값

민주네 모둠이 한 달 동안 읽은 책 수

이름	민주	수아	정윤	진수
책 수(권)	4	5	3	4

(민주네 모둠이 한 달 동안 읽은 책 수의 합)$=4+5+3+4=16$(권)

(민주네 모둠원의 수)$=4$명

➡ $16\div4=4$는 민주네 모둠이 한 달 동안 읽은 책 수를 대표하는 값으로 정할 수 있습니다.

(평균)=(자료의 값을 모두 더한 수)÷(자료의 수)

평균 구하기

• 자료의 값이 고르게 되도록 모형을 옮겨 평균 구하기

지우네 모둠의 제기차기 기록

이름	지우	태민	효빈	기윤
제기차기 기록(회)	2	4	1	5

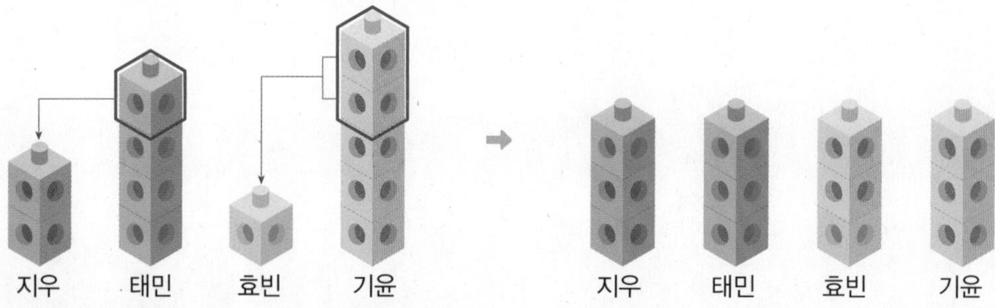

➡ 지우네 모둠 친구들의 제기차기 기록을 고르게 하면 3회가 되므로 지우네 모둠의 제기차기 기록의 평균은 3회입니다.

• 자료의 값을 모두 더하고 자료의 수로 나누어 평균 구하기

재윤이네 모둠의 윗몸 말아 올리기 기록

이름	재윤	아영	현주	은호
윗몸 말아 올리기 기록(회)	40	45	40	35

(재윤이네 모둠의 윗몸 말아 올리기 기록의 합)$=40+45+40+35=160$(회)

(재윤이네 모둠원의 수)$=4$명

➡ (재윤이네 모둠의 윗몸 말아 올리기 기록의 평균)$=160\div4=40$(회)

정답과 풀이 42쪽

2학년 때 배웠어요

• 표: 조사한 자료별 수량과 합계를 알아보기 쉽습니다.

1 은지네 학교 5학년 학급별 학생 수를 나타낸 표입니다. 물음에 답하세요.

학급별 학생 수

학급(반)	1	2	3	4	5
학생 수(명)	25	23	26	25	26

① 대표적으로 한 학급에 몇 명의 학생이 있다고 말할 수 있을까요?

( )

② 한 학급당 학생 수를 정하는 올바른 방법을 말한 친구는 누구일까요?

은지: 각 학급의 학생 수 25, 23, 26, 25, 26 중 가장 작은 수인 23으로 정해.
민용: 각 학급의 학생 수 25, 23, 26, 25, 26 중 가장 큰 수인 26으로 정해.
세진: 각 학급의 학생 수 25, 23, 26, 25, 26을 고르게 하면 25, 25, 25, 25, 25가 되므로 25로 정해.

( )

평균은 자료의 값을 모두 더해 자료의 수로 나누어 구할 수 있어요.

③ 은지네 학교 5학년 한 학급의 학생 수의 평균을 구해 보세요.

( )

6

2 지수의 주별 최고 타자 기록을 나타낸 표입니다. 지수의 주별 최고 타자 기록의 평균을 여러 가지 방법으로 구해 보세요.

예상한 평균을 기준으로 수 옮기기를 하여 평균을 구하거나 평균을 구하는 식을 이용하는 등 여러 가지 방법으로 평균을 구해 보아요.

지수의 주별 최고 타자 기록

주	첫째	둘째	셋째	넷째
기록(타)	130	125	125	120

방법 1

예상한 평균 ( )

방법 2

평균을 이용하여 문제 해결하기

● 평균을 이용하여 문제 해결하기

강수네 모둠과 진아네 모둠의 등교 시간을 나타낸 표입니다. 두 모둠의 등교 시간의 평균이 같을 때 민지의 등교 시간을 구해 보세요.

강수네 모둠의 등교 시간

이름	등교 시간(분)
강수	22
종하	20
찬우	30
지희	32

진아네 모둠의 등교 시간

이름	등교 시간(분)
진아	20
준기	29
민지	
영진	33

(1) 강수네 모둠의 등교 시간의 평균 구하기

(평균)$=(22+20+30+32)\div 4=104\div 4=26$(분)

(2) 진아네 모둠의 등교 시간의 합 구하기

진아네 모둠의 등교 시간의 평균이 강수네 모둠의 등교 시간의 평균과 같은 26분이므로 진아네 모둠의 등교 시간의 합은 모두 $26\times 4=104$(분)입니다.

(3) 민지의 등교 시간 구하기

민지의 등교 시간은 $104-(20+29+33)=22$(분)입니다.

선화의 과목별 단원 평가 점수를 나타낸 표입니다. 선화의 과목별 단원 평가 점수의 평균이 90점일 때 선화의 수학 점수를 구해 보세요.

선화의 과목별 단원 평가 점수

과목	국어	수학	사회	과학
점수(점)	90		85	95

(1) 선화의 과목별 단원 평가 점수의 합 구하기

평균 점수가 90점이므로 과목별 단원 평가 점수의 합은 $90\times 4=360$(점)입니다.

(2) 선화의 수학 점수 구하기

선화의 수학 점수는 $360-(90+85+95)=90$(점)입니다.

개념 자세히 보기

• 평균을 알면 모르는 자료의 값을 구할 수 있어요!

(자료의 값을 모두 더한 수)=(평균)×(자료의 수)

➡ (모르는 자료의 값)=(자료의 값을 모두 더한 수)−(아는 자료의 값을 모두 더한 수)

➔ 정답과 풀이 42쪽

1 하은이네 모둠 학생들이 지난해 읽은 책 수를 나타낸 표입니다. 물음에 답하세요.

자료의 값을 모두 더한 수는 평균과 자료의 수의 곱으로 구할 수 있어요.

모둠 학생별 읽은 책 수

이름	하은	동수	지연	은지	평균
책 수(권)		74	91	69	80

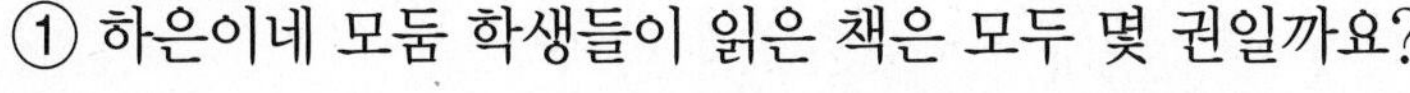

① 하은이네 모둠 학생들이 읽은 책은 모두 몇 권일까요?

□ × 4 = □(권)

② 하은이가 읽은 책은 몇 권일까요?

□ − (74 + 91 + 69) = □(권)

2 진혁이와 한별이의 팔굽혀펴기 기록입니다. 두 사람의 팔굽혀펴기 기록의 평균이 같을 때 진혁이의 3회 기록을 알아보세요.

평균이 같음을 이용하여 서로 다른 집단의 기록을 알 수 있어요.

진혁이의 기록

회	팔굽혀펴기 기록(회)
1회	24
2회	27
3회	

한별이의 기록

회	팔굽혀펴기 기록(회)
1회	30
2회	18
3회	25
4회	19

① 한별이의 팔굽혀펴기 기록의 평균은 □회입니다.

② 진혁이는 팔굽혀펴기를 모두 □ × 3 = □(회) 했습니다.

③ 진혁이는 3회에 팔굽혀펴기를 □ − (24 + 27) = □(회) 했습니다.

3 건우의 100 m 달리기 기록을 나타낸 표입니다. 100 m 달리기 기록의 평균이 15초일 때 3회의 100 m 달리기 기록을 구해 보세요.

100 m 달리기 기록

회	1회	2회	3회	4회
기록(초)	15	19		12

( )

일이 일어날 가능성을 말로 표현하기, 일이 일어날 가능성을 비교하기

일이 일어날 가능성을 말로 표현하기

- **가능성**: 어떠한 상황에서 특정한 일이 일어나길 기대할 수 있는 정도
- 가능성의 정도는 **불가능하다, ~ 아닐 것 같다, 반반이다, ~일 것 같다, 확실하다** 등으로 표현할 수 있습니다.

예

일 \ 가능성	불가능하다	~ 아닐 것 같다	반반이다	~일 것 같다	확실하다
2월 1일 다음에 2월 2일이 올 것입니다.					○
동전을 던지면 그림면이 나올 것입니다.			○		
주사위를 굴리면 주사위 눈의 수가 2 이상 6 이하로 나올 것입니다.				○	
탁구공만 5개 들어 있는 상자에서 꺼낸 공은 야구공일 것입니다.	○				
동전을 세 번 던지면 세 번 모두 숫자 면이 나올 것입니다.		○			

일이 일어날 가능성을 비교하기

- 여러 가지 회전판에 화살이 멈출 가능성 비교하기

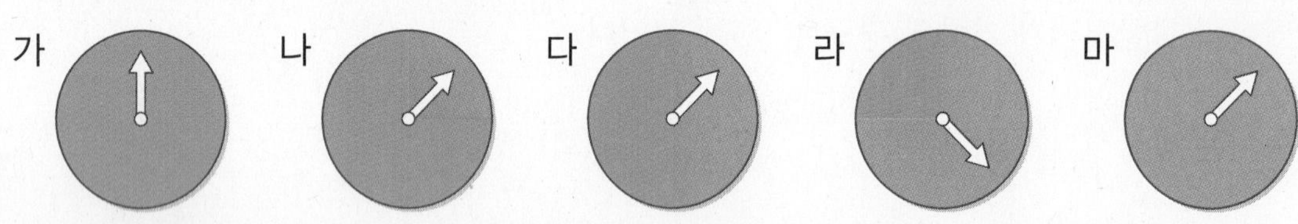

	화살이 초록색에 멈출 가능성	화살이 주황색에 멈출 가능성
가	확실하다	불가능하다
나	~일 것 같다	~ 아닐 것 같다
다	반반이다	반반이다
라	~ 아닐 것 같다	~일 것 같다
마	불가능하다	확실하다

화살이 초록색에 멈출 가능성이 높은 회전판을 차례로 쓰면 가, 나, 다, 라, 마입니다.
화살이 주황색에 멈출 가능성이 높은 회전판을 차례로 쓰면 마, 라, 다, 나, 가입니다.

➔ 정답과 풀이 43쪽

1 □ 안에 일이 일어날 가능성의 정도를 알맞게 써넣으세요.

← 일이 일어날 가능성이 낮습니다.　　　일이 일어날 가능성이 높습니다. →

~ 아닐 것 같다	□

□　　　반반이다　　　확실하다

2 일이 일어날 가능성을 생각해 보고, 알맞게 표현한 곳에 ○표 하세요.

일 \ 가능성	불가능 하다	~ 아닐 것 같다	반반 이다	~일 것 같다	확실 하다
강아지는 동물일 것입니다.					
주사위를 2번 굴리면 주사위 눈의 수가 모두 3이 나올 것입니다.					
곧 태어날 동생은 남자 아이일 것입니다.					
개나리는 곤충일 것입니다.					
여름에는 반팔 옷을 입은 사람들이 긴팔 옷을 입은 사람보다 많을 것입니다.					

3 일이 일어날 가능성을 비교해 보려고 합니다. 물음에 답하세요.

㉠ 내일 비가 온다던데, 친구들은 우산을 안 가지고 올 것입니다.
㉡ 해는 서쪽에서 떠서 동쪽으로 질 것입니다.
㉢ 2학년인 내 동생은 내년에 4학년이 될 것입니다.
㉣ 주사위를 한 번 굴리면 홀수가 나올 것입니다.

① 일이 일어날 가능성이 '불가능하다'인 경우를 모두 찾아 기호를 써 보세요.

(　　　　　　　　)

② 일이 일어날 가능성이 '반반이다'인 경우를 찾아 기호를 써 보세요.

(　　　　　　　　)

일이 일어날 가능성을 수로 표현하기

일이 일어날 가능성을 수로 표현하기

• 일이 일어날 가능성을 0, $\frac{1}{2}$, 1과 같은 수로 표현할 수 있습니다.

가능성	불가능하다	반반이다	확실하다
수	0	$\frac{1}{2}$	1

일이 일어날 가능성을 수직선에 나타내기

• 일이 일어날 가능성을 수직선에 각각 나타내면 다음과 같습니다.

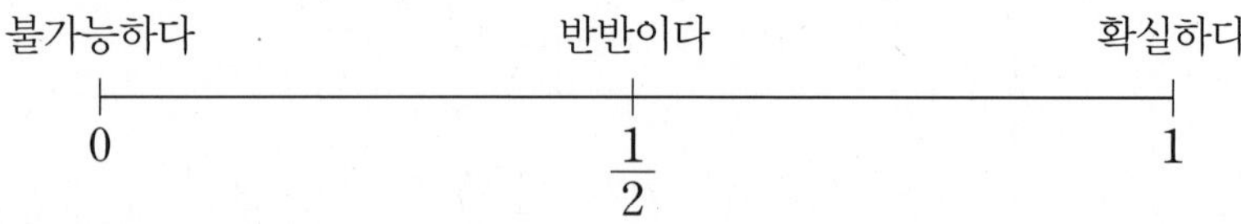

㉮ 주사위를 한 번 굴릴 때 일이 일어날 가능성을 말과 수로 표현하기

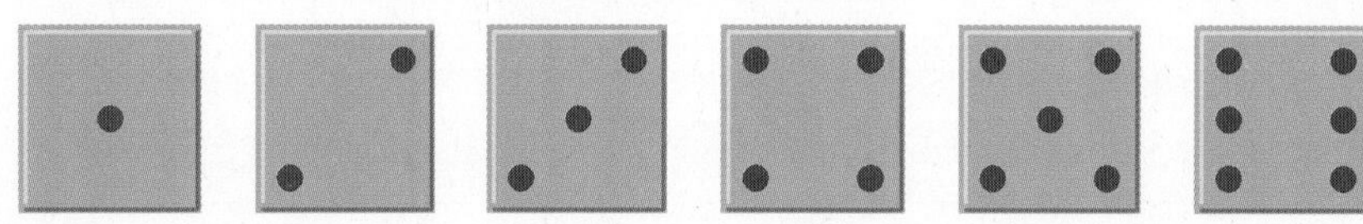

일	가능성	
	말	수
주사위 눈의 수가 0이 나올 것입니다.	불가능하다	0
주사위 눈의 수가 짝수가 나올 것입니다.	반반이다	$\frac{1}{2}$
주사위 눈의 수가 6 이하일 것입니다.	확실하다	1
주사위 눈의 수가 9가 나올 것입니다.	불가능하다	0

개념 자세히 보기

• **'~ 아닐 것 같다', '~일 것 같다'도 수로 표현할 수 있어요!**

~ 아닐 것 같다 ➡ 0보다 크고 $\frac{1}{2}$보다 작은 수로 표현할 수 있습니다.

~일 것 같다 ➡ $\frac{1}{2}$보다 크고 1보다 작은 수로 표현할 수 있습니다.

정답과 풀이 43쪽

1 **세 주머니에서 각각 공을 한 개씩 꺼내려고 합니다. 일이 일어날 가능성이 '불가능하다'이면 0, '반반이다'이면 $\frac{1}{2}$, '확실하다'이면 1로 표현할 때, 물음에 답하세요.**

각각의 일이 일어날 가능성을 먼저 말로 표현해 보아요.

가 나 다

① 가 주머니에서 공을 한 개 꺼낼 때 꺼낸 공이 검은색 공일 가능성을 ↓로 나타내어 보세요.

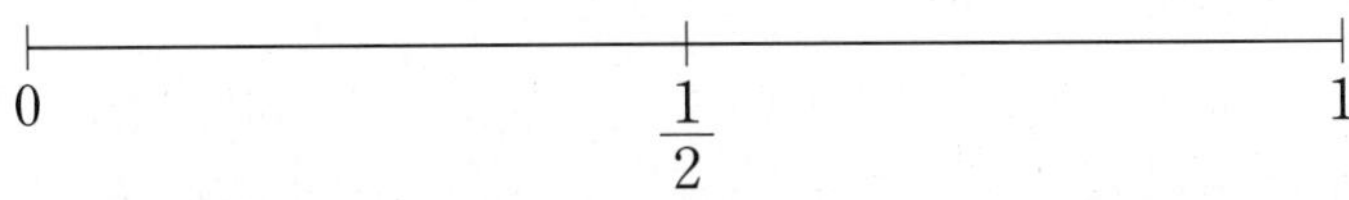

② 나 주머니에서 공을 한 개 꺼낼 때 꺼낸 공이 검은색 공일 가능성을 ↓로 나타내어 보세요.

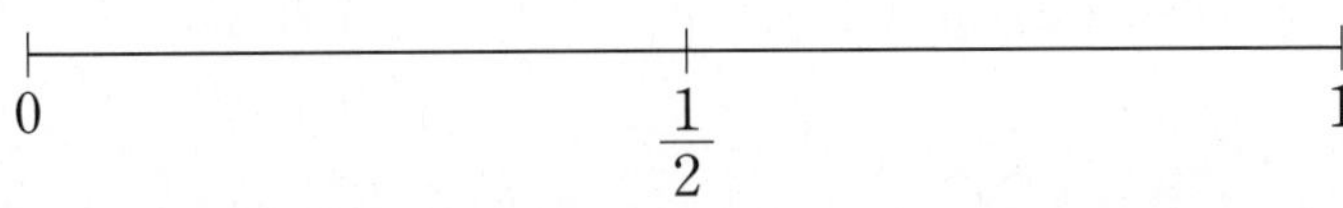

③ 다 주머니에서 공을 한 개 꺼낼 때 꺼낸 공이 검은색 공일 가능성을 ↓로 나타내어 보세요.

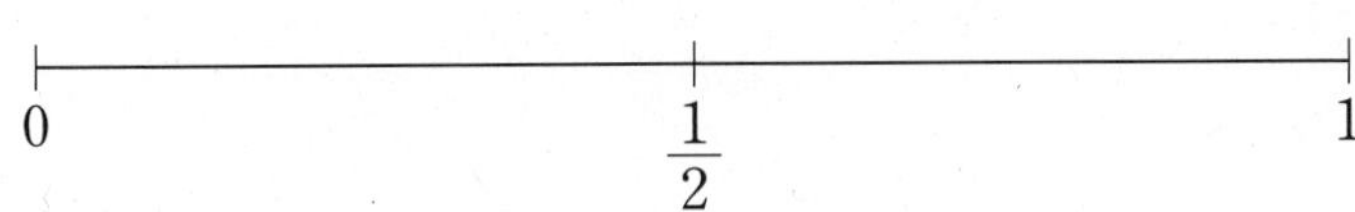

6

2 **빨간색 색연필만 2자루 들어 있는 상자에서 색연필 한 자루를 꺼낼 때, 물음에 답하세요.**

① 꺼낸 색연필이 파란색 색연필일 가능성을 말과 수로 표현해 보세요.

말 ....

수 ....

② 꺼낸 색연필이 빨간색 색연필일 가능성을 말과 수로 표현해 보세요.

말 ....

수 ....

일이 일어날 가능성을 말로 표현한 후 일이 일어날 가능성이 '불가능하다'이면 0, '반반이다'이면 $\frac{1}{2}$, '확실하다'이면 1로 표현해요.

기본기 강화 문제

① 평균 알아보기(1)

1 어느 지역의 4일 동안의 하루 최저 기온을 나타낸 표입니다. 물음에 답하세요.

하루 최저 기온

날짜(일)	1	2	3	4
하루 최저 기온(℃)	15	14	13	14

(1) 대표적으로 하루 최저 기온은 몇 ℃라고 말할 수 있을까요?

( )

(2) □ 안에 알맞은 수를 써넣으세요.

4일 동안 하루 최저 기온은 평균 □ ℃입니다.

2 과수원별 사과 생산량을 나타낸 표입니다. 물음에 답하세요.

과수원별 사과 생산량

과수원	가	나	다	라
생산량(kg)	280	300	320	300

(1) 대표적으로 한 과수원의 사과 생산량은 몇 kg이라고 말할 수 있을까요?

( )

(2) □ 안에 알맞은 수를 써넣으세요.

한 과수원의 사과 생산량은 평균 □ kg입니다.

② 평균 알아보기(2)

1 지우네 모둠과 주아네 모둠의 윗몸 말아 올리기 기록을 나타낸 표입니다. 물음에 답하세요.

지우네 모둠의 윗몸 말아 올리기 기록

이름	지우	유빈	민수	효빈
윗몸 말아 올리기 기록(회)	32	25	27	36

주아네 모둠의 윗몸 말아 올리기 기록

이름	주아	선우	지은	호준	선혜
윗몸 말아 올리기 기록(회)	26	26	30	40	18

(1) 지우네 모둠과 주아네 모둠의 윗몸 말아 올리기 기록의 평균은 각각 몇 회일까요?

지우네 모둠 ( )
주아네 모둠 ( )

(2) 어느 모둠이 더 잘했다고 볼 수 있을까요?

( )

2 준수네 모둠과 지혜네 모둠의 수학 단원 평가 점수를 나타낸 표입니다. 물음에 답하세요.

준수네 모둠의 수학 단원 평가 점수

이름	준수	은지	선주	기준
점수(점)	88	96	76	84

지혜네 모둠의 수학 단원 평가 점수

이름	지혜	예빈	수아	태민	예서
점수(점)	80	85	78	92	80

(1) 준수네 모둠과 지혜네 모둠의 수학 단원 평가 점수의 평균은 각각 몇 점일까요?

준수네 모둠 ( )
지혜네 모둠 ( )

(2) 어느 모둠이 더 잘했다고 볼 수 있을까요?

( )

3 평균 구하기(1)

• 보기 와 같은 방법으로 주어진 자료의 평균을 구하려고 합니다. □ 안에 알맞은 수를 써넣으세요.

보기

지윤이네 모둠의 방학 동안 읽은 책 수

이름	지윤	재석	영준	민아
책 수(권)	6	4	6	8

• 예상한 평균: 6권
평균을 6으로 예상한 후 (6, 6), (4, 8)로 수를 옮기고 짝 지어 자료의 값을 고르게 하여 구한 지윤이네 모둠의 방학 동안 읽은 책 수의 평균은 6권입니다.

1 윤주네 모둠의 줄넘기 기록

이름	윤주	재민	은정	수빈
줄넘기 기록(회)	75	85	95	85

예상한 평균: □회

평균을 □로 예상한 후 (□, □), (□, 95)로 수를 옮기고 짝 지어 자료의 값을 고르게 하여 구한 윤주네 모둠의 줄넘기 기록의 평균은 □회입니다.

2 마을별 초등학생 수

마을	가	나	다	라	마
학생 수(명)	6	11	10	13	10

예상한 평균: □명

평균을 □으로 예상한 후 (□, □), (6, □, □)으로 수를 옮기고 짝 지어 자료의 값을 고르게 하여 구한 마을별 초등학생 수의 평균은 □명입니다.

4 평균 구하기(2)

• 보기 와 같은 방법으로 주어진 자료의 평균을 구해 보세요.

보기

준아네 모둠의 몸무게

이름	준아	다인	해민	영진
몸무게(kg)	46	42	44	40

(평균)$=(46+42+44+40)\div4$
$=172\div4=43$ (kg)

1 현섭이네 모둠의 키

이름	현섭	재영	호성	혜란
키(cm)	141	150	139	146

(평균)= ……………………

2 지원이의 국어 단원 평가 점수

단원	1	2	3	4	5
점수(점)	74	88	72	86	90

(평균)= ……………………

3 현민이네 모둠의 멀리뛰기 기록

이름	현민	혜성	민선	지연	재영
멀리뛰기 기록(cm)	165	112	134	126	163

(평균)= ……………………

4 예주네 모둠의 하루 독서 시간

이름	예주	준호	효영	지혜	기영
독서 시간(분)	50	65	50	70	90

(평균)= ……………………

6

5 두 가지 방법으로 평균 구하기

1 기환이네 모둠의 가족 수를 나타낸 표입니다. 기환이네 모둠의 가족 수의 평균을 두 가지 방법으로 구해 보세요.

기환이네 모둠의 가족 수

이름	기환	윤아	나경	준섭
가족 수(명)	4	4	3	5

방법 1

예상한 평균 (　　　　　　　　)

방법 2

2 하늘이네 모둠 학생들이 가지고 있는 연필 수를 나타낸 표입니다. 하늘이네 모둠 학생들이 가지고 있는 연필 수의 평균을 두 가지 방법으로 구해 보세요.

하늘이네 모둠 학생들이 가지고 있는 연필 수

이름	하늘	경민	보라	윤서	성규
연필 수(자루)	6	3	6	7	8

방법 1

예상한 평균 (　　　　　　　　)

방법 2

6 평균의 이용(1)

1 기윤이가 5일 동안 매일 1회씩 연습한 오래 매달리기 기록을 나타낸 표입니다. 물음에 답하세요.

오래 매달리기 기록

요일	월	화	수	목	금
기록(초)	13	14	10	11	12

(1) 기윤이의 5일 동안의 오래 매달리기 기록의 평균을 구해 보세요.

(　　　　　　　　)

(2) 기윤이의 6일 동안의 오래 매달리기 기록의 평균이 5일 동안의 오래 매달리기 기록의 평균보다 높으려면 토요일에는 오래 매달리기 기록이 몇 초이어야 하는지 예상해 보세요.

2 윤지의 4일 동안의 줄넘기 기록을 나타낸 표입니다. 물음에 답하세요.

줄넘기 기록

날짜	첫째 날	둘째 날	셋째 날	넷째 날
줄넘기 기록(회)	27	28	26	23

(1) 윤지의 4일 동안의 줄넘기 기록의 평균을 구해 보세요.

(　　　　　　　　)

(2) 윤지의 5일 동안의 줄넘기 기록의 평균이 4일 동안의 줄넘기 기록의 평균보다 낮으려면 다섯째 날에는 줄넘기 기록이 몇 회이어야 하는지 예상해 보세요.

➡ 정답과 풀이 44쪽

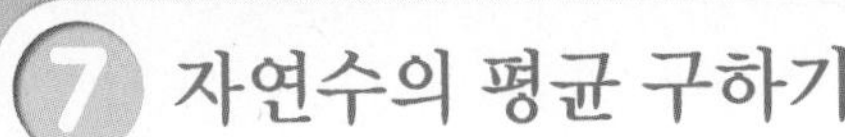

7 자연수의 평균 구하기

- 보기 와 같은 방법으로 주어진 자연수의 평균을 구해 보세요.

> **보기**
>
> 1 2 3 4 5
>
> (자연수의 합)$=1+2+3+4+5=6\times2+3=15$
>
> (1+5=6, 2+4=6)
>
> ➡ (평균)$=15\div5=3$

1

1 2 3 4 5 6 7 8 9 10 11 12 13 14 15

( )

2

2 4 6 8 10 12 14 16 18 20 22 24 26

( )

3

11 13 15 17 19 21 23 25 27 29 31 33

( )

8 평균의 이용(2)

1 진수네 반에서 미술 시간에 사용할 색종이가 120장 있습니다. 물음에 답하세요.

모둠별 학생 수

모둠	모둠 1	모둠 2	모둠 3	모둠 4
학생 수(명)	6	4	5	5

(1) 한 모둠당 사용할 색종이는 평균 몇 장일까요?

( )

(2) 한 모둠당 학생 수는 평균 몇 명일까요?

( )

(3) 한 명당 사용할 색종이는 평균 몇 장일까요?

( )

2 아영이네 학교 5학년 학생들은 불우이웃돕기에 참여하기 위해 쌀을 모았습니다. 모은 쌀이 50 kg이라고 할 때 물음에 답하세요.

학급별 학생 수

학급(반)	1	2	3	4	5
학생 수(명)	22	25	26	27	25

(1) 한 학급당 모은 쌀은 평균 몇 kg일까요?

( )

(2) 한 학급당 학생 수는 평균 몇 명일까요?

( )

(3) 한 명당 모은 쌀은 평균 몇 g일까요?

( )

9 평균이 주어질 때 자료의 값 구하기

• 주어진 자료의 평균이 다음과 같을 때 표를 완성해 보세요.

1 우진이네 모둠의 고리 던지기 기록의 평균: 5개

우진이네 모둠의 고리 던지기 기록

이름	우진	지수	은지	윤영	성원
걸린 고리의 수(개)	3	5		5	4

2 민정이가 5일 동안 접은 종이꽃 수의 평균: 12개

민정이가 5일 동안 접은 종이꽃 수

요일	월	화	수	목	금
종이꽃 수(개)	9	13	12		11

3 수아의 과목별 단원 평가 점수의 평균: 84점

수아의 과목별 단원 평가 점수

과목	국어	수학	사회	과학
점수(점)	92		80	78

4 미애네 모둠의 100 m 달리기 기록의 평균: 18초

미애네 모둠의 100 m 달리기 기록

이름	미애	준혁	찬우	지영	세진
100 m 달리기 기록(초)	19		17	20	18

정답과 풀이 45쪽

10 일이 일어날 가능성을 말로 표현하기

• 일이 일어날 가능성을 찾아 이어 보세요.

주사위를 굴리면 주사위 눈의 수가 2보다 클 것입니다.	월요일 다음에 화요일이 올 것입니다.	3과 6의 합은 18이 될 것입니다.	동전을 세 번 던지면 세 번 모두 그림면이 나올 것입니다.	내 친구가 태어난 달의 수는 홀수일 것입니다.

불가능하다	~ 아닐 것 같다	반반이다	~일 것 같다	확실하다

초록색 공 9개, 파란색 공 1개가 들어 있는 주머니에서 공 1개를 꺼낼 때 꺼낸 공이 파란색일 것입니다.	계산기에 '5 + 4 ='을 누르면 9가 나올 것입니다.	1부터 10까지 쓰여 있는 수 카드 10장 중에서 1장을 뽑으면 2보다 클 것입니다.	한 명의 아이가 태어날 때 여자 아이일 것입니다.	서울의 8월 평균 기온이 영하 10℃보다 낮을 것입니다.

6

11 일이 일어날 가능성 비교하기(1)

• 일이 일어날 가능성을 비교해 보세요.

㉠ 9월은 날짜가 31일까지 있을 것입니다.
㉡ ○× 문제에 ×라고 답하면 정답일 것입니다.
㉢ $3\times9=27$이 될 것입니다.
㉣ 상자에 든 제비 100개 중 당첨 제비가 5개일 때, 이 상자에서 제비 한 개를 뽑으면 뽑은 제비가 당첨 제비일 것입니다.
㉤ 파란색 물감에 빨간색 물감을 섞으면 흰색 물감이 될 것입니다.
㉥ 겨울에는 옷을 두껍게 입는 사람이 얇게 입는 사람보다 많을 것입니다.

1 일이 일어날 가능성이 '불가능하다'인 경우를 모두 찾아 기호를 써 보세요.

( )

2 **1**과 같은 상황에서 일이 일어날 가능성이 '확실하다'가 되도록 상황을 바꿔 보세요.

3 일이 일어날 가능성이 가장 높은 것을 찾아 기호를 써 보세요.

( )

4 일이 일어날 가능성이 ㉡보다 높은 것을 모두 찾아 기호를 써 보세요.

( )

12 일이 일어날 가능성 비교하기(2)

• 빨간색, 초록색, 노란색으로 이루어진 회전판과 보기 의 표는 각각의 회전판을 100번 돌려 화살이 멈춘 횟수를 나타낸 것입니다. 회전판을 보고 일이 일어날 가능성이 가장 비슷한 표를 보기 에서 찾아 기호를 써 보세요.

보기

가

색깔	빨간색	초록색	노란색
횟수(회)	12	13	75

나

색깔	빨간색	초록색	노란색
횟수(회)	25	26	49

다

색깔	빨간색	초록색	노란색
횟수(회)	24	51	25

라

색깔	빨간색	초록색	노란색
횟수(회)	34	33	33

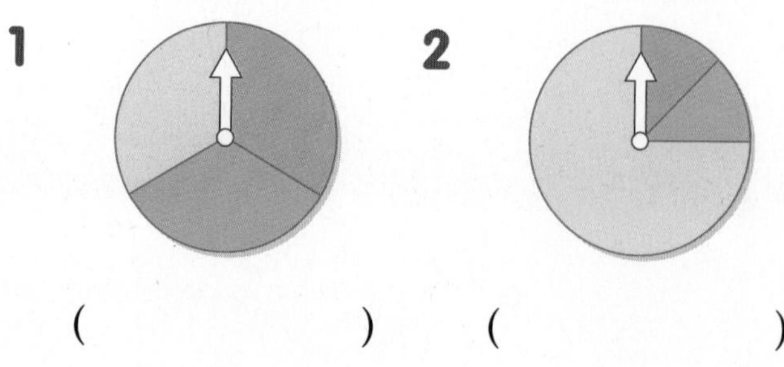

1 ( ) **2** ( )

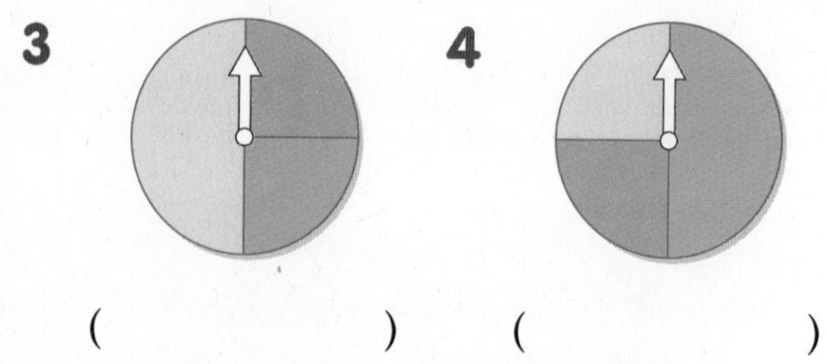

3 ( ) **4** ( )

13 일이 일어날 가능성을 수로 표현하기

- 정사각형 모양의 과녁판에 화살을 쏘려고 합니다. 물음에 답하세요. (단, 화살이 과녁판을 벗어나거나 경계를 맞히는 것은 생각하지 않습니다.)

가  나 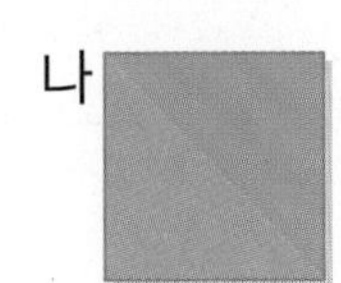 다 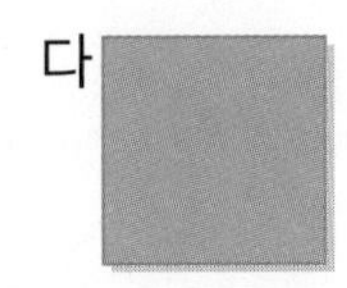

1 과녁판 가를 향해 화살을 쏠 때 화살이 빨간색에 멈출 가능성을 ↓로 나타내어 보세요.

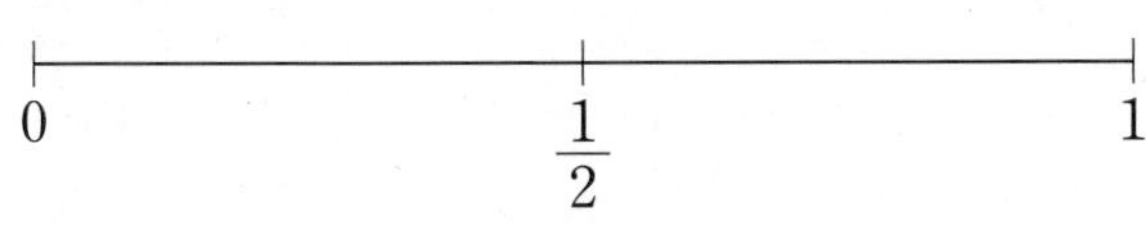

2 과녁판 나를 향해 화살을 쏠 때 화살이 파란색에 멈출 가능성을 ↓로 나타내어 보세요.

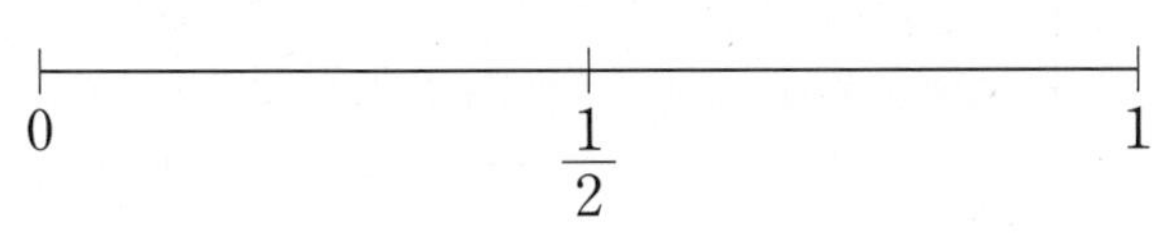

3 과녁판 다를 향해 화살을 쏠 때 화살이 빨간색에 멈출 가능성을 ↓로 나타내어 보세요.

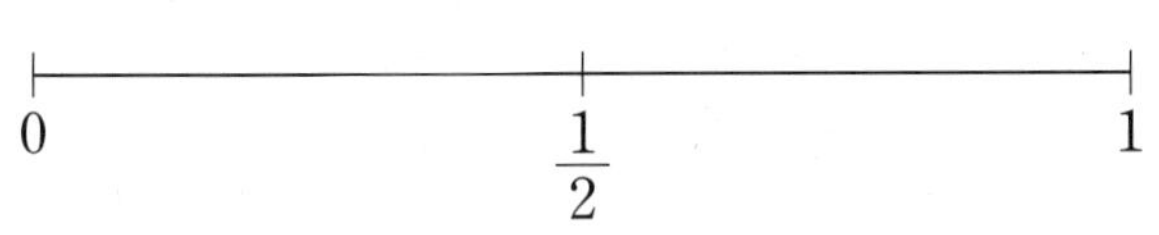

14 일이 일어날 가능성을 말과 수로 표현하기

- 일이 일어날 가능성을 말과 수로 표현해 보세요.

1 500원짜리 동전 한 개를 던질 때 나온 면이 그림면일 가능성

말 ....

수 ....

2 동화책만 꽂혀 있는 책꽂이에서 책 한 권을 꺼낼 때 꺼낸 책이 만화책일 가능성

말 ....

수 ....

3 흰색 바둑돌 1개와 검은색 바둑돌 1개가 들어 있는 주머니에서 바둑돌 한 개를 꺼낼 때 꺼낸 바둑돌이 흰색 바둑돌일 가능성

말 ....

수 ....

4 딸기 맛 사탕만 10개 들어 있는 봉지에서 사탕 한 개를 꺼낼 때, 꺼낸 사탕이 딸기 맛 사탕일 가능성

말 ....

수 ....

6

단원 평가

점수 | 확인

[1~2] 유민이네 모둠 학생들의 제자리멀리뛰기 기록을 나타낸 표입니다. 물음에 답하세요.

제자리멀리뛰기 기록

이름	유민	다솜	은하	세영
기록(cm)	149	176	151	152

1 유민이네 모둠은 모두 몇 명일까요?

( )

2 유민이네 모둠 학생들의 제자리멀리뛰기 기록의 평균은 몇 cm일까요?

( )

[3~5] 희철이와 기범이의 타자 기록을 나타낸 표입니다. 물음에 답하세요.

희철이의 타자 기록

주	첫째	둘째	셋째	넷째
기록(타)	130	150	130	150

기범이의 타자 기록

주	첫째	둘째	셋째	넷째
기록(타)	124	162	118	136

3 희철이의 타자 기록의 평균은 몇 타일까요?

( )

4 기범이의 타자 기록의 평균은 몇 타일까요?

( )

5 누가 타자를 더 잘 쳤다고 말할 수 있을까요?

( )

6 □ 안에 알맞은 수를 써넣으세요.

은정이의 11월 한 달 동안 독서량을 조사한 결과 하루에 평균 12쪽을 읽었습니다. 은정이가 30일 동안 읽은 책은 모두 □쪽입니다.

7 주사위 한 개를 굴릴 때 나온 눈의 수가 7일 가능성을 수로 표현해 보세요.

( )

8 사과가 1개, 복숭아가 1개 들어 있는 봉지에서 한 개를 꺼낼 때 꺼낸 과일이 복숭아일 가능성을 말과 수로 표현해 보세요.

말 ....

수 ....

[9~10] 가 회전판과 나 회전판을 보고 물음에 답하세요.

가 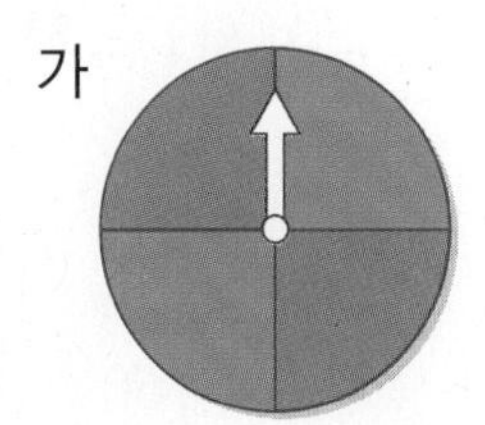 나 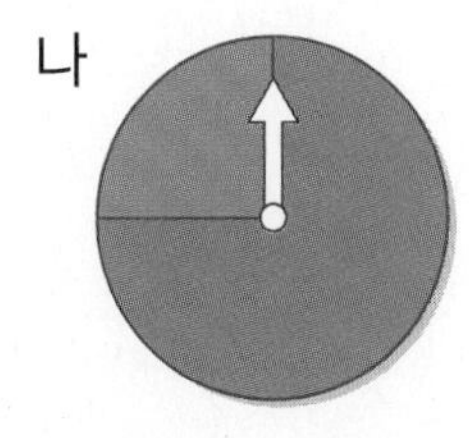

9 가 회전판을 돌릴 때 파란색에 멈출 가능성을 말로 표현해 보세요.

( )

10 가 회전판과 나 회전판을 돌릴 때 빨간색에 멈출 가능성이 더 높은 회전판은 어느 것일까요?

( )

[11~12] 윤후네 학교에서는 단체 훌라후프 대회를 하였습니다. 평균 24회 이상이 되어야 준결승에 올라갈 수 있습니다. 물음에 답하세요.

11 다음은 5학년 1반의 기록입니다. 1반의 단체 훌라후프 기록의 평균은 몇 회일까요?

17 29 16 15 33

( )

12 다음은 5학년 2반의 기록입니다. 2반은 준결승에 올라갈 수 있을까요?

32 33 22 20 23

( )

13 일이 일어날 가능성이 더 큰 것을 찾아 기호를 써 보세요.

㉠ 노란색 구슬 1개, 분홍색 구슬 1개가 들어 있는 상자에서 구슬 한 개를 꺼낼 때 꺼낸 구슬이 노란색 구슬일 가능성

㉡ 노란색 구슬만 2개가 들어 있는 상자에서 구슬 한 개를 꺼낼 때 꺼낸 구슬이 노란색 구슬일 가능성

( )

[14~15] 예주의 월별 독서량을 나타낸 표입니다. 물음에 답하세요.

월별 독서량

월	3	4	5	6
독서량(권)	23	25	30	34

14 예주의 월별 독서량의 평균은 몇 권일까요?

( )

15 7월까지의 월별 독서량의 평균이 29권이 되려면 7월에는 몇 권을 읽어야 할까요?

( )

서술형 문제

정답과 풀이 47쪽

16 조건에 알맞은 회전판이 되도록 색칠하려고 합니다. 분홍색을 칠해야 할 부분을 찾아 기호를 써 보세요.

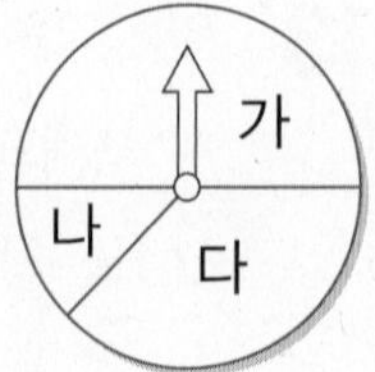

조건

- 화살이 빨간색에 멈출 가능성이 가장 높습니다.
- 화살이 분홍색에 멈출 가능성은 주황색에 멈출 가능성의 3배입니다.

( )

17 강주네 반 남학생과 여학생의 멀리뛰기 기록의 평균을 나타낸 표입니다. 강주네 반 전체 학생의 멀리뛰기 기록의 평균은 몇 cm일까요?

	남학생	여학생
학생 수(명)	16	19
평균(cm)	142.9	139.4

( )

18 현준이의 월별 영어 점수를 나타낸 표입니다. 5월에 영어 점수가 8점 더 높았다면 평균은 몇 점 더 올라갈까요?

월별 영어 점수

월	3	4	5	6
점수(점)	85	75	89	83

( )

19 표를 보고 학생들의 키의 평균은 몇 cm인지 보기 와 같이 풀이 과정을 쓰고 답을 구해 보세요.

학생들의 키와 몸무게

이름	해미	종우	혁준	예슬
키(cm)	152	146	160	154
몸무게(kg)	41	38	45	40

보기

(몸무게의 평균)=(41+38+45+40)÷4

=164÷4=41 (kg)

답 41 kg

(키의 평균)=

답

20 미호네 학교 5학년 학급별 남녀 학생 수를 나타낸 표입니다. 3반의 여학생은 몇 명인지 보기 와 같이 풀이 과정을 쓰고 답을 구해 보세요.

5학년 학급별 남녀 학생 수

학급(반)		1	2	3	4	5	평균
학생 수(명)	남	24	25	23	26	22	24
	여	17	18		22	19	20

보기

(5반의 남학생 수)

=24×5−(24+25+23+26)=22(명)

답 22명

(3반의 여학생 수)

=

답

계산이 아닌 개념을 깨우치는

수학을 품은 연산

디딤돌 연산은 수학이다.

1~6학년(학기용)

수학 공부의 새로운 패러다임

한걸음 한걸음 디딤돌을 걷다 보면 수학이 완성됩니다.

학습 능력과 목표에 따라
맞춤형이 가능한 디딤돌 초등 수학

원리 | 정답과 풀이

5-2

수학 좀 한다면

디딤돌

1 수의 범위와 어림하기

학교에서 실내 체육대회가 열렸어요. 모둠별로 줄넘기와 제기차기 대회 예선을 하고 있네요.
□ 안에 알맞은 자연수를 써넣으세요.

1 이상과 이하를 알아보기 9쪽

(1) ① 진수, 희원, 민수
② 34.0 kg, 32.7 kg, 37.6 kg

(2) ① 민아, 예호, 준희
② 135.7 cm, 138.2 cm, 140.0 cm

(3) 18, 19, 20, 21, 22에 ○표 /
11, 12, 13, 14, 15, 16, 17, 18에 △표

(4) 15 16 17 18 19 20 21 22 23

3 • 18 이상인 수는 18과 같거나 큰 수이므로 18이 포함됩니다.
• 18 이하인 수는 18과 같거나 작은 수이므로 18이 포함됩니다.

4 17 이상인 수는 수직선에 ●을 이용하여 나타낼 수 있습니다.

2 초과와 미만을 알아보기 11쪽

(1) ① 재영, 희원, 아진
② 139 cm, 144 cm, 150 cm

(2) ① 수아, 지원
② 15시간, 18시간

(3) 32, 33, 34, 35, 36, 37에 ○표 /
26, 27, 28, 29, 30에 △표

(4) 41 42 43 44 45 46 47 48 49

3 • 31 초과인 수는 31보다 큰 수이므로 31이 포함되지 않습니다.
• 31 미만인 수는 31보다 작은 수이므로 31이 포함되지 않습니다.

4 45 초과인 수는 수직선에 ○을 이용하여 나타낼 수 있습니다.

3 수의 범위를 활용하여 문제 해결하기 13쪽

① 27, 28, 29, 30, 31, 32에 ○표

② 33 34 35 36 37 38 39 40 41 42 43

③ ① 준호, 성현 ② 36.8 kg, 38.5 kg

③ 32 33 34 35 36 37 38 39 40

1 27 이상 33 미만인 수에는 27은 포함되고 33은 포함되지 않습니다. 27 이상 33 미만인 수는 27과 같거나 큰 수이며, 33보다는 작은 수입니다. 따라서 두 가지 범위를 모두 만족하는 수를 찾으면 27, 28, 29, 30, 31, 32입니다.

2 36 이상인 수와 41 이하인 수에는 36과 41이 모두 포함되므로 수직선에 ●을 이용하여 나타냅니다.

3 ③ 민호의 몸무게는 33.7 kg이므로 플라이급에 속합니다. 플라이급의 몸무게 범위는 32 kg 초과 34 kg 이하이므로 수직선에 32 초과인 수는 ○을 이용하여 나타내고, 34 이하인 수는 ●을 이용하여 나타냅니다.

기본기 강화 문제

① ■ 이상인 수 찾아보기 14쪽

1 7, 8, 9, 10 **2** 11, 12, 13, 14

3 23, 24, 25 **4** 36, 37, 38, 39

5 48, 49, 50

1~5 ■ 이상인 수는 ■와 같거나 큰 수입니다.

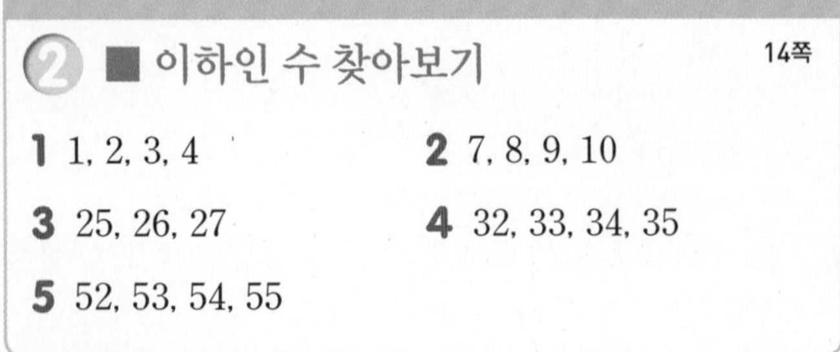

② ■ 이하인 수 찾아보기 14쪽

1 1, 2, 3, 4 **2** 7, 8, 9, 10

3 25, 26, 27 **4** 32, 33, 34, 35

5 52, 53, 54, 55

1~5 ■ 이하인 수는 ■와 같거나 작은 수입니다.

③ ■ 이상과 ▲ 이하인 수 찾아보기 15쪽

1 27, 46, 58, 32에 ○표 / 11, 16, 9, 18에 △표

2 45, 50, 70에 ○표 / 17, 20, 8에 △표

3 90, 81에 ○표 / 59, 16, 63, 26에 △표

4 94, 98에 ○표 / 35, 37, 85, 44에 △표

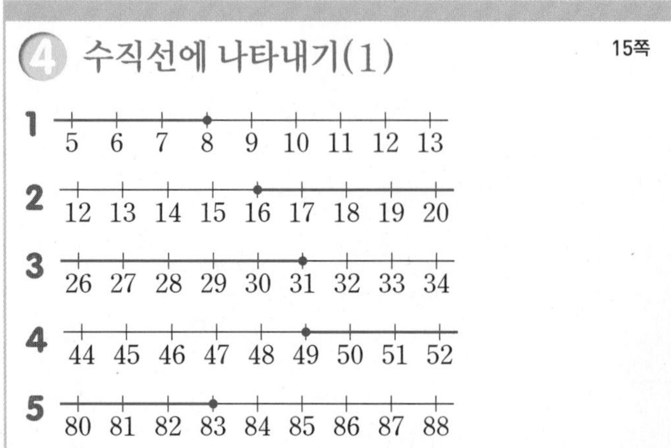

④ 수직선에 나타내기(1) 15쪽

1 5 6 7 8 9 10 11 12 13

2 12 13 14 15 16 17 18 19 20

3 26 27 28 29 30 31 32 33 34

4 44 45 46 47 48 49 50 51 52

5 80 81 82 83 84 85 86 87 88

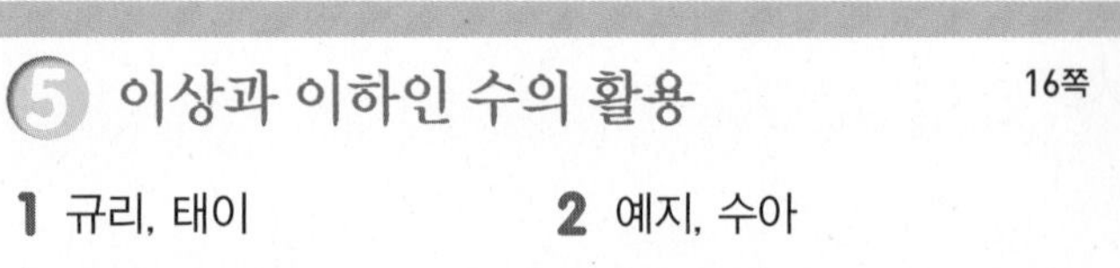

⑤ 이상과 이하인 수의 활용 16쪽

1 규리, 태이 **2** 예지, 수아

1 30.3 이상인 수는 30.3과 같거나 큰 수입니다.
지우: 28.7 cm, 은아: 29.9 cm,
규리: 30.3 cm, 태이: 31.5 cm
따라서 낚은 물고기의 길이가 30.3 cm 이상인 사람은 규리, 태이입니다.

2 200 이하인 수는 200과 같거나 작은 수입니다.
예지: 199회, 민우: 207회, 준기: 201회, 수아: 189회
따라서 줄넘기 대회에 참가할 수 없는 사람은 예지, 수아입니다.

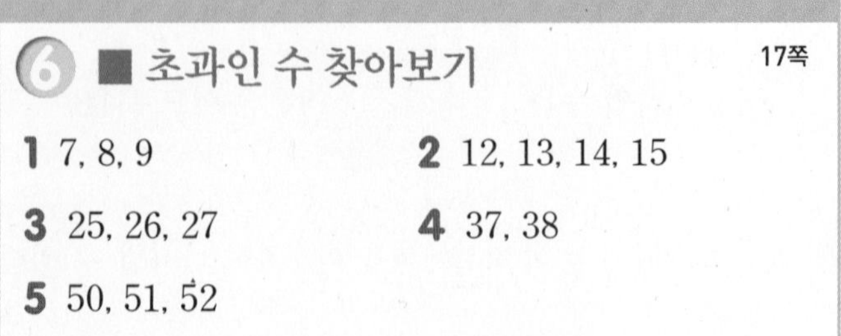

⑥ ■ 초과인 수 찾아보기 17쪽

1 7, 8, 9 **2** 12, 13, 14, 15

3 25, 26, 27 **4** 37, 38

5 50, 51, 52

1~5 ■ 초과인 수는 ■보다 큰 수입니다.

7 ■ 미만인 수 찾아보기 17쪽

1 4, 5, 6 **2** 9, 10, 11, 12
3 26, 27, 28 **4** 45, 46, 47
5 54, 55, 56

1~5 ■ 미만인 수는 ■보다 작은 수입니다.

8 ■ 초과와 ▲ 미만인 수 찾아보기 18쪽

1 61, 26, 33, 24에 ○표 / 11, 16, 2에 △표
2 60, 51, 35에 ○표 / 3, 15에 △표
3 77, 65, 80에 ○표 / 25, 17, 5에 △표
4 99, 93에 ○표 / 54, 74, 37, 47에 △표

9 수직선에 나타내기(2) 18쪽

1 10 11 12 13 14 15 16 17 18
2 29 30 31 32 33 34 35 36 37
3 50 51 52 53 54 55 56 57 58
4 60 61 62 63 64 65 66 67 68
5 66 67 68 69 70 71 72 73 74

10 초과와 미만인 수의 활용 19쪽

1 수호, 민영, 아인
2 (　　) (　　) (○)
3 3대

1 40 미만인 수는 40보다 작은 수입니다. 따라서 윗몸 말아 올리기 횟수가 40회보다 적은 학생은 수호, 민영, 아인입니다.

2 16인승 이하에는 7인승과 16인승이 포함되고, 2.5 t 미만에는 2.5 t이 포함되지 않습니다.

3 45 초과인 수는 45보다 큰 수입니다. 따라서 45명보다 많은 사람이 탄 버스는 다, 라, 마로 모두 3대입니다.

11 수의 범위 알아보기 19쪽

1 11, 12, 13, 14, 15 **2** 19, 20, 21, 22
3 42, 43, 44, 45, 46, 47 **4** 55, 56, 57, 58, 59
5 85, 86, 87, 88, 89, 90

1 ■ 이상 ▲ 이하인 수는 ■와 같거나 크고, ▲와 같거나 작은 수입니다.

2 ■ 이상 ▲ 미만인 수는 ■와 같거나 크고, ▲보다 작은 수입니다.

3 ■ 초과 ▲ 이하인 수는 ■보다 크고, ▲와 같거나 작은 수입니다.

4 ■ 초과 ▲ 미만인 수는 ■보다 크고, ▲보다 작은 수입니다.

12 집 찾기 20쪽

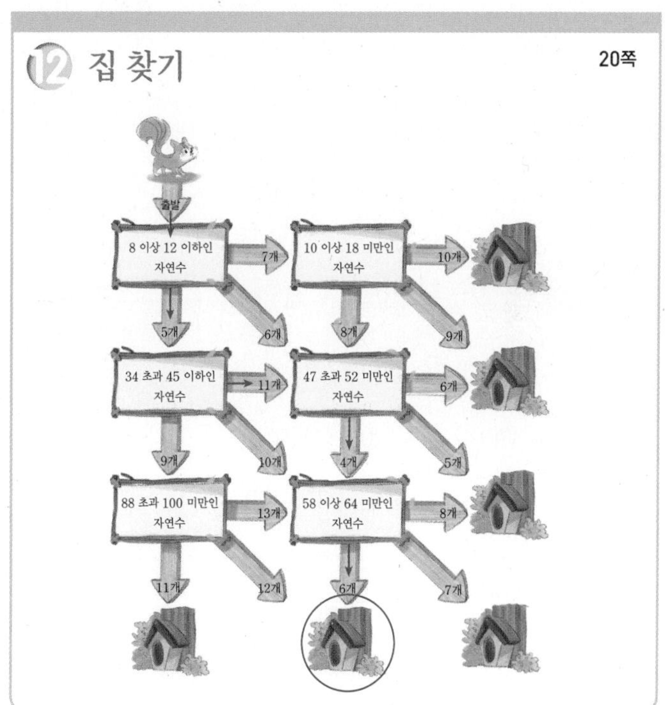

8 이상 12 이하인 자연수는 8, 9, 10, 11, 12이므로 모두 5개입니다.
➡ 34 초과 45 이하인 자연수는 35, 36, 37, 38, 39, 40, 41, 42, 43, 44, 45이므로 모두 11개입니다.
➡ 47 초과 52 미만인 자연수는 48, 49, 50, 51이므로 모두 4개입니다.
➡ 58 이상 64 미만인 자연수는 58, 59, 60, 61, 62, 63이므로 모두 6개입니다.

13 수직선에 나타내기(3) 21쪽

1 1 2 3 4 5 6 7 8 9

2 20 21 22 23 24 25 26 27 28

3 33 34 35 36 37 38 39 40 41

4 45 46 47 48 49 50 51 52 53

5 66 67 68 69 70 71 72 73 74

14 수의 범위를 활용하여 문제 해결하기 21쪽

1 태원, 기훈 **2** 15점 / 10점

3 오존 중대 경보

1 몸무게가 48 kg보다 무겁고 52 kg과 같거나 가벼운 사람을 찾으면 태원, 기훈입니다.

2 150은 150 이상에 속하므로 영채는 15점을, 127은 100 이상 150 미만에 속하므로 민지는 10점을 받습니다.

3 0.5는 0.5 이상에 포함되므로 오존 중대 경보가 발령됩니다.

4 올림, 버림, 반올림 알아보기 23쪽

① (위에서부터) 760, 800 / 840, 900

② (위에서부터) 470, 400 / 960, 900

③ (위에서부터) 2660, 2700, 3000 / 3110, 3100, 3000

④ ① 300, <, 320 ② 300, <, 340
③ 5200, >, 5180

1 • 752를 올림하여 십의 자리까지 나타내기 위하여 십의 자리 아래 수인 2를 10으로 보고 올림하면 760, 올림하여 백의 자리까지 나타내기 위하여 백의 자리 아래 수인 52를 100으로 보고 올림하면 800이 됩니다.
• 836을 올림하여 십의 자리까지 나타내기 위하여 십의 자리 아래 수인 6을 10으로 보고 올림하면 840, 올림하여 백의 자리까지 나타내기 위하여 백의 자리 아래 수인 36을 100으로 보고 올림하면 900이 됩니다.

2 • 479를 버림하여 십의 자리까지 나타내기 위하여 십의 자리 아래 수인 9를 0으로 보고 버림하면 470, 버림하여 백의 자리까지 나타내기 위하여 백의 자리 아래 수인 79를 0으로 보고 버림하면 400이 됩니다.
• 963을 버림하여 십의 자리까지 나타내기 위하여 십의 자리 아래 수인 3을 0으로 보고 버림하면 960, 버림하여 백의 자리까지 나타내기 위하여 백의 자리 아래 수인 63을 0으로 보고 버림하면 900이 됩니다.

3 • 2658을 반올림하여 십의 자리까지 나타내면 일의 자리 숫자가 8이므로 올림하여 2660, 반올림하여 백의 자리까지 나타내면 십의 자리 숫자가 5이므로 올림하여 2700, 반올림하여 천의 자리까지 나타내면 백의 자리 숫자가 6이므로 올림하여 3000이 됩니다.
• 3107을 반올림하여 십의 자리까지 나타내면 일의 자리 숫자가 7이므로 올림하여 3110, 반올림하여 백의 자리까지 나타내면 십의 자리 숫자가 0이므로 버림하여 3100, 반올림하여 천의 자리까지 나타내면 백의 자리 숫자가 1이므로 버림하여 3000이 됩니다.

5 올림, 버림, 반올림을 활용하여 문제 해결하기 25쪽

① ① 올림 ② 4대

② ① 41봉지 ② 4상자

③ 104, 112, 136

1 ② 100상자씩 3대에 실으면 14상자가 남으므로 최소 3+1=4(대)가 필요합니다.

2 ① 10개가 안 되는 초콜릿은 포장할 수 없으므로 버림하여 나타냅니다. 10개씩 포장하면 41봉지가 되고 6개가 남습니다.
② 100개씩 포장하면 4상자가 되고 16개가 남습니다.

기본기 강화 문제

15 올림하여 주어진 자리까지 나타내기 26쪽

1 330, 400 **2** 520, 600

3 4590, 4600, 5000 **4** 7630, 7700, 8000

5 2.4, 2.35 **6** 8.2, 8.18

16 올림한 수의 크기 비교하기 26쪽

1 ㉠ 230 ㉡ 300 / ㉡ **2** ㉠ 3200 ㉡ 3240 / ㉡

3 ㉠ 4.62 ㉡ 4.7 / ㉡ **4** ㉠ 6.7 ㉡ 6.69 / ㉠

17 버림하여 주어진 자리까지 나타내기 27쪽

1 130, 100 **2** 450, 400

3 2500, 2500, 2000 **4** 4720, 4700, 4000

5 3.5, 3.54 **6** 7.1, 7.12

18 버림한 수의 크기 비교하기 27쪽

1 ㉠ 260 ㉡ 200 / ㉡ **2** ㉠ 3000 ㉡ 3800 / ㉠

3 ㉠ 2.1 ㉡ 2.71 / ㉠ **4** ㉠ 7.31 ㉡ 7.3 / ㉡

19 반올림하여 주어진 자리까지 나타내기 28쪽

1 2300, 2300, 2000

2 3630, 3600, 4000

3 15080, 15100, 15000, 20000

4 45260, 45300, 45000, 50000

5 2.5, 2.52 **6** 4.1, 4.14

20 반올림한 수의 크기 비교하기 28쪽

1 180, =, 180 **2** 2420, >, 2400

3 35000, <, 35400 **4** 5.4, =, 5.4

5 7.89, <, 7.9

21 어림한 수를 빈칸에 써넣기 29쪽

1 (왼쪽에서부터) 14590, 14600, 15000

2 (왼쪽에서부터) 29000, 29400, 29490

3 (왼쪽에서부터) 71440, 71500 / 72000

1 14592를 반올림하여 십의 자리까지 나타내면
14592 ➡ 14590입니다.
14590을 올림하여 백의 자리까지 나타내면
14590 ➡ 14600입니다.
14600을 올림하여 천의 자리까지 나타내면
14600 ➡ 15000입니다.

2 29485를 반올림하여 십의 자리까지 나타내면
29485 ➡ 29490입니다.
29490을 버림하여 백의 자리까지 나타내면
29490 ➡ 29400입니다.
29400을 버림하여 천의 자리까지 나타내면
29400 ➡ 29000입니다.

3 71445를 버림하여 십의 자리까지 나타내면
71445 ➡ 71440입니다.
71445를 올림하여 백의 자리까지 나타내면
71445 ➡ 71500입니다.
71500을 반올림하여 천의 자리까지 나타내면
71500 ➡ 72000입니다.

22 조건을 만족하는 수 찾아보기 30쪽

1 1442, 1449에 ○표 **2** 2399, 2301에 ○표

3 34707, 35026에 ○표 **4** 5.261, 5.248에 ○표

5 8.147, 8.152에 ○표

1 주어진 수를 올림하여 십의 자리까지 나타내면 다음과 같습니다.
1442 ➡ 1450, 1451 ➡ 1460,
1449 ➡ 1450, 1457 ➡ 1460

2 주어진 수를 버림하여 백의 자리까지 나타내면 다음과 같습니다.
2401 ➡ 2400, 2399 ➡ 2300,
2301 ➡ 2300, 2298 ➡ 2200

3 주어진 수를 반올림하여 천의 자리까지 나타내면 다음과 같습니다.
34707 ➡ 35000, 34167 ➡ 34000,
35832 ➡ 36000, 35026 ➡ 35000

4 주어진 수를 올림하여 소수 첫째 자리까지 나타내면 다음과 같습니다.
5.261 ➡ 5.3, 5.349 ➡ 5.4,
5.248 ➡ 5.3, 5.394 ➡ 5.4

5 주어진 수를 반올림하여 소수 둘째 자리까지 나타내면 다음과 같습니다.
8.144 ➡ 8.14, 8.147 ➡ 8.15,
8.152 ➡ 8.15, 8.159 ➡ 8.16

23 올림을 활용한 문제 해결하기 30쪽

1 18번 **2** 3상자
3 1200개 **4** 150000원

1 10명씩 17번 운행하면 4명이 남으므로 최소 17+1=18(번) 운행해야 합니다.

2 10개씩 2상자이면 20개이므로 8개가 모자랍니다. 따라서 최소 3상자가 필요합니다.

3 100개씩 묶음으로만 팔므로 올림하여 백의 자리까지 나타내면 1148 ➡ 1200(개)를 사야 합니다.

4 2척을 빌리면 3명이 남으므로 3척을 빌려야 합니다. 따라서 50000×3=150000(원)이 필요합니다.

24 버림을 활용한 문제 해결하기 31쪽

1 71상자 **2** 14상자
3 6상자 **4** 56000원

1 사과를 한 상자에 10개씩 담으면 71상자에 10개씩 담고 2개가 남습니다. 따라서 상자에 담아서 팔 수 있는 사과는 최대 71상자입니다.

2 구슬을 한 상자에 100개씩 담으면 14상자에 100개씩 담고 37개가 남습니다. 따라서 상자에 담아서 팔 수 있는 구슬은 최대 14상자입니다.

3 1 m=100 cm이므로 628 cm를 버림하여 백의 자리까지 나타내면 600 cm입니다. 따라서 포장할 수 있는 상자는 최대 6상자입니다.

4 56120을 버림하여 천의 자리까지 나타내면 56000이므로 바꿀 수 있는 돈은 최대 56000원입니다.

25 반올림을 활용한 문제 해결하기 31쪽

1 11.8 cm / 12 cm **2** 6350 km
3 3560송이 **4** 9800

1 연필의 실제 길이는 11.8 cm입니다. 11.8을 반올림하여 일의 자리까지 나타내면 소수 첫째 자리 숫자가 8이므로 올림하여 12가 됩니다. ➡ 12 cm

2 6352를 반올림하여 십의 자리까지 나타내면 일의 자리 숫자가 2이므로 버림하여 6350이 됩니다. ➡ 6350 km

3 (꽃밭에 피어 있는 개나리와 진달래의 수의 합)
=2347+1212=3559(송이)
꽃밭에 피어 있는 개나리와 진달래의 수의 합 3559를 반올림하여 십의 자리까지 나타내면 일의 자리 숫자가 9이므로 올림하여 3560이 됩니다. ➡ 3560송이

4 9>7>6>3이므로 만들 수 있는 가장 큰 네 자리 수는 9763입니다. 9763을 반올림하여 백의 자리까지 나타내면 십의 자리 숫자가 6이므로 올림하여 9800이 됩니다.

26 처음 자연수 찾아보기 32쪽

1 3 **2** 5
3 7 **4** 6

1 올림하여 십의 자리까지 나타내면 30이므로 올림하기 전의 자연수는 21부터 30까지의 수 중에 하나입니다.
이 수는 ○에 8을 곱해 나온 수이므로 21부터 30까지 수 중에서 8의 배수를 찾으면 24입니다.
○×8=24이므로 ○=3입니다.

2 버림하여 십의 자리까지 나타내면 40이므로 버림하기 전의 자연수는 40부터 49까지의 수 중에 하나입니다.
이 수는 ○에 9를 곱해 나온 수이므로 40부터 49까지 수 중에서 9의 배수를 찾으면 45입니다.
○×9=45이므로 ○=5입니다.

3 반올림하여 십의 자리까지 나타내면 50이므로 반올림하기 전의 자연수는 45부터 54까지의 수 중에 하나입니다.
이 수는 ○에 7을 곱해 나온 수이므로 45부터 54까지 수 중에서 7의 배수를 찾으면 49입니다.
○×7=49이므로 ○=7입니다.

4 반올림하여 십의 자리까지 나타내면 70이므로 반올림하기 전의 자연수는 65부터 74까지의 수 중에 하나입니다. 이 수는 ○에 11을 곱해 나온 수이므로 65부터 74까지 수 중에서 11의 배수를 찾으면 66입니다.
○×11=66이므로 ○=6입니다.

단원 평가 33~35쪽

1 이상, 이하 **2** 영서, 유민
3 기준 **4** 28 이상인 수
5 (수직선: 35 36 37 38 39 40 41 42 43, 38에 ●, 41에 ○)
6 8개
7 (위에서부터) 37100, 40000 / 60100, 70000
8 23.65 / 23.64 / 23.65 **9** 언니, 서진, 동생
10 3명 **11** 승채, 예진
12 1, 4 **13** 8000원
14 350000명 **15** 3 km
16 4개 **17** 19번
18 1460 **19** 55
20 315

2 키가 145 cm보다 큰 학생을 찾아봅니다.

주의 145 cm 초과이므로 145 cm는 포함되지 않습니다.

3 키가 139 cm보다 작은 학생을 찾아봅니다.

4 28에 ●으로 표시하고 오른쪽으로 선을 그었으므로 28과 같거나 큰 수입니다.

5 38은 포함되므로 ●을 이용하여 나타내고, 41은 포함되지 않으므로 ○을 이용하여 나타냅니다.

6 43보다 크고 52보다 작은 자연수는 44, 45, 46, 47, 48, 49, 50, 51이므로 모두 8개입니다.

7 • 37052 ➡ 37100, 37052 ➡ 40000
• 60043 ➡ 60100, 60043 ➡ 70000

9 나이가 15살과 같거나 많은 사람만 볼 수 있으므로 연극을 볼 수 없는 사람은 언니, 서진, 동생입니다.

10 몸무게가 50 kg보다 무겁고 55 kg과 같거나 가벼운 사람은 진욱, 민우, 휘준으로 모두 3명입니다.

11 수를 버림하여 백의 자리까지 나타내면 다음과 같습니다.
지윤: 764 ➡ 700, 승채: 53271 ➡ 53200,
선우: 8532 ➡ 8500, 희재: 1840 ➡ 1800,
예진: 26938 ➡ 26900

12 올림하여 백의 자리까지 나타내면 1500이 될 수 있는 수는 1400 초과 1500 이하인 수이므로 사물함 자물쇠의 비밀번호는 1487입니다.

13 100원짜리 동전이 83개이면 8300원입니다. 1000원이 안 되는 돈은 1000원짜리 지폐로 바꿀 수 없으므로 버림하여 나타내면 8000원입니다.

14 은아네 도시의 인구수 345087을 반올림하여 만의 자리까지 나타내면 천의 자리 숫자가 5이므로 올림하여 350000이 됩니다. ➡ 350000명

15 (아영이네 집~학교~도서관)=1.7+1.5=3.2(km)
3.2를 반올림하여 일의 자리까지 나타내면 소수 첫째 자리 숫자가 2이므로 버림하여 3이 됩니다. ➡ 3 km

16 자연수 부분에는 6, 7, 소수 첫째 자리에는 3, 4를 쓸 수 있습니다. 따라서 조건을 만족하는 소수 한 자리 수는 6.3, 6.4, 7.3, 7.4이므로 모두 4개입니다.

17 10명씩 18번 타면 7명이 남으므로 최소 18+1=19(번)에 나누어 타야 합니다.

18 1<4<5<8이므로 만들 수 있는 가장 작은 네 자리 수는 1458입니다. 1458을 반올림하여 십의 자리까지 나타내면 일의 자리 숫자가 8이므로 올림하여 1460이 됩니다.

서술형
19 8 초과 13 이하인 자연수는 9, 10, 11, 12, 13이므로 모두 더하면 9+10+11+12+13=55입니다.

평가 기준	배점(5점)
8 초과 13 이하인 자연수를 모두 구했나요?	3점
8 초과 13 이하인 자연수를 모두 더하면 얼마인지 구했나요?	2점

서술형
20 반올림하여 십의 자리까지 나타내면 320이 되는 자연수는 315, 316, 317, 318, 319, 320, 321, 322, 323, 324이므로 가장 작은 수는 315입니다.

평가 기준	배점(5점)
반올림하여 십의 자리까지 나타내면 320이 되는 자연수를 모두 구했나요?	3점
반올림하여 십의 자리까지 나타내면 320이 되는 자연수 중 가장 작은 수를 구했나요?	2점

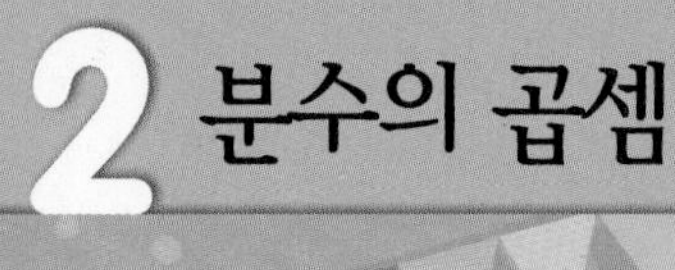

2 분수의 곱셈

친구들이 서아의 생일잔치를 준비하고 있어요. 친구들이 주스와 현수막을 준비했네요.
□ 안에 알맞은 수를 써넣으세요.

1 (분수)×(자연수) 39쪽

① $4, \frac{8}{3}, 2\frac{2}{3}$

② 방법 1 (위에서부터) $7, 2, 7, 3\frac{1}{2}$

방법 2 (위에서부터) $1, 2, \frac{7}{2}, 3\frac{1}{2}$

방법 3 (위에서부터) $1, 2, \frac{7}{2}, 3\frac{1}{2}$

③ 방법 1 $\frac{1}{5}, 4, 5, 4\frac{4}{5}$

방법 2 $6, \frac{24}{5}, 4\frac{4}{5}$

2 약분하는 순서에 따라 계산 방법이 달라집니다.

3 방법 1 대분수를 자연수와 진분수의 합으로 바꾸어 계산합니다.

방법 2 대분수를 가분수로 바꾸어 계산합니다.

2 (자연수)×(분수) 41쪽

① 은지, 수아

② ① $\overset{5}{\cancel{25}}\times\frac{7}{\underset{2}{\cancel{10}}}=\frac{35}{2}=17\frac{1}{2}$

② $\overset{2}{\cancel{14}}\times\frac{8}{\underset{3}{\cancel{21}}}=\frac{16}{3}=5\frac{1}{3}$

③ ① $5\times1\frac{3}{10}=\overset{1}{\cancel{5}}\times\frac{13}{\underset{2}{\cancel{10}}}=\frac{13}{2}=6\frac{1}{2}$

② $18\times1\frac{1}{8}=\overset{9}{\cancel{18}}\times\frac{9}{\underset{4}{\cancel{8}}}=\frac{81}{4}=20\frac{1}{4}$

④ ① $5\frac{1}{7}$ ② $1\frac{1}{3}$ ③ $10\frac{1}{2}$ ④ $11\frac{1}{3}$

1 어떤 수에 진분수를 곱하면 계산 결과는 어떤 수보다 작습니다.

태민: $10\times\frac{2}{5}$는 10보다 작습니다.

4 ① $\overset{4}{\cancel{8}}\times\frac{9}{\underset{7}{\cancel{14}}}=\frac{36}{7}=5\frac{1}{7}$

② $\overset{1}{\cancel{3}}\times\frac{4}{\underset{3}{\cancel{9}}}=\frac{4}{3}=1\frac{1}{3}$

③ $6\times1\frac{3}{4}=\overset{3}{\cancel{6}}\times\frac{7}{\underset{2}{\cancel{4}}}=\frac{21}{2}=10\frac{1}{2}$

④ $5\times2\frac{4}{15}=\overset{1}{\cancel{5}}\times\frac{34}{\underset{3}{\cancel{15}}}=\frac{34}{3}=11\frac{1}{3}$

기본기 강화 문제

① 곱셈을 덧셈으로 나타내어 (진분수)×(자연수) 계산하기 42쪽

1 3, 3, $1\frac{1}{2}$ **2** 5, 10, $3\frac{1}{3}$

3 4, 12, $2\frac{2}{5}$ **4** 6, 24, $3\frac{3}{7}$

② (진분수)×(자연수)의 계산 방법 익히기 42쪽

1 7, 7, $2\frac{1}{3}$ **2** 9, 27, $6\frac{3}{4}$

3 8, 16, $3\frac{1}{5}$ **4** 5, 25, $4\frac{1}{6}$

5 8, 16, $2\frac{2}{7}$ **6** 11, 77, $9\frac{5}{8}$

7 13, 65, $7\frac{2}{9}$ **8** 9, 81, $8\frac{1}{10}$

③ (진분수)×(자연수)를 여러 가지 방법으로 계산하기 43쪽

1 방법 1 $\frac{3}{4}\times2=\frac{3\times2}{4}=\frac{\overset{3}{\cancel{6}}}{\underset{2}{\cancel{4}}}=\frac{3}{2}=1\frac{1}{2}$

방법 2 $\frac{3}{4}\times2=\frac{3\times\overset{1}{\cancel{2}}}{\underset{2}{\cancel{4}}}=\frac{3}{2}=1\frac{1}{2}$

방법 3 $\frac{3}{\underset{2}{\cancel{4}}}\times\overset{1}{\cancel{2}}=\frac{3}{2}=1\frac{1}{2}$

2 방법 1 $\frac{2}{9}\times6=\frac{2\times6}{9}=\frac{\overset{4}{\cancel{12}}}{\underset{3}{\cancel{9}}}=\frac{4}{3}=1\frac{1}{3}$

방법 2 $\frac{2}{9}\times6=\frac{2\times\overset{2}{\cancel{6}}}{\underset{3}{\cancel{9}}}=\frac{4}{3}=1\frac{1}{3}$

방법 3 $\frac{2}{\underset{3}{\cancel{9}}}\times\overset{2}{\cancel{6}}=\frac{4}{3}=1\frac{1}{3}$

④ (진분수)×(자연수)의 계산 연습 43쪽

1 $\frac{5}{7}$ **2** 10 **3** 14

4 $3\frac{1}{3}$ **5** $3\frac{1}{13}$ **6** $1\frac{5}{7}$

7 $6\frac{3}{4}$ **8** $7\frac{1}{3}$

1 $\frac{1}{7}\times5=\frac{1\times5}{7}=\frac{5}{7}$

2 $\frac{5}{6}\times12=\frac{5\times\overset{2}{\cancel{12}}}{\underset{1}{\cancel{6}}}=10$

3 $\frac{7}{8}\times16=\frac{7\times\overset{2}{\cancel{16}}}{\underset{1}{\cancel{8}}}=14$

4 $\frac{5}{12}\times8=\frac{5\times\overset{2}{\cancel{8}}}{\underset{3}{\cancel{12}}}=\frac{10}{3}=3\frac{1}{3}$

5 $\frac{10}{13}\times4=\frac{10\times4}{13}=\frac{40}{13}=3\frac{1}{13}$

6 $\frac{3}{14}\times8=\frac{3\times\overset{4}{\cancel{8}}}{\underset{7}{\cancel{14}}}=\frac{12}{7}=1\frac{5}{7}$

7 $\frac{9}{20}\times15=\frac{9\times\overset{3}{\cancel{15}}}{\underset{4}{\cancel{20}}}=\frac{27}{4}=6\frac{3}{4}$

8 $\frac{11}{24}\times16=\frac{11\times\overset{2}{\cancel{16}}}{\underset{3}{\cancel{24}}}=\frac{22}{3}=7\frac{1}{3}$

5 (대분수)×(자연수)를 두 가지 방법으로 계산하기 44쪽

1 방법 1 $2\frac{1}{3}\times5=(2\times5)+\left(\frac{1}{3}\times5\right)=10+\frac{5}{3}$
$=10+1\frac{2}{3}=11\frac{2}{3}$

방법 2 $2\frac{1}{3}\times5=\frac{7}{3}\times5=\frac{7\times5}{3}=\frac{35}{3}=11\frac{2}{3}$

2 방법 1 $1\frac{1}{6}\times4=(1\times4)+\left(\frac{1}{6}\times4\right)=4+\frac{\cancel{4}^{2}}{\cancel{6}_{3}}$
$=4+\frac{2}{3}=4\frac{2}{3}$

방법 2 $1\frac{1}{6}\times4=\frac{7}{6}\times4=\frac{7\times\cancel{4}^{2}}{\cancel{6}_{3}}=\frac{14}{3}=4\frac{2}{3}$

6 (대분수)×(자연수)의 계산 연습 44쪽

1 $4\frac{1}{2}$ **2** $9\frac{1}{3}$ **3** $14\frac{1}{2}$

4 33 **5** $8\frac{1}{2}$ **6** 42

7 $22\frac{1}{5}$ **8** $18\frac{2}{5}$

1 $1\frac{1}{2}\times3=\frac{3}{2}\times3=\frac{3\times3}{2}=\frac{9}{2}=4\frac{1}{2}$

2 $2\frac{1}{3}\times4=\frac{7}{3}\times4=\frac{7\times4}{3}=\frac{28}{3}=9\frac{1}{3}$

3 $4\frac{5}{6}\times3=\frac{29}{\cancel{6}_{2}}\times\cancel{3}^{1}=\frac{29}{2}=14\frac{1}{2}$

4 $2\frac{3}{4}\times12=\frac{11}{\cancel{4}_{1}}\times\cancel{12}^{3}=33$

5 $1\frac{5}{12}\times6=\frac{17}{\cancel{12}_{2}}\times\cancel{6}^{1}=\frac{17}{2}=8\frac{1}{2}$

6 $2\frac{1}{10}\times20=\frac{21}{\cancel{10}_{1}}\times\cancel{20}^{2}=42$

7 $2\frac{7}{15}\times9=\frac{37}{\cancel{15}_{5}}\times\cancel{9}^{3}=\frac{111}{5}=22\frac{1}{5}$

8 $1\frac{3}{20}\times16=\frac{23}{\cancel{20}_{5}}\times\cancel{16}^{4}=\frac{92}{5}=18\frac{2}{5}$

7 사다리 타기 45쪽

1 $1\frac{1}{3}$, $1\frac{5}{7}$, 2 **2** 13, $13\frac{3}{4}$, $16\frac{1}{2}$

1

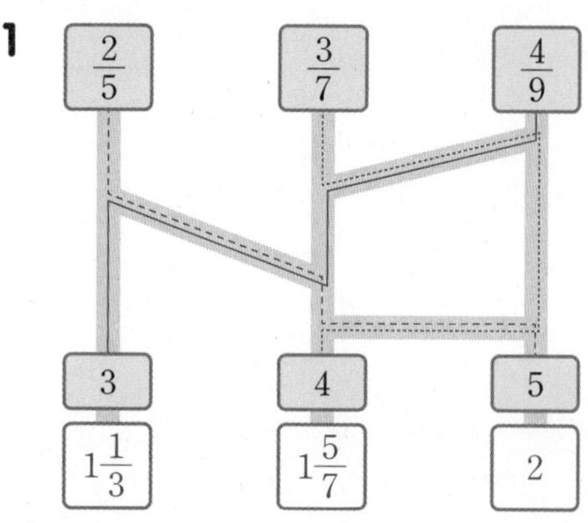

$\frac{2}{5}\times5=\frac{2\times5}{5}=\frac{\cancel{10}^{2}}{\cancel{5}_{1}}=2$

$\frac{3}{7}\times4=\frac{3\times4}{7}=\frac{12}{7}=1\frac{5}{7}$

$\frac{4}{9}\times3=\frac{4\times3}{9}=\frac{\cancel{12}^{4}}{\cancel{9}_{3}}=\frac{4}{3}=1\frac{1}{3}$

2

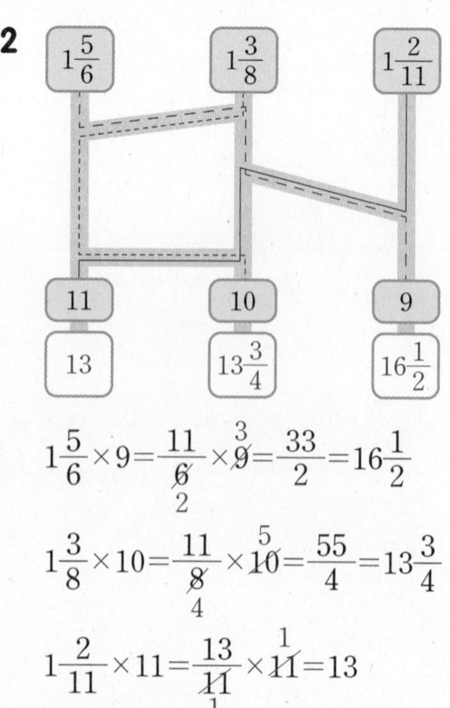

$1\frac{5}{6}\times9=\frac{11}{\cancel{6}_{2}}\times\cancel{9}^{3}=\frac{33}{2}=16\frac{1}{2}$

$1\frac{3}{8}\times10=\frac{11}{\cancel{8}_{4}}\times\cancel{10}^{5}=\frac{55}{4}=13\frac{3}{4}$

$1\frac{2}{11}\times11=\frac{13}{\cancel{11}_{1}}\times\cancel{11}^{1}=13$

8 (자연수)×(진분수)의 계산 방법 익히기 46쪽

1 2, 2 **2** 3, 6

3 4, 16, $3\frac{1}{5}$ **4** 3, 15, $1\frac{7}{8}$

5 5, 15, $3\frac{3}{4}$ **6** 7, 56, $6\frac{2}{9}$

7 2, 8 **8** 8, 24, $1\frac{11}{13}$

9 (자연수)×(진분수)를 여러 가지 방법으로 계산하기 46쪽

1 방법 1 $6\times\frac{7}{10}=\frac{6\times7}{10}=\frac{\overset{21}{\cancel{42}}}{\underset{5}{\cancel{10}}}=\frac{21}{5}=4\frac{1}{5}$

방법 2 $6\times\frac{7}{10}=\frac{\overset{3}{\cancel{6}}\times7}{\underset{5}{\cancel{10}}}=\frac{21}{5}=4\frac{1}{5}$

방법 3 $\overset{3}{\cancel{6}}\times\frac{7}{\underset{5}{\cancel{10}}}=\frac{21}{5}=4\frac{1}{5}$

2 방법 1 $3\times\frac{5}{12}=\frac{3\times5}{12}=\frac{\overset{5}{\cancel{15}}}{\underset{4}{\cancel{12}}}=\frac{5}{4}=1\frac{1}{4}$

방법 2 $3\times\frac{5}{12}=\frac{\overset{1}{\cancel{3}}\times5}{\underset{4}{\cancel{12}}}=\frac{5}{4}=1\frac{1}{4}$

방법 3 $\overset{1}{\cancel{3}}\times\frac{5}{\underset{4}{\cancel{12}}}=\frac{5}{4}=1\frac{1}{4}$

10 (자연수)×(진분수)의 계산 연습 47쪽

1 $\frac{9}{10}$ **2** $2\frac{1}{2}$ **3** 10

4 $\frac{2}{3}$ **5** $3\frac{1}{3}$ **6** $2\frac{1}{3}$

7 9 **8** $10\frac{4}{5}$

1 $3\times\frac{3}{10}=\frac{3\times3}{10}=\frac{9}{10}$

2 $\overset{1}{\cancel{4}}\times\frac{5}{\underset{2}{\cancel{8}}}=\frac{5}{2}=2\frac{1}{2}$

3 $\overset{2}{\cancel{12}}\times\frac{5}{\underset{1}{\cancel{6}}}=10$

4 $\overset{2}{\cancel{6}}\times\frac{1}{\underset{3}{\cancel{9}}}=\frac{2}{3}$

5 $\overset{2}{\cancel{8}}\times\frac{5}{\underset{3}{\cancel{12}}}=\frac{10}{3}=3\frac{1}{3}$

6 $\overset{1}{\cancel{5}}\times\frac{7}{\underset{3}{\cancel{15}}}=\frac{7}{3}=2\frac{1}{3}$

7 $\overset{3}{\cancel{21}}\times\frac{3}{\underset{1}{\cancel{7}}}=9$

8 $\overset{6}{\cancel{12}}\times\frac{9}{\underset{5}{\cancel{10}}}=\frac{54}{5}=10\frac{4}{5}$

11 (자연수)×(대분수)를 두 가지 방법으로 계산하기 47쪽

1 방법 1 $2\times1\frac{2}{7}=(2\times1)+\left(2\times\frac{2}{7}\right)=2+\frac{4}{7}=2\frac{4}{7}$

방법 2 $2\times1\frac{2}{7}=2\times\frac{9}{7}=\frac{2\times9}{7}=\frac{18}{7}=2\frac{4}{7}$

2 방법 1 $6\times2\frac{8}{9}=(6\times2)+\left(6\times\frac{8}{9}\right)=12+\frac{\overset{16}{\cancel{48}}}{\underset{3}{\cancel{9}}}$

$=12+\frac{16}{3}=12+5\frac{1}{3}=17\frac{1}{3}$

방법 2 $6\times2\frac{8}{9}=6\times\frac{26}{9}=\frac{\overset{2}{\cancel{6}}\times26}{\underset{3}{\cancel{9}}}=\frac{52}{3}=17\frac{1}{3}$

12 (자연수)×(대분수)의 계산 연습 48쪽

1 $2\frac{1}{2}$ **2** $6\frac{2}{3}$ **3** $5\frac{1}{2}$

4 $6\frac{1}{2}$ **5** $8\frac{2}{3}$ **6** $12\frac{1}{2}$

7 39 **8** 32

1 $2\times1\frac{1}{4}=2\times\frac{5}{4}=\frac{\overset{1}{\cancel{2}}\times5}{\underset{2}{\cancel{4}}}=\frac{5}{2}=2\frac{1}{2}$

2 $2\times3\frac{1}{3}=2\times\frac{10}{3}=\frac{2\times10}{3}=\frac{20}{3}=6\frac{2}{3}$

3 $3\times1\frac{5}{6}=3\times\frac{11}{6}=\frac{\overset{1}{\cancel{3}}\times11}{\underset{2}{\cancel{6}}}=\frac{11}{2}=5\frac{1}{2}$

4 $5\times1\frac{3}{10}=5\times\frac{13}{10}=\frac{\overset{1}{\cancel{5}}\times13}{\underset{2}{\cancel{10}}}=\frac{13}{2}=6\frac{1}{2}$

5 $4\times2\frac{1}{6}=4\times\frac{13}{6}=\frac{\overset{2}{\cancel{4}}\times13}{\underset{3}{\cancel{6}}}=\frac{26}{3}=8\frac{2}{3}$

6 $6\times2\frac{1}{12}=6\times\frac{25}{12}=\frac{\overset{1}{\cancel{6}}\times25}{\underset{2}{\cancel{12}}}=\frac{25}{2}=12\frac{1}{2}$

7 $15\times2\frac{3}{5}=15\times\frac{13}{5}=\frac{\overset{3}{\cancel{15}}\times13}{\underset{1}{\cancel{5}}}=39$

8 $18\times1\frac{7}{9}=18\times\frac{16}{9}=\frac{\overset{2}{\cancel{18}}\times16}{\underset{1}{\cancel{9}}}=32$

13 계산 결과 비교하기(1) 48쪽

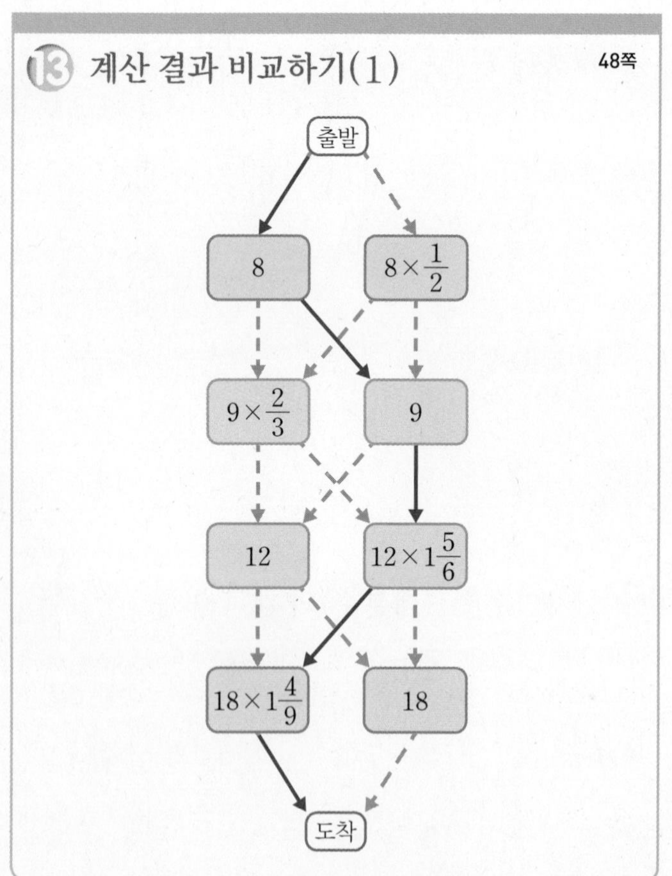

$\overset{4}{\cancel{8}}\times\frac{1}{\underset{1}{\cancel{2}}}=4$이므로 $8>4$입니다.

$\overset{3}{\cancel{9}}\times\frac{2}{\underset{1}{\cancel{3}}}=6$이므로 $6<9$입니다.

$12\times1\frac{5}{6}=\overset{2}{\cancel{12}}\times\frac{11}{\underset{1}{\cancel{6}}}=22$이므로 $12<22$입니다.

$18\times1\frac{4}{9}=\overset{2}{\cancel{18}}\times\frac{13}{\underset{1}{\cancel{9}}}=26$이므로 $26>18$입니다.

참고 • 자연수에 진분수를 곱하면 곱한 결과는 그 자연수보다 작습니다.
• 자연수에 대분수를 곱하면 곱한 결과는 그 자연수보다 큽니다.

14 계산 결과 비교하기(2) 49쪽

1 ㉣ **2** ㉢ **3** ㉡
4 ㉡ **5** ㉣

1 곱해지는 수가 2로 같으므로 곱하는 수가 클수록 계산 결과가 큽니다. $2\frac{2}{5}>2>1\frac{1}{3}>\frac{1}{7}$이므로 계산 결과가 가장 큰 것은 ㉣입니다.

2 곱해지는 수가 3으로 같으므로 곱하는 수가 클수록 계산 결과가 큽니다. $4\frac{1}{2}>2\frac{1}{6}>1\frac{4}{7}>1$이므로 계산 결과가 가장 큰 것은 ㉢입니다.

3 곱해지는 수가 4로 같으므로 곱하는 수가 클수록 계산 결과가 큽니다. $3\frac{1}{4}>3\frac{1}{8}>1\frac{2}{3}>\frac{5}{9}$이므로 계산 결과가 가장 큰 것은 ㉡입니다.

4 곱해지는 수가 6으로 같으므로 곱하는 수가 클수록 계산 결과가 큽니다. $3>2\frac{8}{9}>2\frac{3}{4}>1\frac{1}{5}$이므로 계산 결과가 가장 큰 것은 ㉡입니다.

5 곱해지는 수가 8로 같으므로 곱하는 수가 클수록 계산 결과가 큽니다. $4\frac{2}{7}>4\frac{1}{5}>1\frac{4}{5}>1\frac{1}{3}$이므로 계산 결과가 가장 큰 것은 ㉣입니다.

15 분수의 곱셈의 활용(1) 49쪽

1 $\frac{5}{9}\times6=3\frac{1}{3}$, $3\frac{1}{3}$ kg　**2** 14 cm

3 8장　**4** 7 m^2

1 $\frac{5}{\cancel{9}_{3}}\times\cancel{6}^{2}=\frac{10}{3}=3\frac{1}{3}$ (kg)

2 $1\frac{3}{4}\times8=\frac{7}{\cancel{4}_{1}}\times\cancel{8}^{2}=14$ (cm)

3 (동생에게 준 색종이의 수)

$=$(혜정이가 가지고 있던 색종이의 수)$\times\frac{2}{5}$

$=\cancel{20}^{4}\times\frac{2}{\cancel{5}_{1}}=8$(장)

4 (꽃밭의 넓이)$=$(가로)$\times$(세로)

$=3\times2\frac{1}{3}=\cancel{3}^{1}\times\frac{7}{\cancel{3}_{1}}=7\ (\text{m}^2)$

3 (분수)×(분수)(1) 51쪽

① 4, 3, 12

② ① 8, 2, $\frac{1}{16}$　② 7, 4, $\frac{3}{28}$

③ $\frac{1}{15}$, $\frac{1}{30}$

④ 방법 1 (위에서부터) 7, 12, $\frac{7}{12}$

방법 2 (위에서부터) 1, 7, 6, 2, $\frac{7}{12}$

방법 3 (위에서부터) 1, 2, $\frac{7}{12}$

4 방법 1 $\frac{5}{6}\times\frac{7}{10}=\frac{5\times7}{6\times10}=\frac{\cancel{35}^{7}}{\cancel{60}_{12}}=\frac{7}{12}$

방법 2 $\frac{5}{6}\times\frac{7}{10}=\frac{\cancel{5}^{1}\times7}{6\times\cancel{10}_{2}}=\frac{7}{12}$

방법 3 $\frac{\cancel{5}^{1}}{6}\times\frac{7}{\cancel{10}_{2}}=\frac{7}{12}$

4 (분수)×(분수)(2) 53쪽

① 15, 3, $\frac{45}{8}$, $5\frac{5}{8}$

② (위에서부터) 2, 11, 3, $\frac{22}{9}$, $2\frac{4}{9}$

③ ① $4\frac{1}{2}$　② 3

④ ① 4, 4, $\frac{20}{7}$, $2\frac{6}{7}$　② 7, 7, $\frac{35}{6}$, $5\frac{5}{6}$

③ 7, 13, $\frac{91}{15}$, $6\frac{1}{15}$

3 ① $2\frac{5}{8}\times1\frac{5}{7}=\frac{\cancel{21}^{3}}{\cancel{8}_{2}}\times\frac{\cancel{12}^{3}}{\cancel{7}_{1}}=\frac{9}{2}=4\frac{1}{2}$

② $1\frac{1}{3}\times2\frac{1}{4}=\frac{\cancel{4}^{1}}{\cancel{3}_{1}}\times\frac{\cancel{9}^{3}}{\cancel{4}_{1}}=3$

기본기 강화 문제

16 (단위분수)×(단위분수) 54쪽

1 $\frac{1}{12}$　**2** $\frac{1}{20}$　**3** $\frac{1}{21}$

4 $\frac{1}{18}$　**5** $\frac{1}{36}$　**6** $\frac{1}{32}$

7 $\frac{1}{55}$　**8** $\frac{1}{84}$

1~8 $\frac{1}{■}\times\frac{1}{●}=\frac{1}{■\times●}$

17 계산 결과 비교하기(3) 54쪽

1 >　**2** >　**3** <

4 <　**5** >　**6** <

7 >　**8** >

1~4 어떤 수에 1보다 작은 수를 곱하면 계산 결과가 어떤 수보다 작습니다.

5~8 곱해지는 수가 같을 때 곱하는 수가 더 큰 식의 계산 결과가 더 큽니다.

18 분수의 곱셈식 만들기 55쪽

1 2, 8 (또는 8, 2) **2** 2, 9 (또는 9, 2)
3 4, 7 (또는 7, 4) **4** 4, 8 (또는 8, 4)
5 6, 9 (또는 9, 6) **6** 8, 9 (또는 9, 8)

1 분모끼리 곱하므로 $16=\square\times\square$입니다. 16은 1×16, 2×8, 4×4, 8×2, 16×1로 나타낼 수 있습니다.
따라서 수 카드 중 두 장을 사용하여 분수의 곱셈식을 만들면 $\frac{1}{16}=\frac{1}{2}\times\frac{1}{8}$ 또는 $\frac{1}{16}=\frac{1}{8}\times\frac{1}{2}$입니다.

2 분모끼리 곱하므로 $18=\square\times\square$입니다. 18은 1×18, 2×9, 3×6, 6×3, 9×2, 18×1로 나타낼 수 있습니다.
따라서 수 카드 중 두 장을 사용하여 분수의 곱셈식을 만들면 $\frac{1}{18}=\frac{1}{2}\times\frac{1}{9}$ 또는 $\frac{1}{18}=\frac{1}{9}\times\frac{1}{2}$입니다.

3 분모끼리 곱하므로 $28=\square\times\square$입니다. 28은 1×28, 2×14, 4×7, 7×4, 14×2, 28×1로 나타낼 수 있습니다.
따라서 수 카드 중 두 장을 사용하여 분수의 곱셈식을 만들면 $\frac{1}{28}=\frac{1}{4}\times\frac{1}{7}$ 또는 $\frac{1}{28}=\frac{1}{7}\times\frac{1}{4}$입니다.

4 분모끼리 곱하므로 $32=\square\times\square$입니다. 32는 1×32, 2×16, 4×8, 8×4, 16×2, 32×1로 나타낼 수 있습니다.
따라서 수 카드 중 두 장을 사용하여 분수의 곱셈식을 만들면 $\frac{1}{32}=\frac{1}{4}\times\frac{1}{8}$ 또는 $\frac{1}{32}=\frac{1}{8}\times\frac{1}{4}$입니다.

5 분모끼리 곱하므로 $54=\square\times\square$입니다. 54는 1×54, 2×27, 3×18, 6×9, 9×6, 18×3, 27×2, 54×1로 나타낼 수 있습니다.
따라서 수 카드 중 두 장을 사용하여 분수의 곱셈식을 만들면 $\frac{1}{54}=\frac{1}{6}\times\frac{1}{9}$ 또는 $\frac{1}{54}=\frac{1}{9}\times\frac{1}{6}$입니다.

6 분모끼리 곱하므로 $72=\square\times\square$입니다. 72는 1×72, 2×36, 3×24, 4×18, 6×12, 8×9, 9×8, 12×6, 18×4, 24×3, 36×2, 72×1로 나타낼 수 있습니다.
따라서 수 카드 중 두 장을 사용하여 분수의 곱셈식을 만들면 $\frac{1}{72}=\frac{1}{8}\times\frac{1}{9}$ 또는 $\frac{1}{72}=\frac{1}{9}\times\frac{1}{8}$입니다.

19 (진분수)×(단위분수)의 계산 연습 56쪽

1 $\frac{3}{8}$ **2** $\frac{5}{18}$ **3** $\frac{1}{5}$
4 $\frac{7}{54}$ **5** $\frac{3}{80}$ **6** $\frac{3}{44}$
7 $\frac{1}{15}$ **8** $\frac{1}{27}$

1~8 (진분수)×(단위분수)는 진분수의 분자는 그대로 두고 분모끼리 곱합니다.

20 그림을 분수로 나타내기 56쪽

1 (위에서부터) 2, 3, $\frac{4}{15}$
2 (위에서부터) 3, 4, $\frac{15}{28}$
3 (위에서부터) 3, 5, $\frac{4}{15}$

3 $\frac{4}{9}\times\frac{3}{5}=\frac{4\times\overset{1}{\cancel{3}}}{\underset{3}{\cancel{9}}\times5}=\frac{4}{15}$

21 (진분수)×(진분수)를 여러 가지 방법으로 계산하기 57쪽

1 방법 1 $\frac{3}{4}\times\frac{5}{9}=\frac{3\times5}{4\times9}=\frac{\overset{5}{\cancel{15}}}{\underset{12}{\cancel{36}}}=\frac{5}{12}$

방법 2 $\frac{3}{4}\times\frac{5}{9}=\frac{\overset{1}{\cancel{3}}\times5}{4\times\underset{3}{\cancel{9}}}=\frac{5}{12}$

방법 3 $\frac{\overset{1}{\cancel{3}}}{4}\times\frac{5}{\underset{3}{\cancel{9}}}=\frac{5}{12}$

2 방법 1 $\frac{5}{8}\times\frac{9}{10}=\frac{5\times9}{8\times10}=\frac{\overset{9}{\cancel{45}}}{\underset{16}{\cancel{80}}}=\frac{9}{16}$

방법 2 $\frac{5}{8}\times\frac{9}{10}=\frac{\overset{1}{\cancel{5}}\times9}{8\times\underset{2}{\cancel{10}}}=\frac{9}{16}$

방법 3 $\frac{\overset{1}{\cancel{5}}}{8}\times\frac{9}{\underset{2}{\cancel{10}}}=\frac{9}{16}$

22 (진분수)×(진분수)의 계산 연습 57쪽

1 $\frac{7}{15}$　2 $\frac{3}{7}$　3 $\frac{4}{35}$

4 $\frac{1}{2}$　5 $\frac{4}{7}$　6 $\frac{1}{6}$

7 $\frac{27}{40}$　8 $\frac{35}{72}$

1 $\frac{\overset{1}{\cancel{2}}}{3}\times\frac{7}{\underset{5}{\cancel{10}}}=\frac{7}{15}$

2 $\frac{3}{\underset{1}{\cancel{5}}}\times\frac{\overset{1}{\cancel{5}}}{7}=\frac{3}{7}$

3 $\frac{2}{5}\times\frac{2}{7}=\frac{2\times2}{5\times7}=\frac{4}{35}$

4 $\frac{\overset{1}{\cancel{5}}}{\underset{2}{\cancel{8}}}\times\frac{\overset{1}{\cancel{4}}}{\underset{1}{\cancel{5}}}=\frac{1}{2}$

5 $\frac{\overset{2}{\cancel{6}}}{7}\times\frac{2}{\underset{1}{\cancel{3}}}=\frac{4}{7}$

6 $\frac{\overset{1}{\cancel{4}}}{\underset{3}{\cancel{9}}}\times\frac{\overset{1}{\cancel{3}}}{\underset{2}{\cancel{8}}}=\frac{1}{6}$

7 $\frac{9}{10}\times\frac{3}{4}=\frac{9\times3}{10\times4}=\frac{27}{40}$

8 $\frac{7}{12}\times\frac{5}{6}=\frac{7\times5}{12\times6}=\frac{35}{72}$

23 (대분수)×(대분수)의 계산 방법 익히기 58쪽

1 $2\frac{1}{3}\times1\frac{1}{4}=\frac{7}{3}\times\frac{5}{4}=\frac{35}{12}=2\frac{11}{12}$

2 $1\frac{3}{4}\times2\frac{1}{5}=\frac{7}{4}\times\frac{11}{5}=\frac{77}{20}=3\frac{17}{20}$

3 $2\frac{1}{6}\times1\frac{1}{13}=\frac{\overset{1}{\cancel{13}}}{\underset{3}{\cancel{6}}}\times\frac{\overset{7}{\cancel{14}}}{\underset{1}{\cancel{13}}}=\frac{7}{3}=2\frac{1}{3}$

4 $4\frac{2}{3}\times1\frac{2}{7}=\frac{\overset{2}{\cancel{14}}}{\underset{1}{\cancel{3}}}\times\frac{\overset{3}{\cancel{9}}}{\underset{1}{\cancel{7}}}=6$

5 $6\frac{1}{4}\times1\frac{3}{10}=\frac{\overset{5}{\cancel{25}}}{4}\times\frac{13}{\underset{2}{\cancel{10}}}=\frac{65}{8}=8\frac{1}{8}$

24 (대분수)×(대분수)의 계산 연습 58쪽

1 $2\frac{1}{2}$　2 5　3 $3\frac{4}{5}$

4 $2\frac{5}{14}$　5 $13\frac{1}{2}$　6 4

7 15　8 $7\frac{1}{5}$

1 $1\frac{1}{2}\times1\frac{2}{3}=\frac{\overset{1}{\cancel{3}}}{2}\times\frac{5}{\underset{1}{\cancel{3}}}=\frac{5}{2}=2\frac{1}{2}$

2 $1\frac{1}{3}\times3\frac{3}{4}=\frac{\overset{1}{\cancel{4}}}{\underset{1}{\cancel{3}}}\times\frac{\overset{5}{\cancel{15}}}{\underset{1}{\cancel{4}}}=5$

3 $3\frac{1}{6}\times1\frac{1}{5}=\frac{19}{\underset{1}{\cancel{6}}}\times\frac{\overset{1}{\cancel{6}}}{5}=\frac{19}{5}=3\frac{4}{5}$

4 $2\frac{1}{7}\times1\frac{1}{10}=\frac{\overset{3}{\cancel{15}}}{7}\times\frac{11}{\underset{2}{\cancel{10}}}=\frac{33}{14}=2\frac{5}{14}$

5 $6\frac{1}{2}\times2\frac{1}{13}=\frac{\overset{1}{\cancel{13}}}{2}\times\frac{27}{\underset{1}{\cancel{13}}}=\frac{27}{2}=13\frac{1}{2}$

6 $2\frac{2}{9}\times1\frac{4}{5}=\frac{\overset{4}{\cancel{20}}}{\underset{1}{\cancel{9}}}\times\frac{\overset{1}{\cancel{9}}}{\underset{1}{\cancel{5}}}=4$

7 $5\frac{1}{4}\times2\frac{6}{7}=\frac{\overset{3}{\cancel{21}}}{\underset{1}{\cancel{4}}}\times\frac{\overset{5}{\cancel{20}}}{\underset{1}{\cancel{7}}}=15$

8 $2\frac{2}{15}\times3\frac{3}{8}=\frac{\overset{4}{\cancel{32}}}{\underset{5}{\cancel{15}}}\times\frac{\overset{9}{\cancel{27}}}{\underset{1}{\cancel{8}}}=\frac{36}{5}=7\frac{1}{5}$

25 (분수)×(분수)의 계산 방법을 이용하여 계산하기

59쪽

1 4, 4, $\frac{16}{5}$, $3\frac{1}{5}$ **2** 5, 5, $\frac{15}{8}$, $1\frac{7}{8}$

3 2, 2, $\frac{12}{7}$, $1\frac{5}{7}$ **4** 8, 8, $\frac{16}{3}$, $5\frac{1}{3}$

5 3, 11, 3, 11, $\frac{33}{14}$, $2\frac{5}{14}$

6 4, 10, 4, 10, $\frac{40}{27}$, $1\frac{13}{27}$

26 계산 결과 비교하기(4)

59쪽

1 $>$	**2** $>$	**3** $>$
4 $<$	**5** $<$	**6** $>$
7 $>$	**8** $=$	

1~2 어떤 수에 1보다 작은 수를 곱하면 계산 결과가 어떤 수보다 작습니다.

3 어떤 수에 1보다 큰 수를 곱하면 계산 결과가 어떤 수보다 큽니다.

5~7 곱해지는 수가 같을 때 곱하는 수가 더 큰 식의 계산 결과가 더 큽니다.

27 세 분수의 곱셈

60쪽

1 $\frac{1}{48}$	**2** $\frac{1}{105}$	**3** $\frac{1}{10}$
4 $\frac{2}{9}$	**5** $\frac{3}{14}$	**6** $1\frac{1}{6}$
7 $\frac{5}{8}$	**8** $\frac{3}{4}$	

1 $\frac{1}{2}\times\frac{1}{4}\times\frac{1}{6}=\frac{1}{8}\times\frac{1}{6}=\frac{1}{48}$

2 $\frac{1}{3}\times\frac{1}{5}\times\frac{1}{7}=\frac{1}{15}\times\frac{1}{7}=\frac{1}{105}$

3 $\frac{\overset{1}{\cancel{2}}}{\underset{1}{\cancel{3}}}\times\frac{1}{\underset{2}{\cancel{4}}}\times\frac{\overset{1}{\cancel{3}}}{5}=\frac{1}{10}$

4 $\frac{\overset{1}{\cancel{5}}}{9}\times\frac{2}{\underset{1}{\cancel{3}}}\times\frac{\overset{1}{\cancel{3}}}{\underset{1}{\cancel{5}}}=\frac{2}{9}$

5 $\frac{\overset{1}{\cancel{2}}}{\underset{1}{\cancel{5}}}\times\frac{\overset{1}{\cancel{5}}}{7}\times\frac{3}{\underset{2}{\cancel{4}}}=\frac{3}{14}$

6 $\frac{5}{9}\times2\frac{1}{3}\times\frac{9}{10}=\frac{\overset{1}{\cancel{5}}}{\underset{1}{\cancel{9}}}\times\frac{7}{3}\times\frac{\overset{1}{\cancel{9}}}{\underset{2}{\cancel{10}}}=\frac{7}{6}=1\frac{1}{6}$

7 $\frac{3}{10}\times1\frac{2}{3}\times1\frac{1}{4}=\frac{\overset{1}{\cancel{3}}}{\underset{2}{\cancel{10}}}\times\frac{\overset{1}{\cancel{5}}}{\underset{1}{\cancel{3}}}\times\frac{5}{4}=\frac{5}{8}$

8 $1\frac{1}{5}\times1\frac{1}{2}\times\frac{5}{12}=\frac{\overset{1}{\cancel{6}}}{\underset{1}{\cancel{5}}}\times\frac{3}{2}\times\frac{\overset{1}{\cancel{5}}}{\underset{2}{\cancel{12}}}=\frac{3}{4}$

28 곱해서 더하기

60쪽

1 $\frac{2}{3}$, $\frac{1}{6}$, $\frac{5}{6}$ **2** $1\frac{1}{5}$, $\frac{1}{2}$, $1\frac{7}{10}$

3 $1\frac{2}{7}$, 1, $2\frac{2}{7}$ **4** $4\frac{1}{5}$, $\frac{1}{10}$, $4\frac{3}{10}$

1 $\frac{2}{3}\times1=\frac{2}{3}$

$\frac{\overset{1}{\cancel{2}}}{3}\times\frac{1}{\underset{2}{\cancel{4}}}=\frac{1}{6}$

$\frac{2}{3}\times1\frac{1}{4}=\frac{2}{3}+\frac{1}{6}=\frac{4}{6}+\frac{1}{6}=\frac{5}{6}$

2 $2\times\frac{3}{5}=\frac{2\times3}{5}=\frac{6}{5}=1\frac{1}{5}$

$\frac{\overset{1}{\cancel{5}}}{\underset{2}{\cancel{6}}}\times\frac{\overset{1}{\cancel{3}}}{\underset{1}{\cancel{5}}}=\frac{1}{2}$

$2\frac{5}{6}\times\frac{3}{5}=1\frac{1}{5}+\frac{1}{2}=1\frac{2}{10}+\frac{5}{10}=1\frac{7}{10}$

3 $1\frac{2}{7}\times1=1\frac{2}{7}$

$1\frac{2}{7}\times\frac{7}{9}=\frac{\overset{1}{\cancel{9}}}{\underset{1}{\cancel{7}}}\times\frac{\overset{1}{\cancel{7}}}{\underset{1}{\cancel{9}}}=1$

$1\frac{2}{7}\times1\frac{7}{9}=1\frac{2}{7}+1=2\frac{2}{7}$

4 $3\times1\frac{2}{5}=3\times\frac{7}{5}=\frac{3\times7}{5}=\frac{21}{5}=4\frac{1}{5}$

$\frac{1}{14}\times1\frac{2}{5}=\frac{1}{\underset{2}{\cancel{14}}}\times\frac{\overset{1}{\cancel{7}}}{5}=\frac{1}{10}$

$3\frac{1}{14}\times1\frac{2}{5}=4\frac{1}{5}+\frac{1}{10}=4\frac{2}{10}+\frac{1}{10}=4\frac{3}{10}$

29 화살표의 규칙에 따라 계산하기

61쪽

1 (위에서부터) 2, $1\frac{1}{11}$, $\frac{8}{11}$, $\frac{6}{11}$

2 (위에서부터) $1\frac{2}{3}$, $1\frac{1}{2}$, $\frac{5}{8}$, $\frac{7}{16}$

3 (위에서부터) $3\frac{1}{8}$, $1\frac{2}{3}$, $\frac{1}{2}$, $\frac{5}{6}$

1

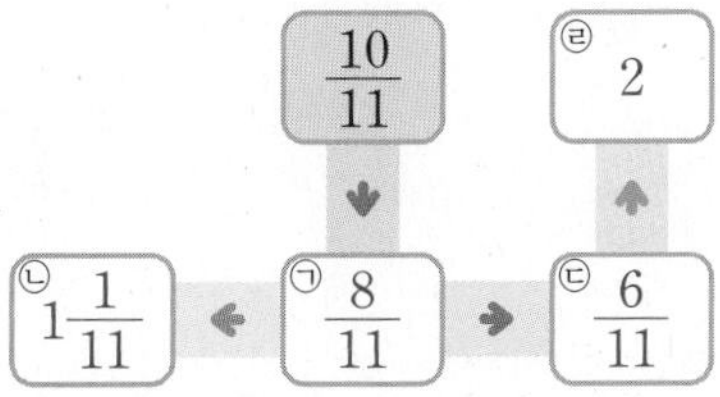

$\frac{10}{11}$ → ㉠ $\frac{8}{11}$; ㉠ → ㉡ $1\frac{1}{11}$; ㉠ → ㉢ $\frac{6}{11}$ → ㉣ 2

㉠ $\frac{\overset{2}{\cancel{10}}}{11}\times\frac{4}{\underset{1}{\cancel{5}}}=\frac{8}{11}$

㉡ $\frac{8}{11}\times1\frac{1}{2}=\frac{\overset{4}{\cancel{8}}}{11}\times\frac{3}{\underset{1}{\cancel{2}}}=\frac{12}{11}=1\frac{1}{11}$

㉢ $\frac{\overset{2}{\cancel{8}}}{11}\times\frac{3}{\underset{1}{\cancel{4}}}=\frac{6}{11}$

㉣ $\frac{6}{11}\times3\frac{2}{3}=\frac{\overset{2}{\cancel{6}}}{\underset{1}{\cancel{11}}}\times\frac{\overset{1}{\cancel{11}}}{\underset{1}{\cancel{3}}}=2$

2

$\frac{3}{4}$ → ㉠ $\frac{5}{8}$; ㉠ → ㉡ $1\frac{1}{2}$ → ㉢ $1\frac{2}{3}$; ㉠ → ㉣ $\frac{7}{16}$

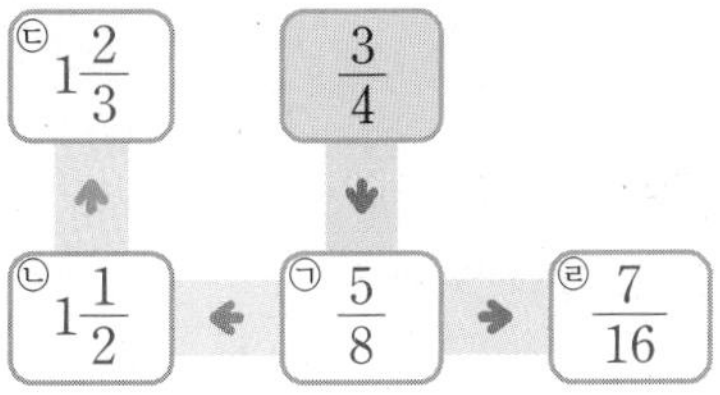

㉠ $\frac{\overset{1}{\cancel{3}}}{4}\times\frac{5}{\underset{2}{\cancel{6}}}=\frac{5}{8}$

㉡ $\frac{5}{8}\times2\frac{2}{5}=\frac{\overset{1}{\cancel{5}}}{\underset{2}{\cancel{8}}}\times\frac{\overset{3}{\cancel{12}}}{\underset{1}{\cancel{5}}}=\frac{3}{2}=1\frac{1}{2}$

㉢ $1\frac{1}{2}\times1\frac{1}{9}=\frac{\overset{1}{\cancel{3}}}{\underset{1}{\cancel{2}}}\times\frac{\overset{5}{\cancel{10}}}{\underset{3}{\cancel{9}}}=\frac{5}{3}=1\frac{2}{3}$

㉣ $\frac{\overset{1}{\cancel{5}}}{8}\times\frac{7}{\underset{2}{\cancel{10}}}=\frac{7}{16}$

3

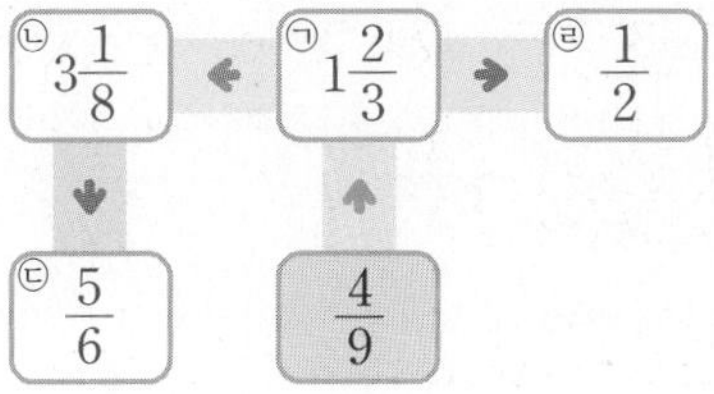

$\frac{4}{9}$ → ㉠ $1\frac{2}{3}$; ㉠ → ㉡ $3\frac{1}{8}$ → ㉢ $\frac{5}{6}$; ㉠ → ㉣ $\frac{1}{2}$

㉠ $\frac{4}{9}\times3\frac{3}{4}=\frac{\overset{1}{\cancel{4}}}{\underset{3}{\cancel{9}}}\times\frac{\overset{5}{\cancel{15}}}{\underset{1}{\cancel{4}}}=\frac{5}{3}=1\frac{2}{3}$

㉡ $1\frac{2}{3}\times1\frac{7}{8}=\frac{5}{\underset{1}{\cancel{3}}}\times\frac{\overset{5}{\cancel{15}}}{8}=\frac{25}{8}=3\frac{1}{8}$

㉢ $3\frac{1}{8}\times\frac{4}{15}=\frac{\overset{5}{\cancel{25}}}{\underset{2}{\cancel{8}}}\times\frac{\overset{1}{\cancel{4}}}{\underset{3}{\cancel{15}}}=\frac{5}{6}$

㉣ $1\frac{2}{3}\times\frac{3}{10}=\frac{\overset{1}{\cancel{5}}}{\underset{1}{\cancel{3}}}\times\frac{\overset{1}{\cancel{3}}}{\underset{2}{\cancel{10}}}=\frac{1}{2}$

30 조건을 만족하는 자연수 구하기

62쪽

1 17 **2** 11 **3** 9

4 15 **5** 19 **6** 64

1 $4\frac{7}{8}\times3\frac{1}{3}=\frac{\overset{13}{\cancel{39}}}{\underset{4}{\cancel{8}}}\times\frac{\overset{5}{\cancel{10}}}{\underset{1}{\cancel{3}}}=\frac{65}{4}=16\frac{1}{4}$

$16\frac{1}{4}<\square$에서 □ 안에 들어갈 수 있는 자연수는 17, 18, 19, ...이므로 이 중 가장 작은 수는 17입니다.

2 $2\frac{1}{3}\times4\frac{1}{2}=\frac{7}{\underset{1}{\cancel{3}}}\times\frac{\overset{3}{\cancel{9}}}{2}=\frac{21}{2}=10\frac{1}{2}$

$10\frac{1}{2}<\square$에서 □ 안에 들어갈 수 있는 자연수는 11, 12, 13, ...이므로 이 중 가장 작은 수는 11입니다.

3 $1\frac{2}{5}\times5\frac{5}{6}=\frac{7}{\cancel{5}_{1}}\times\frac{\cancel{35}^{7}}{6}=\frac{49}{6}=8\frac{1}{6}$

$8\frac{1}{6}<\square$에서 □ 안에 들어갈 수 있는 자연수는 9, 10, 11, …이므로 이 중 가장 작은 수는 9입니다.

4 $3\frac{1}{4}\times4\frac{4}{9}=\frac{13}{\cancel{4}_{1}}\times\frac{\cancel{40}^{10}}{9}=\frac{130}{9}=14\frac{4}{9}$

$14\frac{4}{9}<\square$에서 □ 안에 들어갈 수 있는 자연수는 15, 16, 17, …이므로 이 중 가장 작은 수는 15입니다.

5 $8\frac{2}{3}\times2\frac{1}{7}=\frac{26}{\cancel{3}_{1}}\times\frac{\cancel{15}^{5}}{7}=\frac{130}{7}=18\frac{4}{7}$

$18\frac{4}{7}<\square$에서 □ 안에 들어갈 수 있는 자연수는 19, 20, 21, …이므로 이 중 가장 작은 수는 19입니다.

6 $10\frac{1}{8}\times6\frac{2}{9}=\frac{\cancel{81}^{9}}{\cancel{8}_{1}}\times\frac{\cancel{56}^{7}}{\cancel{9}_{1}}=63$

$63<\square$에서 □ 안에 들어갈 수 있는 자연수는 64, 65, 66, …이므로 이 중 가장 작은 수는 64입니다.

31 분수의 곱셈의 활용(2) 62쪽

1 $\frac{1}{2}\times\frac{1}{2}=\frac{1}{4}$, $\frac{1}{4}$ L **2** $\frac{2}{3}$ cm^2

3 $16\frac{4}{5}$ km **4** $7\frac{7}{12}$

2 (평행사변형의 넓이)=(밑변의 길이)×(높이)

$=\frac{\cancel{8}^{2}}{\cancel{9}_{3}}\times\frac{\cancel{3}^{1}}{\cancel{4}_{1}}=\frac{2}{3}$ (cm^2)

3 (진우가 $1\frac{3}{4}$시간 동안 자전거를 타고 간 거리)

$=9\frac{3}{5}\times1\frac{3}{4}=\frac{\cancel{48}^{12}}{5}\times\frac{7}{\cancel{4}_{1}}=\frac{84}{5}=16\frac{4}{5}$ (km)

4 만들 수 있는 가장 큰 대분수는 $4\frac{1}{3}$이고, 가장 작은 대분수는 $1\frac{3}{4}$입니다.

➡ $4\frac{1}{3}\times1\frac{3}{4}=\frac{13}{3}\times\frac{7}{4}=\frac{91}{12}=7\frac{7}{12}$

단원 평가 63~65쪽

1 $\frac{27}{5}$, $5\frac{2}{5}$

2 $2\frac{3}{10}\times5=(2\times5)+\left(\frac{3}{\cancel{10}_{2}}\times\cancel{5}^{1}\right)=10+\frac{3}{2}$

$=10+1\frac{1}{2}=11\frac{1}{2}$

3 (위에서부터) 5, 1, 1, 2, 5, $2\frac{1}{2}$

4 $12\times2\frac{5}{6}=\cancel{12}^{2}\times\frac{17}{\cancel{6}_{1}}=34$

5 (1) $7\frac{1}{2}$ (2) 39 **6** $5\times\frac{1}{3}$, $5\times\frac{6}{7}$에 ○표

7 $\frac{7}{20}$ **8** $\frac{1}{6}$

9 $4\frac{3}{4}$ **10** $<$

11 $\frac{1}{10}$, $\frac{3}{10}$, $\frac{1}{2}$ **12** $\frac{1}{30}$

13 $\frac{3}{8}$ kg **14** $\frac{1}{3}\times\frac{1}{4}$ 또는 $\frac{1}{4}\times\frac{1}{3}$

15 $\frac{1}{18}$ **16** ㉣, ㉠, ㉢, ㉡

17 2, 3, 4 **18** $\frac{1}{60}$

19 $1\frac{3}{8}$ L **20** 10 cm^2

3 $1\frac{1}{9}\times2\frac{1}{4}=\frac{\cancel{10}^{5}}{\cancel{9}_{1}}\times\frac{\cancel{9}^{1}}{\cancel{4}_{2}}=\frac{5}{2}=2\frac{1}{2}$

5 (1) $\frac{5}{\cancel{14}_{2}}\times\cancel{21}^{3}=\frac{15}{2}=7\frac{1}{2}$

(2) $2\frac{1}{6}\times18=\frac{13}{\cancel{6}_{1}}\times\cancel{18}^{3}=39$

6 5에 1보다 작은 수를 곱하면 계산 결과가 5보다 작아집니다. 따라서 계산 결과가 5보다 작은 식은 $5\times\frac{1}{3}$, $5\times\frac{6}{7}$입니다.

7 $\frac{7}{\underset{4}{\cancel{12}}}\times\frac{\overset{1}{\cancel{3}}}{5}=\frac{7}{20}$

8 $\frac{\overset{1}{\cancel{8}}}{\underset{3}{\cancel{15}}}\times\frac{1}{2}\times\frac{\overset{1}{\cancel{5}}}{\underset{1}{\cancel{8}}}=\frac{1}{6}$

9 가장 큰 수: $3\frac{1}{6}$, 가장 작은 수: $1\frac{1}{2}$

➡ $3\frac{1}{6}\times1\frac{1}{2}=\frac{19}{\underset{2}{\cancel{6}}}\times\frac{\overset{1}{\cancel{3}}}{2}=\frac{19}{4}=4\frac{3}{4}$

10 $6\times1\frac{2}{9}=\overset{2}{\cancel{6}}\times\frac{11}{\underset{3}{\cancel{9}}}=\frac{22}{3}=7\frac{1}{3}$

$10\times1\frac{11}{30}=\overset{1}{\cancel{10}}\times\frac{41}{\underset{3}{\cancel{30}}}=\frac{41}{3}=13\frac{2}{3}$

➡ $7\frac{1}{3}<13\frac{2}{3}$

11 $\frac{1}{5}\times\frac{1}{2}=\frac{1}{10}$

$\frac{1}{5}\times1\frac{1}{2}=\frac{1}{5}\times\frac{3}{2}=\frac{3}{10}$

$\frac{1}{5}\times2\frac{1}{2}=\frac{1}{\underset{1}{\cancel{5}}}\times\frac{\overset{1}{\cancel{5}}}{2}=\frac{1}{2}$

12 $\frac{\overset{1}{\cancel{4}}}{\underset{3}{\cancel{15}}}\times\frac{\overset{1}{\cancel{5}}}{\underset{2}{\cancel{8}}}=\frac{1}{6}\left(=\frac{5}{30}\right)$

$\frac{2}{\underset{1}{\cancel{7}}}\times\frac{\overset{1}{\cancel{7}}}{15}=\frac{2}{15}\left(=\frac{4}{30}\right)$

➡ $\frac{1}{6}-\frac{2}{15}=\frac{5}{30}-\frac{4}{30}=\frac{1}{30}$

13 (사용한 돼지고기의 무게)

$=$(처음에 있던 돼지고기의 무게)$\times\frac{1}{2}$

$=\frac{3}{4}\times\frac{1}{2}=\frac{3}{8}$ (kg)

14 $\frac{1}{\square}\times\frac{1}{\square}$에서 분모에 작은 수가 들어갈수록 계산 결과가 커집니다. 따라서 두 장의 카드를 사용하여 계산 결과가 가장 큰 식을 만들려면 수 카드 3과 4를 사용해야 합니다.

15 $\frac{1}{\underset{2}{\cancel{6}}}\times\frac{\overset{1}{\cancel{3}}}{\underset{1}{\cancel{5}}}\times\frac{\overset{1}{\cancel{5}}}{9}=\frac{1}{18}$

16 ㉠ $1\frac{1}{6}\times7=\frac{7}{6}\times7=\frac{7\times7}{6}=\frac{49}{6}=8\frac{1}{6}$

㉡ $\frac{\overset{1}{\cancel{5}}}{6}\times\frac{1}{3}\times\frac{7}{\underset{2}{\cancel{10}}}=\frac{7}{36}$

㉢ $3\frac{1}{2}\times1\frac{2}{7}=\frac{\overset{1}{\cancel{7}}}{2}\times\frac{9}{\underset{1}{\cancel{7}}}=\frac{9}{2}=4\frac{1}{2}$

㉣ $6\times1\frac{1}{2}=\overset{3}{\cancel{6}}\times\frac{3}{\underset{1}{\cancel{2}}}=9$

➡ $9>8\frac{1}{6}>4\frac{1}{2}>\frac{7}{36}$

17 $\frac{\overset{1}{\cancel{4}}}{\underset{7}{\cancel{21}}}\times\frac{\overset{1}{\cancel{3}}}{\underset{4}{\cancel{16}}}=\frac{1}{28}$이므로 $\frac{1}{28}<\frac{1}{2}\times\frac{1}{3}\times\frac{1}{\square}$입니다.

따라서 $\frac{1}{28}<\frac{1}{6\times\square}$에서 $28>6\times\square$이므로 □ 안에 들어갈 수 있는 1보다 큰 자연수는 2, 3, 4입니다.

18 $\frac{\overset{1}{\cancel{2}}}{\underset{5}{\cancel{15}}}\times\frac{\overset{1}{\cancel{3}}}{\underset{2}{\cancel{4}}}\times\frac{1}{6}=\frac{1}{60}$

서술형

19 진수가 마신 물은 $3\frac{2}{3}$ L의 $\frac{3}{8}$이므로

$3\frac{2}{3}\times\frac{3}{8}=\frac{11}{\underset{1}{\cancel{3}}}\times\frac{\overset{1}{\cancel{3}}}{8}=\frac{11}{8}=1\frac{3}{8}$ (L)입니다.

평가 기준	배점(5점)
알맞은 식을 세웠나요?	2점
진수가 마신 물의 양을 구했나요?	3점

서술형

20 (나 직사각형의 넓이)

$=3\frac{1}{5}\times3\frac{1}{8}=\frac{\overset{2}{\cancel{16}}}{\underset{1}{\cancel{5}}}\times\frac{\overset{5}{\cancel{25}}}{\underset{1}{\cancel{8}}}=10\,(\mathrm{cm}^2)$

평가 기준	배점(5점)
알맞은 식을 세웠나요?	2점
나 직사각형의 넓이를 구했나요?	3점

3 합동과 대칭

공원에서 소원 카드 걸기 행사를 하고 있어요. 여러 가지 모양의 카드가 걸려 있네요.
윤하와 윤석이가 찾는 카드를 각각 찾아 ○표 하세요.

카드에 소원을 담아보세요!

난 점선을 따라 접었을 때 모양이 완전히 겹쳐지는 카드를 모두 찾을 거야.

내 카드와 모양이 같은 카드는 어디 있지?

소원 나무에 소원을 걸어보세요!

1 도형의 합동, 합동인 도형의 성질 69쪽

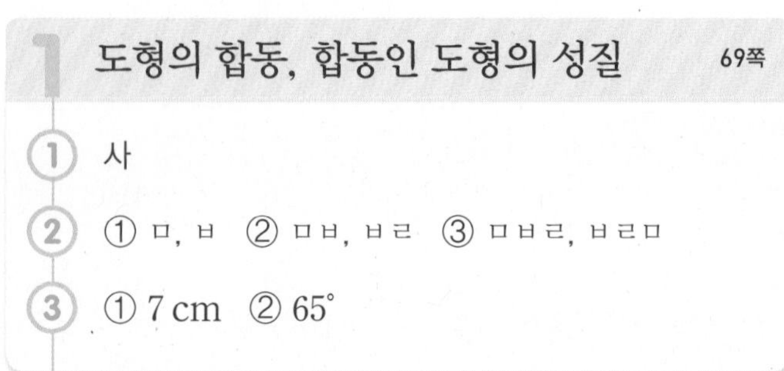
① 사

② ① ㅁ, ㅂ ② ㅁㅂ, ㅂㄹ ③ ㅁㅂㄹ, ㅂㄹㅁ

③ ① 7 cm ② 65°

1 도형 가와 모양과 크기가 같은 도형은 도형 사입니다.

3 ① 변 ㅇㅅ의 대응변은 변 ㄱㄴ입니다.

➡ (변 ㅇㅅ)=(변 ㄱㄴ)=7 cm

② 각 ㅇㅅㅂ의 대응각은 각 ㄱㄴㄷ입니다.

➡ (각 ㅇㅅㅂ)=(각 ㄱㄴㄷ)=65°

2 선대칭도형과 그 성질 71쪽

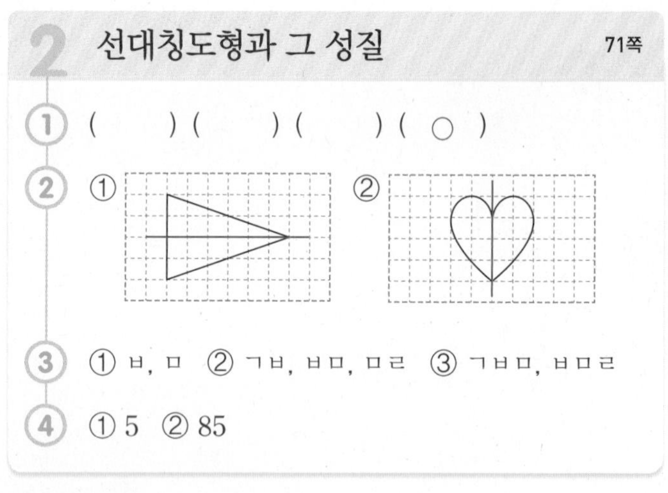
① (　　) (　　) (　　) (○)

② ① ②

③ ① ㅂ, ㅁ ② ㄱㅂ, ㅂㅁ, ㅁㄹ ③ ㄱㅂㅁ, ㅂㅁㄹ

④ ① 5 ② 85

1

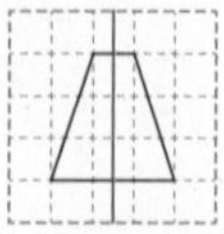

2 한 직선을 따라 접었을 때 완전히 겹치는 도형을 선대칭도형이라고 합니다. 이때 그 직선을 대칭축이라고 합니다.

3 대칭축을 따라 접었을 때 겹치는 점을 대응점, 겹치는 변을 대응변, 겹치는 각을 대응각이라고 합니다.

3 점대칭도형과 그 성질 73쪽

① (○) (   ) (   ) (○)

② ① ②

③ ① ㄹ, ㅁ, ㅂ ② ㄹㅁ, ㅁㅂ, ㅂㄱ ③ ㅁㅂㄱ, ㅂㄱㄴ

④ (왼쪽에서부터) 8, 110

1 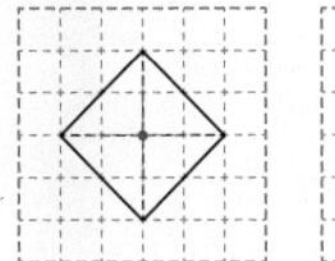 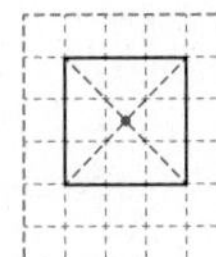

2 각각의 대응점을 선분으로 이어 만나는 점을 찾습니다.

① 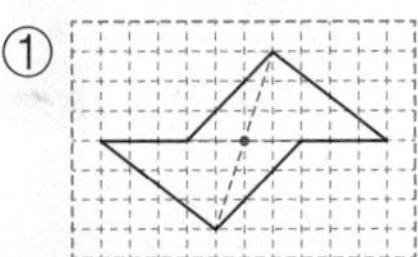 ② 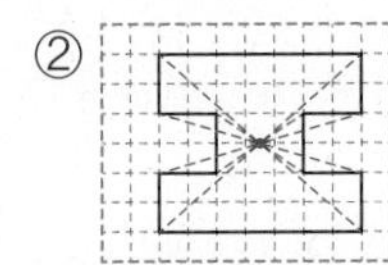

4 점대칭도형에서 대응변의 길이와 대응각의 크기는 각각 같습니다.

기본기 강화 문제

① 합동인 도형 찾기 74쪽

1 가 2 나 3 다

② 합동인 도형 그리기 74쪽

1 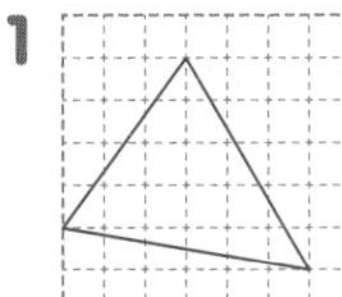 2 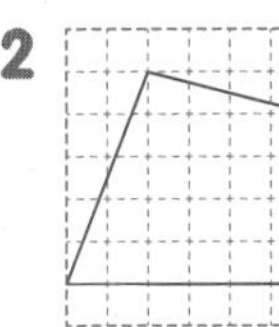 3 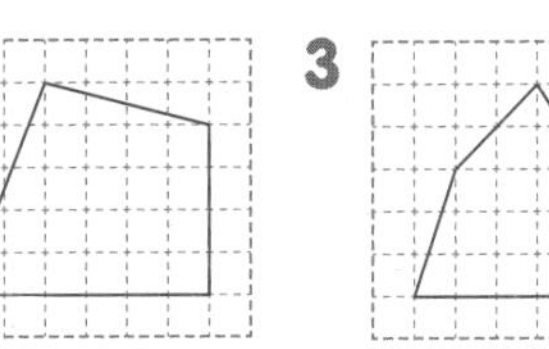

4 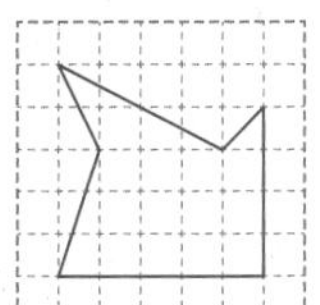 5 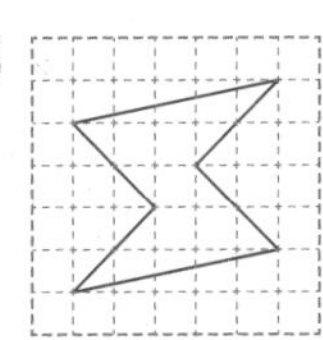

③ 합동인 도형에서 대응점, 대응변, 대응각 찾기 75쪽

1 (1) 점 ㄹ (2) 변 ㅁㅂ (3) 각 ㄹㅂㅁ

2 (1) 점 ㅇ (2) 변 ㅁㅂ (3) 각 ㅂㅅㅇ

3 (1) 점 ㄷ (2) 변 ㄱㅁ (3) 각 ㄱㄴㄷ

④ 합동인 도형의 성질(1) 75쪽

1 (1) 5 cm (2) 7 cm (3) 8 cm

2 (1) 4 cm (2) 5 cm (3) 3 cm (4) 6 cm

3 23 cm

1 합동인 도형에서 각각의 대응변의 길이가 서로 같습니다.
(1) (변 ㄱㄷ)=(변 ㄹㅁ)=5 cm
(2) (변 ㄹㅂ)=(변 ㄱㄴ)=7 cm
(3) (변 ㅁㅂ)=(변 ㄷㄴ)=8 cm

2 (1) (변 ㄱㄴ)=(변 ㅅㅇ)=4 cm
(2) (변 ㄷㄹ)=(변 ㅁㅂ)=5 cm
(3) (변 ㅁㅇ)=(변 ㄷㄴ)=3 cm
(4) (변 ㅂㅅ)=(변 ㄹㄱ)=6 cm

3 (변 ㄱㄷ)=(변 ㅁㄹ)=8 cm
(변 ㄴㄷ)=(변 ㅂㄹ)=10 cm
➡ (삼각형 ㄱㄴㄷ의 둘레)=5+10+8=23 (cm)

⑤ 합동인 도형의 성질(2) 76쪽

1 (1) 35° (2) 90° (3) 55°

2 (1) 105° (2) 85° (3) 110° (4) 60°

3 45°

1 합동인 도형에서 각각의 대응각의 크기가 서로 같습니다.
(1) (각 ㄴㄷㄱ)=(각 ㅁㅂㄹ)=35°
(2) (각 ㄹㅁㅂ)=(각 ㄱㄴㄷ)=90°
(3) (각 ㅁㄹㅂ)=(각 ㄴㄱㄷ)=55°

2 (1) (각 ㄴㄱㄹ)=(각 ㅅㅇㅁ)=105°
(2) (각 ㄴㄷㄹ)=(각 ㅅㅂㅁ)=85°
(3) (각 ㅇㅁㅂ)=(각 ㄱㄹㄷ)=110°
(4) (각 ㅂㅅㅇ)=(각 ㄷㄴㄱ)=60°

3 (각 ㄱㄴㄷ)=(각 ㅁㄹㅂ)=95°
삼각형 ㄱㄴㄷ에서 세 각의 크기의 합이 180°이므로
(각 ㄱㄷㄴ)=180°−(각 ㄴㄱㄷ)−(각 ㄱㄴㄷ)
=180°−40°−95°=45°입니다.

6 선대칭도형을 찾아 대칭축 그리기 76쪽

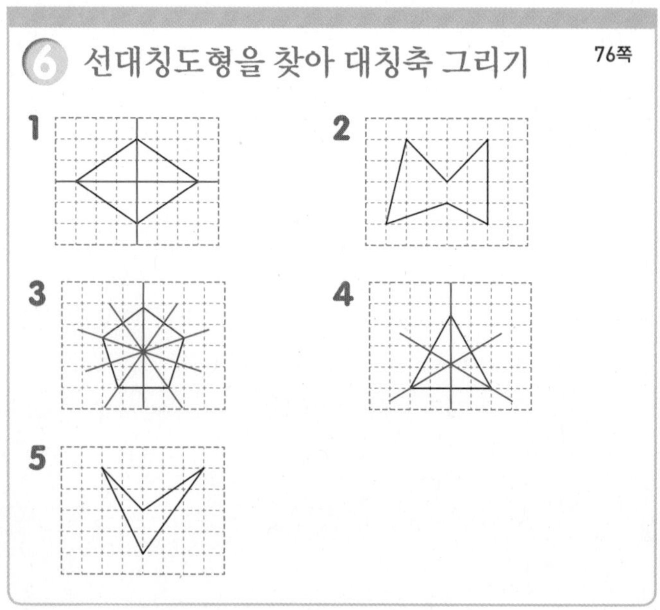

1~5 한 직선을 따라 접었을 때 완전히 겹치는 도형을 선대칭 도형이라 하고, 이때 그 직선을 대칭축이라고 합니다.

7 선대칭도형에서 대응점, 대응변, 대응각 찾기 77쪽

1 (1) 점 ㅁ (2) 변 ㄹㄷ (3) 각 ㅁㄹㄷ
2 (1) 점 ㅇ (2) 변 ㄴㄷ (3) 각 ㅊㅈㅇ
3 (1) 점 ㄴ (2) 변 ㅂㅁ (3) 각 ㅁㄹㄷ

8 선대칭도형의 성질(1) 77쪽

1 (위에서부터) 6, 8 **2** (위에서부터) 5, 7
3 (위에서부터) 10, 8 **4** (위에서부터) 9, 12

1~2 선대칭도형에서 대응변의 길이는 서로 같습니다.

3~4 선대칭도형에서 대응변의 길이는 서로 같고, 각각의 대응점에서 대칭축까지의 거리가 서로 같습니다.

9 선대칭도형의 성질(2) 78쪽

1 (왼쪽에서부터) 110, 70 **2** (왼쪽에서부터) 80, 95
3 (왼쪽에서부터) 90, 120 **4** (왼쪽에서부터) 55, 90

1~2 선대칭도형에서 대응각의 크기는 서로 같습니다.

3~4 선대칭도형에서 대응각의 크기는 서로 같고, 대응점끼리 이은 선분은 대칭축과 수직으로 만납니다.

10 선대칭도형 완성하기 78쪽

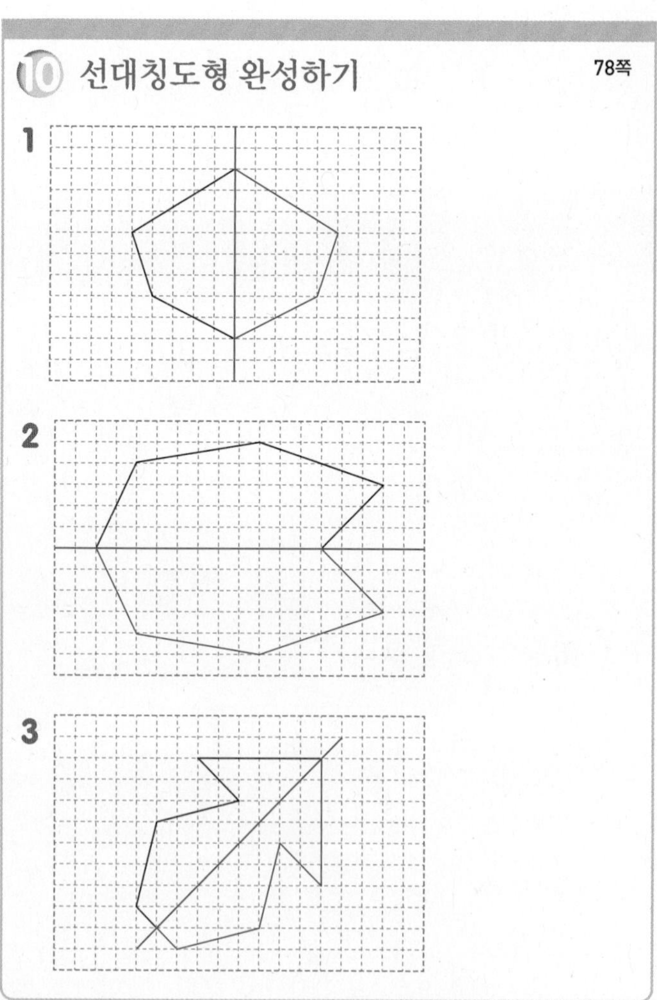

1~3 대칭축을 따라 접었을 때 완전히 겹치도록 그립니다.

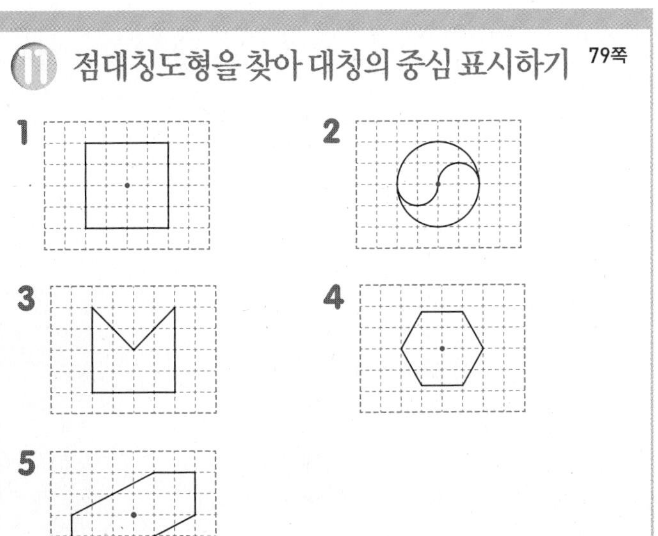

11 점대칭도형을 찾아 대칭의 중심 표시하기 79쪽

1 2 3 4 5

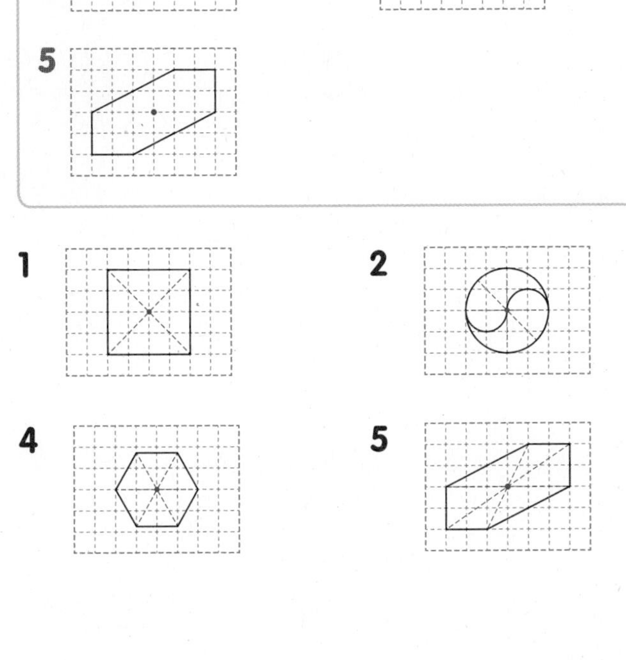

1 2 4 5

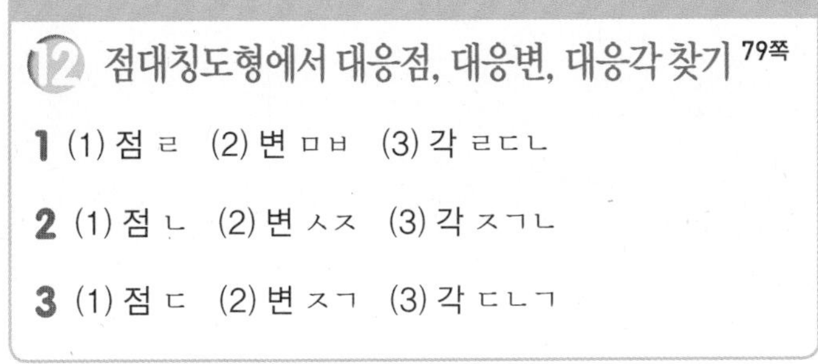

12 점대칭도형에서 대응점, 대응변, 대응각 찾기 79쪽

1 (1) 점 ㄹ (2) 변 ㅁㅂ (3) 각 ㄹㄷㄴ

2 (1) 점 ㄴ (2) 변 ㅅㅈ (3) 각 ㅈㄱㄴ

3 (1) 점 ㄷ (2) 변 ㅈㄱ (3) 각 ㄷㄴㄱ

1~3 점 ㅇ을 중심으로 180° 돌렸을 때 겹치는 점을 대응점, 겹치는 변을 대응변, 겹치는 각을 대응각이라고 합니다.

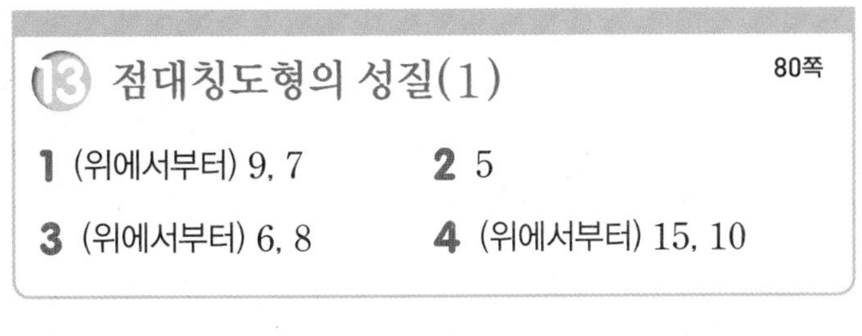

13 점대칭도형의 성질(1) 80쪽

1 (위에서부터) 9, 7 **2** 5

3 (위에서부터) 6, 8 **4** (위에서부터) 15, 10

1~4 점대칭도형에서 각각의 대응변의 길이가 서로 같습니다.

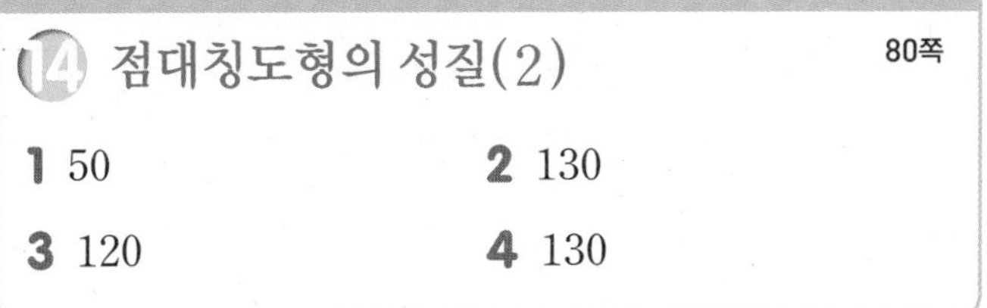

14 점대칭도형의 성질(2) 80쪽

1 50 **2** 130

3 120 **4** 130

1~3 점대칭도형에서 각각의 대응각의 크기가 서로 같습니다.

4

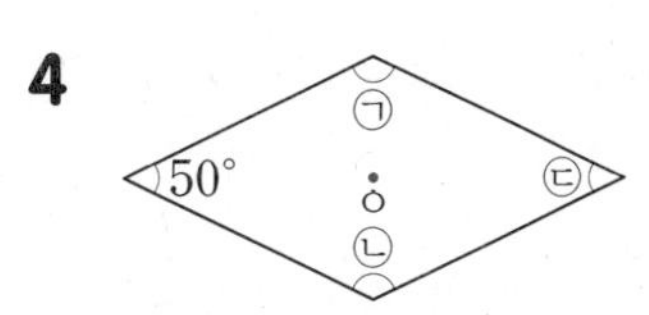

(각 ㉢)=50°, (각 ㉠)=(각 ㉡)입니다.
사각형의 네 각의 크기의 합은 360°이므로
(각 ㉠)×2+50°×2=360°,
(각 ㉠)×2=260°, (각 ㉠)=130°입니다.

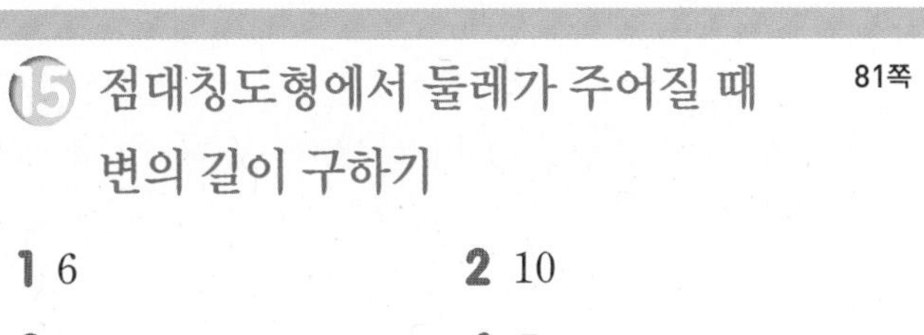

15 점대칭도형에서 둘레가 주어질 때 변의 길이 구하기 81쪽

1 6 **2** 10

3 12 **4** 7

1 점대칭도형에서 대응변의 길이는 같고, 도형의 둘레가 18 cm이므로 (3+□)×2=18, 3+□=18÷2, 3+□=9, □=9−3=6입니다.

2 점대칭도형에서 대응변의 길이는 같고, 도형의 둘레가 40 cm이므로 (□+3+7)×2=40, (□+10)×2=40, □+10=40÷2, □+10=20, □=20−10=10입니다.

3 점대칭도형에서 대응변의 길이는 같고, 도형의 둘레가 50 cm이므로 (8+5+□)×2=50, (13+□)×2=50, 13+□=50÷2, 13+□=25, □=25−13=12입니다.

4 점대칭도형에서 대응변의 길이는 같고, 도형의 둘레가 42 cm이므로 (4+5+□+5)×2=42, (14+□)×2=42, 14+□=42÷2, 14+□=21, □=21−14=7입니다.

16 점대칭도형 완성하기 81쪽

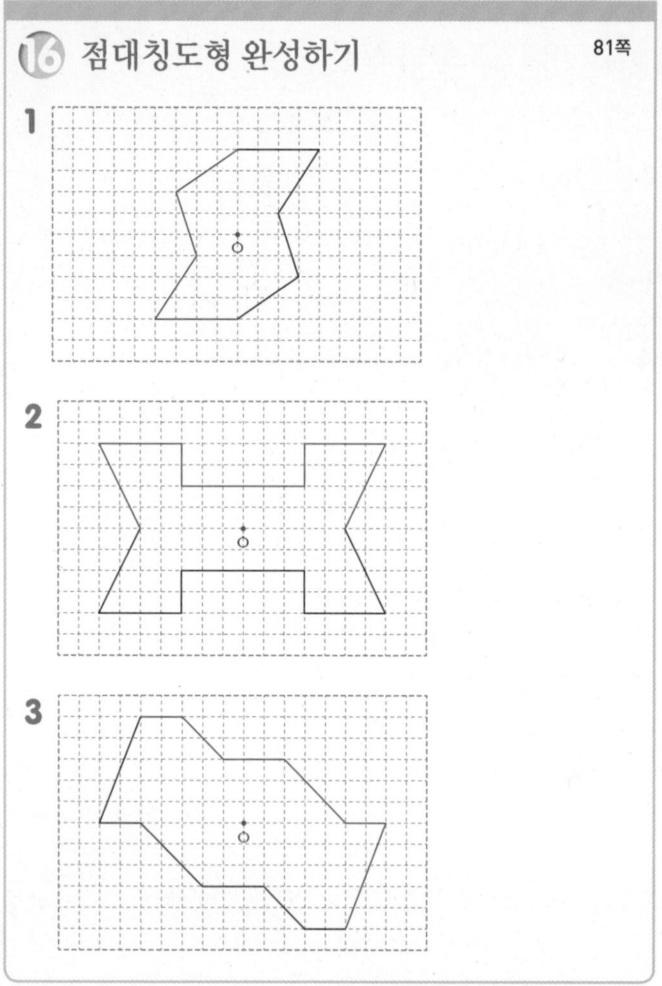

1 각 점에서 대칭의 중심을 지나는 직선을 긋습니다. 각 점에서 대칭의 중심까지의 길이가 같도록 대응점을 찾아 표시한 후 각 대응점을 차례로 이어 점대칭도형을 완성합니다.

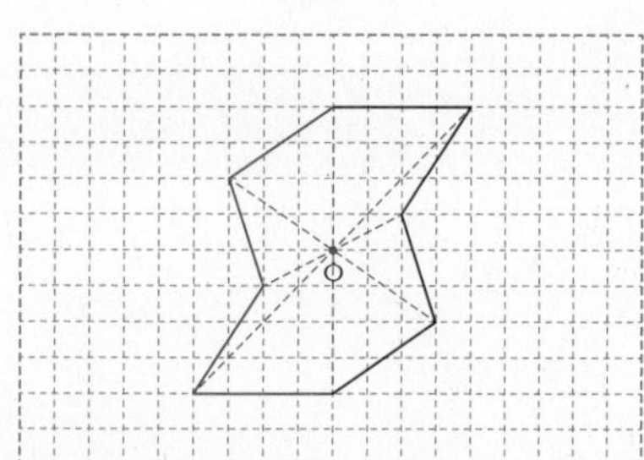

2

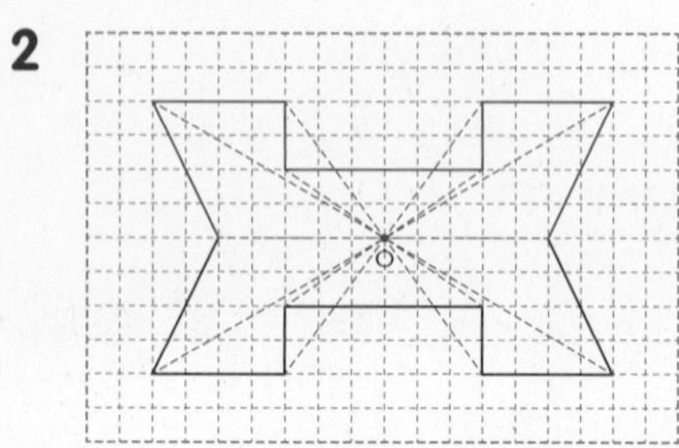

3

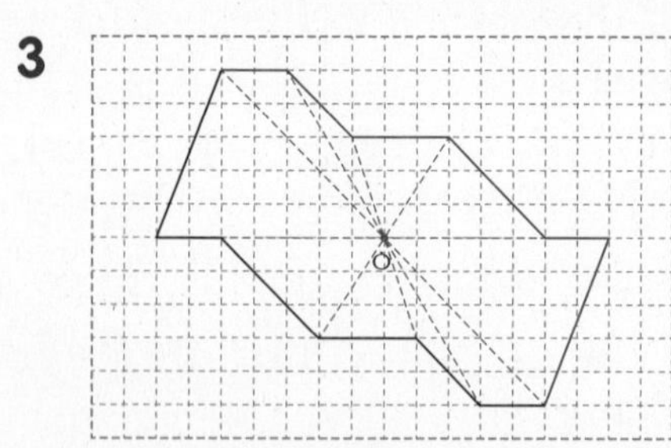

17 폴리오미노 82쪽

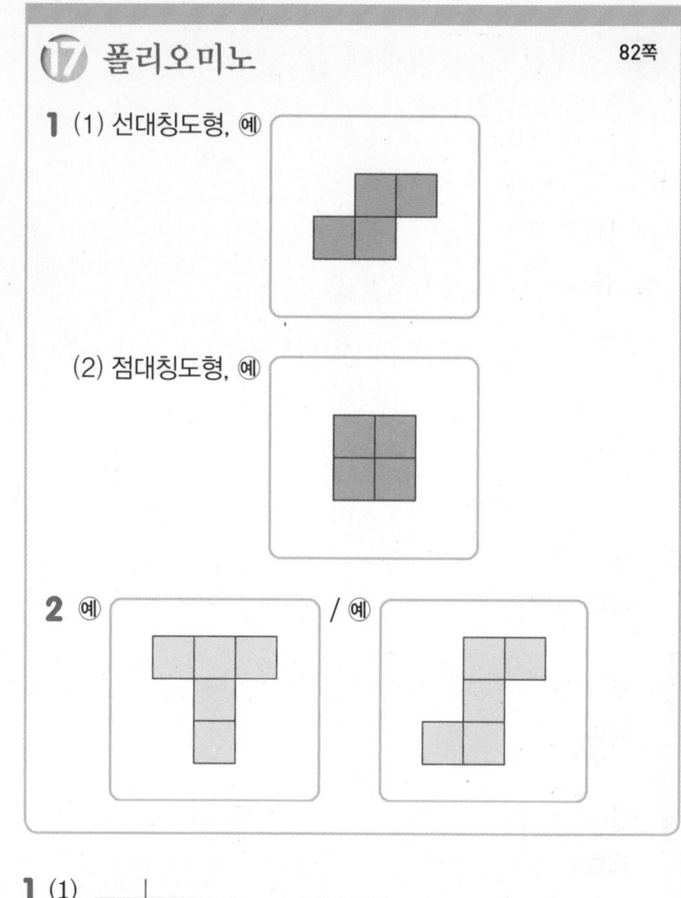

1 (1)

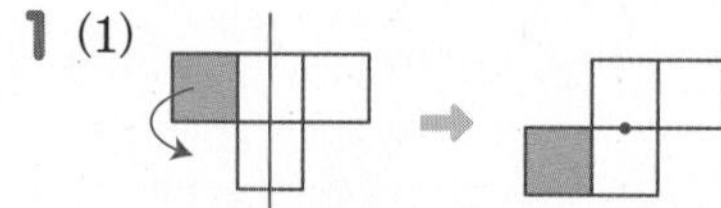

선대칭도형에서 색칠한 정사각형 1개를 아래로 옮겨 점대칭도형을 만들 수 있습니다.

(2)

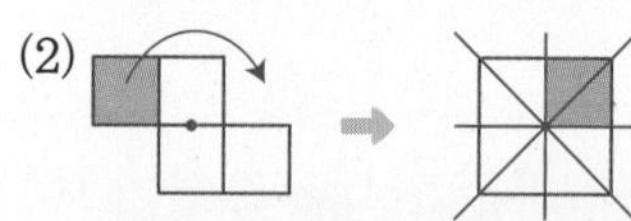

점대칭도형에서 색칠한 정사각형 1개를 오른쪽 끝으로 옮겨 선대칭도형을 만들 수 있습니다.

단원 평가 83~85쪽

1 합동
2 라
3 아
4 나
5
6 5개
7 가, 라
8 70°
9 19 cm
10 50°
11

12 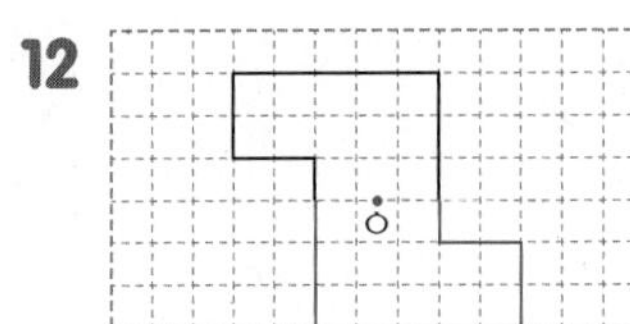

13 (위에서부터) 10, 5

14 (왼쪽에서부터) 70 / 130, 8

15 ㉠, ㉣

16 $180\,cm^2$

17 7 cm

18 28 cm

19 8 cm

20 3개

2 두 도형 나와 라는 모양과 크기가 같으므로 서로 합동입니다.

3 두 도형 마와 아는 모양과 크기가 같으므로 서로 합동입니다.

4 한 직선을 따라 접었을 때 완전히 겹치는 도형이 선대칭도형입니다. 따라서 선대칭도형은 나입니다.

6 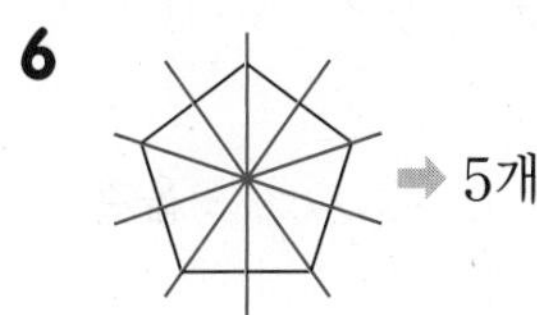 ➡ 5개

7 어떤 점을 중심으로 180° 돌렸을 때 처음 도형과 완전히 겹치는 도형이 점대칭도형입니다.
따라서 점대칭도형이 아닌 것은 가, 라입니다

8 선대칭도형에서 대응각의 크기는 서로 같으므로
(각 ㄱㄷㄴ)=(각 ㄱㄴㄷ)=70°입니다.

9 합동인 두 도형에서 대응변의 길이는 서로 같습니다.
➡ (변 ㅁㅂ)=(변 ㄴㄱ)=19 cm

10 합동인 두 도형에서 대응각의 크기는 서로 같습니다.
➡ (각 ㅁㅂㄹ)=(각 ㄴㄱㄷ)=50°

11 대응점을 이은 모든 선분들이 만나는 점이 대칭의 중심입니다.

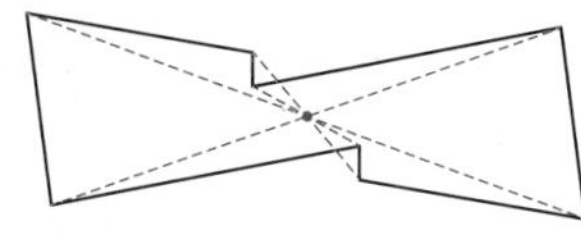

12 대칭의 중심에서 거리가 같고 방향이 반대인 곳에 대응점을 찍은 후 차례로 잇습니다.

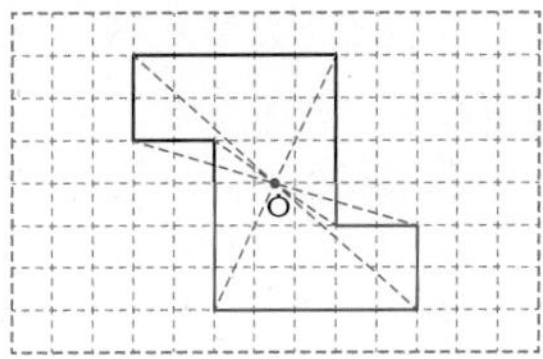

13 점대칭도형에서 대응변의 길이는 서로 같습니다.

14 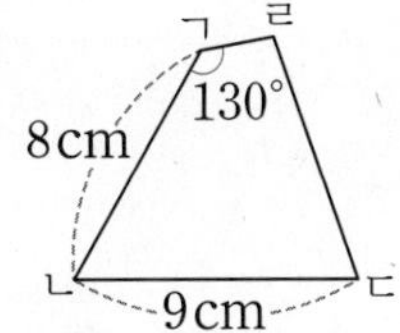 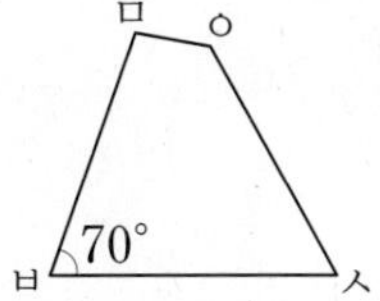

(각 ㄴㄷㄹ)=(각 ㅅㅂㅁ)=70°
(각 ㅁㅇㅅ)=(각 ㄹㄱㄴ)=130°
(변 ㅇㅅ)=(변 ㄱㄴ)=8 cm

15 선대칭도형: ㉠, ㉢, ㉣
점대칭도형: ㉠, ㉡, ㉣
따라서 선대칭도형도 되고 점대칭도형도 되는 것은 ㉠, ㉣입니다.

16 합동인 두 직사각형에서 대응변의 길이가 서로 같으므로 왼쪽 직사각형의 세로는 18 cm입니다.
➡ (직사각형 한 개의 넓이)$=5\times18=90\,(cm^2)$
(두 직사각형의 넓이의 합)$=90+90=180\,(cm^2)$

17 대응점에서 대칭의 중심까지의 거리는 같으므로
(선분 ㄱㅇ)=(선분 ㄹㅇ)입니다.
(선분 ㄱㅇ)=(선분 ㄱㄹ)÷2
=14÷2=7 (cm)입니다.

18 (변 ㅂㅁ)=(변 ㄷㄴ)=3 cm,
(변 ㅁㄹ)=(변 ㄴㄱ)=7 cm,
(변 ㄷㄹ)=(변 ㅂㄱ)=4 cm이므로 도형의 둘레는
(7+4+3)×2=28 (cm)입니다.

서술형
19 점 ㅁ의 대응점은 점 ㄷ이므로
(선분 ㅁㅇ)=(선분 ㄷㅇ)=8 cm입니다.

평가 기준	배점(5점)
점 ㅁ의 대응점을 찾았나요?	2점
선분 ㅁㅇ의 길이를 구했나요?	3점

서술형
20 한글 자음 중에서 점대칭도형은 **ㅁ, ㄹ, ㅍ**이므로 모두 3개입니다.

평가 기준	배점(5점)
점대칭도형을 모두 찾았나요?	3점
점대칭도형은 모두 몇 개인지 구했나요?	2점

4 소수의 곱셈

주아네 가족이 제주도에 놀러 가서 귤을 땄어요. 아빠랑 주아는 주아가 딴 귤의 무게를 알아보고 있고, 엄마랑 오빠는 귤을 옮기려고 하네요. □ 안에 알맞은 수를 써넣으세요.

1 (소수)×(자연수) 89쪽

① 0.6, 0.6, 0.6, 2.4 / 6, 6, 4, 24, 2.4 / 6, 6, 24, 2.4

② ㉠

③ ① $1.7\times3=1.7+1.7+1.7=5.1$

② $4.2\times2=\frac{42}{10}\times2=\frac{42\times2}{10}=\frac{84}{10}=8.4$

③ 5.6은 0.1이 56개인 수이므로 $5.6\times4=0.1\times56\times4$입니다. 0.1이 모두 224개이므로 $5.6\times4=22.4$입니다.

2 ㉠ 1.9×4는 2와 4의 곱인 8보다 작고, ㉡ 2.3×4는 2와 4의 곱인 8보다 크고, ㉢ 4.1×2는 4와 2의 곱인 8보다 큽니다. 따라서 계산 결과가 8보다 작은 것은 ㉠입니다.

3 ② 소수 한 자리 수는 분모가 10인 분수로 나타낼 수 있습니다.

2 (자연수)×(소수) 91쪽

①

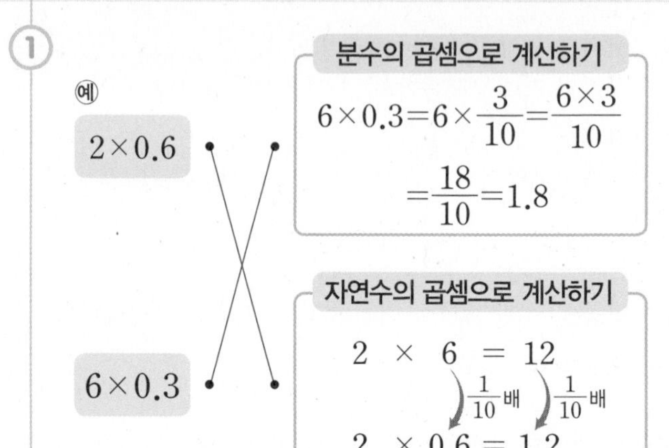

② ① 5.2 ② 13.5

③ ㉢

④ ① $3\times1.8=3\times\frac{18}{10}=\frac{3\times18}{10}=\frac{54}{10}=5.4$

② $40\times23=920$ → $\frac{1}{10}$배, $\frac{1}{10}$배 → $40\times2.3=92$

1 다른 풀이

• 2×0.6을 분수의 곱셈으로 계산하기:

$$2\times0.6=2\times\frac{6}{10}=\frac{2\times6}{10}=\frac{12}{10}=1.2$$

• 6×0.3을 자연수의 곱셈으로 계산하기:

$6\times3=18$ → $\frac{1}{10}$배, $\frac{1}{10}$배 → $6\times0.3=1.8$

2 ① $13\times0.4=13\times\frac{4}{10}=\frac{13\times4}{10}=\frac{52}{10}=5.2$

② $27\times0.5=27\times\frac{5}{10}=\frac{27\times5}{10}=\frac{135}{10}=13.5$

3 ㉠ 4의 1.87배는 4의 2배인 8보다 작고, ㉡ 3×1.9는 3×2인 6보다 작고, ㉢ 4의 2.03은 4의 2배인 8보다 조금 큽니다. 따라서 계산 결과가 8보다 큰 것은 ㉢입니다.

기본기 강화 문제

① (소수) × (자연수)의 계산 방법(1) 92쪽

1 $0.9\times5=0.9+0.9+0.9+0.9+0.9=4.5$

2 0.16×7
$=0.16+0.16+0.16+0.16+0.16+0.16+0.16$
$=1.12$

3 $0.37\times3=0.37+0.37+0.37=1.11$

4 $1.2\times4=1.2+1.2+1.2+1.2=4.8$

5 $2.8\times6=2.8+2.8+2.8+2.8+2.8+2.8=16.8$

6 $5.38\times5=5.38+5.38+5.38+5.38+5.38=26.9$

7 $9.22\times4=9.22+9.22+9.22+9.22=36.88$

② (소수) × (자연수)의 계산 방법(2) 92쪽

1 $0.7\times4=\frac{7}{10}\times4=\frac{7\times4}{10}=\frac{28}{10}=2.8$

2 $0.24\times3=\frac{24}{100}\times3=\frac{24\times3}{100}=\frac{72}{100}=0.72$

3 $0.18\times8=\frac{18}{100}\times8=\frac{18\times8}{100}=\frac{144}{100}=1.44$

4 $3.9\times4=\frac{39}{10}\times4=\frac{39\times4}{10}=\frac{156}{10}=15.6$

5 $6.3\times5=\frac{63}{10}\times5=\frac{63\times5}{10}=\frac{315}{10}=31.5$

6 $3.45\times7=\frac{345}{100}\times7=\frac{345\times7}{100}=\frac{2415}{100}=24.15$

7 $5.49\times4=\frac{549}{100}\times4=\frac{549\times4}{100}=\frac{2196}{100}=21.96$

1~7 소수 한 자리 수는 분모가 10인 분수로, 소수 두 자리 수는 분모가 100인 분수로 바꾸어 계산합니다.

③ (소수) × (자연수)의 계산 방법(3) 93쪽

1 4, 4 / 32, 3.2　**2** 7, 7 / 35, 3.5

3 16, 16 / 96, 9.6　**4** 34, 34 / 102, 10.2

④ (소수) × (자연수)의 계산 연습 93쪽

1 4.2　**2** 4　**3** 1.28

4 1.34　**5** 10.6　**6** 31.2

7 10.16　**8** 33.32

1 $0.6\times7=\frac{6}{10}\times7=\frac{6\times7}{10}=\frac{42}{10}=4.2$

2 $0.8\times5=\frac{8}{10}\times5=\frac{8\times5}{10}=\frac{40}{10}=4$

3 $0.16\times8=\frac{16}{100}\times8=\frac{16\times8}{100}=\frac{128}{100}=1.28$

4 $0.67\times2=\frac{67}{100}\times2=\frac{67\times2}{100}=\frac{134}{100}=1.34$

5 $5.3\times2=\frac{53}{10}\times2=\frac{53\times2}{10}=\frac{106}{10}=10.6$

6 $7.8\times4=\frac{78}{10}\times4=\frac{78\times4}{10}=\frac{312}{10}=31.2$

7 $2.54\times4=\frac{254}{100}\times4=\frac{254\times4}{100}=\frac{1016}{100}=10.16$

8 $4.76\times7=\frac{476}{100}\times7=\frac{476\times7}{100}=\frac{3332}{100}=33.32$

⑤ 길 찾기

94쪽

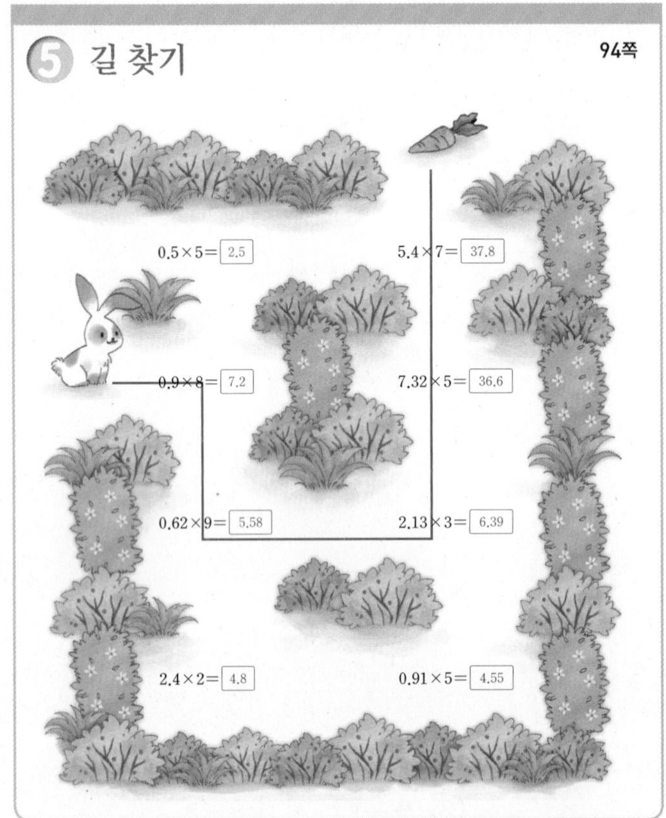

$0.5\times5=\frac{5}{10}\times5=\frac{5\times5}{10}=\frac{25}{10}=2.5<5$

$0.9\times8=\frac{9}{10}\times8=\frac{9\times8}{10}=\frac{72}{10}=7.2>5$

$0.62\times9=\frac{62}{100}\times9=\frac{62\times9}{100}=\frac{558}{100}=5.58>5$

$2.4\times2=\frac{24}{10}\times2=\frac{24\times2}{10}=\frac{48}{10}=4.8<5$

$5.4\times7=\frac{54}{10}\times7=\frac{54\times7}{10}=\frac{378}{10}=37.8>5$

$7.32\times5=\frac{732}{100}\times5=\frac{732\times5}{100}=\frac{3660}{100}=36.6>5$

$2.13\times3=\frac{213}{100}\times3=\frac{213\times3}{100}=\frac{639}{100}=6.39>5$

$0.91\times5=\frac{91}{100}\times5=\frac{91\times5}{100}=\frac{455}{100}=4.55<5$

⑥ 여러 수 곱하기(1)

95쪽

1 0.3, 0.6, 0.9, 1.2　**2** 0.9, 1.8, 2.7, 3.6

3 0.45, 0.9, 1.35, 1.8　**4** 2.8, 5.6, 8.4, 11.2

5 3.7, 7.4, 11.1, 14.8

6 3.49, 6.98, 10.47, 13.96

6 $3.49\times1=3.49$

$3.49\times2=\frac{349}{100}\times2=\frac{349\times2}{100}=\frac{698}{100}=6.98$

$3.49\times3=\frac{349}{100}\times3=\frac{349\times3}{100}=\frac{1047}{100}=10.47$

$3.49\times4=\frac{349}{100}\times4=\frac{349\times4}{100}=\frac{1396}{100}=13.96$

⑦ 어림하여 계산 결과 비교하기(1)

95쪽

1 ㉡　**2** ㉡　**3** ㉢

4 ㉡　**5** ㉢

1 ㉠ 0.79×4는 0.8과 4의 곱인 3.2보다 작고,
㉡ 0.7×6=4.2이고, ㉢ 0.4×9=3.6입니다.
따라서 계산 결과가 4보다 큰 것은 ㉡입니다.

2 ㉠ 0.83×3은 0.8과 3의 곱인 2.4보다 크고,
㉡ 0.19×8은 0.2와 8의 곱인 1.6보다 작고,
㉢ 0.4×7=2.8입니다.
따라서 계산 결과가 2보다 작은 것은 ㉡입니다.

3 ㉠ 0.71×9는 0.7과 9의 곱인 6.3보다 크고,
㉡ 0.83×8은 0.8과 8의 곱인 6.4보다 크고,
㉢ 0.6×9=5.4입니다.
따라서 계산 결과가 6보다 작은 것은 ㉢입니다.

4 ㉠ 5.9×2는 6과 2의 곱인 12보다 작고,
㉡ 3.11×4는 3과 4의 곱인 12보다 크고,
㉢ 1.5×6=9입니다.
따라서 계산 결과가 12보다 큰 것은 ㉡입니다.

5 ㉠ 4.2×5는 4와 5의 곱인 20보다 크고,
㉡ 7.2×3은 7과 3의 곱인 21보다 크고,
㉢ 2.9×6은 3과 6의 곱인 18보다 작습니다.
따라서 계산 결과가 20보다 작은 것은 ㉢입니다.

8 화살표를 따라 계산하기 96쪽

1 (위에서부터) 5.6 / 1.4

2 (위에서부터) 5.4 / 2.7

3 (위에서부터) 1.44 / 0.48

4 (위에서부터) 22.4 / 11.2

5 (위에서부터) 16.36 / 8.18

1 $8=2\times4$이므로 0.7×8의 계산 결과는 0.7×2의 계산 결과에 4를 곱한 것과 같습니다.

2 $6=3\times2$이므로 0.9×6의 계산 결과는 0.9×3의 계산 결과에 2를 곱한 것과 같습니다.

3 $9=3\times3$이므로 0.16×9의 계산 결과는 0.16×3의 계산 결과에 3을 곱한 것과 같습니다.

4 $8=4\times2$이므로 2.8×8의 계산 결과는 2.8×4의 계산 결과에 2를 곱한 것과 같습니다.

5 $4=2\times2$이므로 4.09×4의 계산 결과는 4.09×2의 계산 결과에 2를 곱한 것과 같습니다.

9 소수의 곱셈식 만들기 96쪽

1 $0.6\times9=5.4$

2 $1.3\times4=5.2$

3 $3.4\times7=23.8$

4 $2.3\times5=11.5$

5 $1.8\times9=16.2$

1 $0.6\times9=\frac{6}{10}\times9=\frac{6\times9}{10}=\frac{54}{10}=5.4$

2 $1.3\times4=\frac{13}{10}\times4=\frac{13\times4}{10}=\frac{52}{10}=5.2$

3 $3.4\times7=\frac{34}{10}\times7=\frac{34\times7}{10}=\frac{238}{10}=23.8$

4 $2.3\times5=\frac{23}{10}\times5=\frac{23\times5}{10}=\frac{115}{10}=11.5$

5 $1.8\times9=\frac{18}{10}\times9=\frac{18\times9}{10}=\frac{162}{10}=16.2$

10 (자연수)×(소수)의 계산 방법(1) 97쪽

1 0.2, $\frac{2}{10}$ / 0.4, $\frac{4}{10}$, $\frac{8}{10}$, 0.8

2 0.6, $\frac{6}{10}$, $\frac{18}{10}$, 1.8

3 0.5, $\frac{5}{10}$, $\frac{20}{10}$, 2

4 (위에서부터) 4.2 / 3, 1.2, 4.2

5 (위에서부터) 11 / 10, 1, 11

6 (위에서부터) 14.4 / 8, 6.4, 14.4

11 (자연수)×(소수)의 계산 방법(2) 98쪽

1 $12\times0.8=12\times\frac{8}{10}=\frac{12\times8}{10}=\frac{96}{10}=9.6$

2 $5\times0.31=5\times\frac{31}{100}=\frac{5\times31}{100}=\frac{155}{100}=1.55$

3 $6\times0.67=6\times\frac{67}{100}=\frac{6\times67}{100}=\frac{402}{100}=4.02$

4 $4\times1.8=4\times\frac{18}{10}=\frac{4\times18}{10}=\frac{72}{10}=7.2$

5 $3\times5.6=3\times\frac{56}{10}=\frac{3\times56}{10}=\frac{168}{10}=16.8$

6 $2\times6.13=2\times\frac{613}{100}=\frac{2\times613}{100}=\frac{1226}{100}=12.26$

7 $4\times5.24=4\times\frac{524}{100}=\frac{4\times524}{100}=\frac{2096}{100}=20.96$

12 (자연수)×(소수)의 계산 방법(3) 98~99쪽

1 27 / 2.7 **2** 35 / 3.5

3 64 / 0.64 **4** 130 / 1.3

5 28 / 2.8 **6** 148 / 14.8

7 368 / 36.8 **8** 372 / 3.72

9 4100 / 41

13 (자연수)×(소수)의 계산 연습 99쪽

1 10.4　2 15　3 4.64
4 1.05　5 7.6　6 23.1
7 37.44　8 10.2

1 $13\times0.8=13\times\frac{8}{10}=\frac{13\times8}{10}=\frac{104}{10}=10.4$

2 $25\times0.6=25\times\frac{6}{10}=\frac{25\times6}{10}=\frac{150}{10}=15$

3 $8\times0.58=8\times\frac{58}{100}=\frac{8\times58}{100}=\frac{464}{100}=4.64$

4 $7\times0.15=7\times\frac{15}{100}=\frac{7\times15}{100}=\frac{105}{100}=1.05$

5 $4\times1.9=4\times\frac{19}{10}=\frac{4\times19}{10}=\frac{76}{10}=7.6$

6 $7\times3.3=7\times\frac{33}{10}=\frac{7\times33}{10}=\frac{231}{10}=23.1$

7 $9\times4.16=9\times\frac{416}{100}=\frac{9\times416}{100}=\frac{3744}{100}=37.44$

8 $5\times2.04=5\times\frac{204}{100}=\frac{5\times204}{100}=\frac{1020}{100}=10.2$

14 어림하여 계산 결과 비교하기(2) 100쪽

1 ㉡　2 ㉠　3 ㉠
4 ㉢　5 ㉡

1 ㉠ 5의 0.53은 5의 0.6배인 3보다 작고,
㉡ 6의 0.7배는 6의 반인 3보다 크고,
㉢ 3×0.92는 3보다 작습니다.
따라서 계산 결과가 3보다 큰 것은 ㉡입니다.

2 ㉠ 30의 0.6은 30의 반인 15보다 크고,
㉡ 15×0.8은 15보다 작고,
㉢ 5의 2.82배는 5의 3배인 15보다 작습니다.
따라서 계산 결과가 15보다 큰 것은 ㉠입니다.

3 ㉠ 8×1.92는 8×2인 16보다 작고,
㉡ 20×0.81은 20×0.8인 16보다 크고,
㉢ 32의 0.7배는 32의 반인 16보다 큽니다.
따라서 계산 결과가 16보다 작은 것은 ㉠입니다.

4 ㉠ 4의 2.04배는 4의 2배인 8보다 조금 크고,
㉡ 3×2.4는 3×2=6보다 크고,
㉢ 2의 2.78은 2의 3배인 6보다 작습니다.
따라서 계산 결과가 6보다 작은 것은 ㉢입니다.

5 ㉠ 16의 0.4는 16의 반인 8보다 작고,
㉡ 4×2.01은 4×2=8보다 조금 크고,
㉢ 8×0.99는 8보다 작습니다.
따라서 계산 결과가 8보다 큰 것은 ㉡입니다.

15 나누어 곱한 후 더하기(1) 100쪽

1 6 / 1.8 / 7.8　2 16 / 0.8 / 16.8
3 21 / 1.5 / 22.5　4 12 / 1.44 / 13.44
5 20 / 1.35 / 21.35

16 소수의 곱셈의 활용(1) 101쪽

1 금성, 화성, 목성　2 5.4m
3 36m

1 40kg의 0.9배로 어림하면 36kg이므로 36.4kg은 금성입니다.
40kg의 0.4배로 어림하면 16kg이므로 15.2kg은 화성입니다.
40kg의 2배로 어림하면 80kg이므로 94.4kg은 목성입니다.

2 (첫 번째로 튀어 오른 공의 높이)=15×0.6=9 (m),
(두 번째로 튀어 오른 공의 높이)=9×0.6=5.4 (m)

3 나무 사이의 간격이 16−1=15(군데) 있으므로 도로의 길이는 15×2.4=36 (m)입니다.

3 (소수)×(소수) 103쪽

① ① 9, 9, 45, 0.45

② (위에서부터) 45 / $\frac{1}{100}$ / 0.45

② ① 0.126 ② 0.042

③ ㉡

④ ① $4.8\times5.2=\frac{48}{10}\times\frac{52}{10}=\frac{2496}{100}=24.96$

② 예 135×24=3240인데 1.35에 2.4를 곱하면 1.35의 2배인 2.7보다 커야 하므로 3.24입니다.

2 ① $0.3\times0.42=\frac{3}{10}\times\frac{42}{100}=\frac{126}{1000}=0.126$

②
```
    1 5           0.1 5
×   2 8   ➡   ×   0.2 8
-------       ---------
  4 2 0       0.0 4 2 0  ➡ 0.042
```

3 ㉠ 8.4의 0.5는 8의 0.5배 정도로 어림하면 4보다 크고, ㉡ 2.9의 1.3배는 3의 1.3배인 3.9보다 작고, ㉢ 4.2의 1.2배는 4.2의 1배인 4.2보다 큽니다. 따라서 계산 결과가 4보다 작은 것은 ㉡입니다.

4 곱의 소수점 위치 105쪽

① ① 2.57, 25.7, 257, 2570

② 3.84, 38.4, 384, 3840

② ① 160, 16, 1.6, 0.16

② 720, 72, 7.2, 0.72

③ 자연수의 곱셈으로 계산하기 0.001 / 0.064

분수의 곱셈으로 계산하기

예 $0.4\times0.16=\frac{4}{10}\times\frac{16}{100}=\frac{64}{1000}=0.064$

이유 예 0.4는 4의 0.1배$\left(\text{또는 }\frac{1}{10}\text{배}\right)$이고, 0.16은 16의 0.01배$\left(\text{또는 }\frac{1}{100}\text{배}\right)$이므로 0.4×0.16의 값은 4×16의 값인 64의 0.001배$\left(\text{또는 }\frac{1}{1000}\text{배}\right)$여야 하므로 64에서 소수점을 왼쪽으로 세 칸 옮기면 0.064입니다.

1 곱하는 수의 0이 하나씩 늘어날 때마다 곱의 소수점이 오른쪽으로 한 칸씩 옮겨집니다. 이때 소수점을 옮길 자리가 없으면 오른쪽에 0을 더 채워 씁니다.

2 곱하는 소수의 소수점 아래 자리 수가 하나씩 늘어날 때마다 곱의 소수점이 왼쪽으로 한 칸씩 옮겨집니다. 이때 소수점 아래 마지막 0은 생략합니다.

기본기 강화 문제

17 (소수)×(소수)의 계산 방법(1) 106쪽

1 $0.8\times0.4=\frac{8}{10}\times\frac{4}{10}=\frac{32}{100}=0.32$

2 $0.29\times0.5=\frac{29}{100}\times\frac{5}{10}=\frac{145}{1000}=0.145$

3 $0.4\times0.38=\frac{4}{10}\times\frac{38}{100}=\frac{152}{1000}=0.152$

4 $0.17\times0.31=\frac{17}{100}\times\frac{31}{100}=\frac{527}{10000}=0.0527$

5 $1.5\times4.8=\frac{15}{10}\times\frac{48}{10}=\frac{720}{100}=7.2$

6 $4.61\times5.6=\frac{461}{100}\times\frac{56}{10}=\frac{25816}{1000}=25.816$

7 $5.2\times8.05=\frac{52}{10}\times\frac{805}{100}=\frac{41860}{1000}=41.86$

18 (소수)×(소수)의 계산 방법(2) 106~107쪽

1 35 / 0.35 **2** 72 / 0.72

3 65 / 0.065 **4** 427 / 0.427

5 486 / 0.0486 **6** 1344 / 13.44

7 3304 / 3.304 **8** 9088 / 9.088

9 69420 / 6.942

19 (소수)×(소수)의 계산 방법(3) 107쪽

1 54 / 작은에 ○표 / 0.54

2 136 / 작은에 ○표 / 0.136

3 1504 / 큰에 ○표 / 15.04

4 3384 / 큰에 ○표 / 3.384

20 (소수)×(소수)의 계산 연습(1) 108쪽

1 0.21 **2** 0.12 **3** 0.125
4 0.099 **5** 84.15 **6** 4.935
7 11.398 **8** 8.5666

1 $0.3\times0.7=\frac{3}{10}\times\frac{7}{10}=\frac{21}{100}=0.21$

2 $0.15\times0.8=\frac{15}{100}\times\frac{8}{10}=\frac{120}{1000}=0.12$

3 $0.5\times0.25=\frac{5}{10}\times\frac{25}{100}=\frac{125}{1000}=0.125$

4 $0.18\times0.55=\frac{18}{100}\times\frac{55}{100}=\frac{990}{10000}=0.099$

5 $8.5\times9.9=\frac{85}{10}\times\frac{99}{10}=\frac{8415}{100}=84.15$

6 $1.5\times3.29=\frac{15}{10}\times\frac{329}{100}=\frac{4935}{1000}=4.935$

7 $2.78\times4.1=\frac{278}{100}\times\frac{41}{10}=\frac{11398}{1000}=11.398$

8 $2.11\times4.06=\frac{211}{100}\times\frac{406}{100}=\frac{85666}{10000}=8.5666$

21 (소수)×(소수)의 계산 연습(2) 108쪽

1 0.36 **2** 0.198 **3** 0.308
4 0.1058 **5** 37.44 **6** 57.939
7 35.53 **8** 9.265

22 어림하여 계산 결과 비교하기(3) 109쪽

1 ㉢ **2** ㉢ **3** ㉡
4 ㉠ **5** ㉢

1 ㉠ 6.1×0.4는 6×0.4=2.4보다 크고,
㉡ 4.1의 0.5배는 4의 반인 2보다 크고,
㉢ 2.9의 0.6배는 3의 0.6배인 1.8보다 작습니다.
따라서 계산 결과가 2보다 작은 것은 ㉢입니다.

2 ㉠ 12.4의 0.3배는 12의 0.3배인 3.6보다 크고,
㉡ 9.01의 0.4는 9의 0.4인 3.6보다 크고,
㉢ 4.7×0.6은 5×0.6=3보다 작습니다.
따라서 계산 결과가 3보다 작은 것은 ㉢입니다.

3 ㉠ 7.82×0.9는 8×0.9=7.2보다 작고,
㉡ 16.3×0.5는 16×0.5=8보다 크고,
㉢ 1.7의 3.8배는 2의 4배인 8보다 작습니다.
따라서 계산 결과가 8보다 큰 것은 ㉡입니다.

4 ㉠ 27.65의 0.4는 28의 0.5인 14보다 작고,
㉡ 3.1×5.24는 3×5=15보다 크고,
㉢ 7.1의 2.2배는 7의 2배인 14보다 큽니다.
따라서 계산 결과가 14보다 작은 것은 ㉠입니다.

5 ㉠ 2.05×5.2는 2×5=10보다 크고,
㉡ 20.17×0.5는 20×0.5=10보다 크고,
㉢ 5.75의 1.5는 6의 1.5배인 9보다 작습니다.
따라서 계산 결과가 10보다 작은 것은 ㉢입니다.

23 나누어 곱한 후 더하기(2) 109쪽

1 0.24 / 0.3 / 0.54 **2** 13 / 2.34 / 15.34
3 7.4 / 2.96 / 10.36
4 12.03 / 0.802 / 12.832
5 35.5 / 0.213 / 35.713

24 계산 결과 비교하기 110쪽

1 >, < **2** >, < **3** <, >
4 >, < **5** <, >

1~5 곱하는 수가 1보다 작으면 계산 결과는 처음 수보다 작아지고, 곱하는 수가 1보다 크면 계산 결과는 처음 수보다 커집니다.

25 연산 기호 넣기 110쪽

1 +, −, ×
2 −, ×, +
3 ×, +, −
4 +, −, ×
5 ×, +, −

26 가장 큰 수와 가장 작은 수의 곱 구하기 111쪽

1 11.43
2 2.044
3 5.616
4 3.744
5 13.824
6 63.54

1 12.7>6.8>2.5>0.9이므로 가장 큰 수는 12.7이고, 가장 작은 수는 0.9입니다.

➡ $12.7\times0.9=\frac{127}{10}\times\frac{9}{10}=\frac{1143}{100}=11.43$

2 7.3>1.12>0.5>0.28이므로 가장 큰 수는 7.3이고, 가장 작은 수는 0.28입니다.

➡ $7.3\times0.28=\frac{73}{10}\times\frac{28}{100}=\frac{2044}{1000}=2.044$

3 14.4>4.15>0.6>0.39이므로 가장 큰 수는 14.4이고, 가장 작은 수는 0.39입니다.

➡ $14.4\times0.39=\frac{144}{10}\times\frac{39}{100}=\frac{5616}{1000}=5.616$

4 20.8>5.7>2.05>0.18이므로 가장 큰 수는 20.8이고, 가장 작은 수는 0.18입니다.

➡ $20.8\times0.18=\frac{208}{10}\times\frac{18}{100}=\frac{3744}{1000}=3.744$

5 43.2>10.6>9.35>0.32이므로 가장 큰 수는 43.2이고, 가장 작은 수는 0.32입니다.

➡ $43.2\times0.32=\frac{432}{10}\times\frac{32}{100}=\frac{13824}{1000}=13.824$

6 52.95>13.2>7.8>1.2이므로 가장 큰 수는 52.95이고, 가장 작은 수는 1.2입니다.

➡ $52.95\times1.2=\frac{5295}{100}\times\frac{12}{10}=\frac{63540}{1000}=63.54$

27 1, 10, 100, 1000 곱하기 111쪽

1 0.34 / 3.4 / 34 / 340
2 0.27 / 2.7 / 27 / 270
3 4.35 / 43.5 / 435 / 4350
4 6.73 / 67.3 / 673 / 6730

1~4 곱하는 수의 0이 하나씩 늘어날 때마다 곱의 소수점이 오른쪽으로 한 칸씩 옮겨집니다.

28 1, 0.1, 0.01, 0.001 곱하기 112쪽

1 1420 / 142 / 14.2 / 1.42
2 635 / 63.5 / 6.35 / 0.635
3 28 / 2.8 / 0.28 / 0.028
4 3.2 / 0.32 / 0.032 / 0.0032

1 곱하는 소수의 소수점 아래 자리 수가 하나씩 늘어날 때마다 곱의 소수점이 왼쪽으로 한 칸씩 옮겨집니다. 이때 소수점 아래 마지막 0은 생략합니다.

2~4 곱하는 소수의 소수점 아래 자리 수가 하나씩 늘어날 때마다 곱의 소수점이 왼쪽으로 한 칸씩 옮겨집니다.

29 여러 수 곱하기(2) 112쪽

1 5.2 / 0.52 / 0.052 / 0.0052
2 28 / 2.8 / 0.28 / 0.028
3 12 / 0.12 / 0.012 / 0.0012
4 175 / 1.75 / 0.175 / 0.0175

1~4 곱하는 소수의 소수점 아래 자리 수가 하나씩 늘어날 때마다 곱의 소수점이 왼쪽으로 한 칸씩 옮겨집니다. 소수점을 왼쪽으로 이동할 때 소수점을 옮길 자리가 없으면 0을 채우면서 옮깁니다.

30 다르면서 같은 곱셈 113쪽

1 0.054 / 0.054　**2** 0.126 / 0.126
3 0.42 / 0.42　**4** 0.436 / 0.436
5 1.92 / 1.92　**6** 13.356 / 13.356

31 주어진 식을 이용하여 식 완성하기 113쪽

1 5800 / 0.046　**2** 0.34 / 0.273
3 512 / 6.2　**4** 5.04 / 9.1

1 • 곱해지는 수는 그대로이고, 26680은 266.8의 100배이므로 □ 안에 알맞은 수는 58의 100배인 5800입니다.
• 곱하는 수는 그대로이고, 2.668은 266.8의 0.01배이므로 □ 안에 알맞은 수는 4.6의 0.01배인 0.046입니다.

2 • 2.73은 273의 0.01배이고 0.9282는 9282의 0.0001배이므로 □ 안에 알맞은 수는 34의 0.01배인 0.34입니다.
• 3400은 34의 100배이고 928.2는 9282의 0.1배이므로 □ 안에 알맞은 수는 273의 0.001배인 0.273입니다.

3 • 0.62는 62의 0.01배이고 317.44는 3174.4의 0.1배이므로 □ 안에 알맞은 수는 51.2의 10배인 512입니다.
• 5120은 51.2의 100배이고 31744는 3174.4의 10배이므로 □ 안에 알맞은 수는 62의 0.1배인 6.2입니다.

4 • 0.91은 91의 0.01배이고 4.5864는 45864의 0.0001배이므로 □ 안에 알맞은 수는 504의 0.01배인 5.04입니다.
• 50.4는 504의 0.1배이고 458.64는 45864의 0.01배이므로 □ 안에 알맞은 수는 91의 0.1배인 9.1입니다.

32 소수의 곱셈의 활용(2) 114쪽

1 92.48 cm^2　**2** 5.76 km
3 1574646원

1 (직사각형의 넓이)=(가로)×(세로)
=13.6×6.8=92.48 (cm^2)

2 (학교에서 도서관까지의 거리)
=(사랑이네 집에서 학교까지의 거리)×3.2
=1.8×3.2=5.76 (km)

3 10달러짜리 지폐 1장은 1418.6×10=14186(원),
100달러짜리 지폐 1장은 1418.6×100=141860(원),
1000달러짜리 지폐 1장은
1418.6×1000=1418600(원)으로 바꿀 수 있습니다.
➡ 14186+141860+1418600=1574646(원)

단원 평가 115~117쪽

1 324, 5508, 5.508

2 $0.57\times12=\frac{57}{100}\times12=\frac{57\times12}{100}=\frac{684}{100}=6.84$

3 (1) 18.2 (2) 36.88

4 (위에서부터) 1155 / $\frac{1}{10000}$ / 0.1155

5 (위에서부터) 47.5 / 4.75 / 0.475

6 ㉡　**7** ㉡

8 21.998　**9** (1) 2.08 (2) 20.8

10 (1) 730 (2) 10　**11** ㉢

12 (1) > (2) =

13 예 8.4×1.5를 자연수의 곱을 이용하여 계산하면 84×15=1260이니까 8.4×1.5=12.6이야.

14 13.74　**15** 3.22 m^2

16 ㉠, ㉢, ㉡

17 2.34×4.2=9.828
이유 예 2.34×4.2를 2.3의 4배 정도로 어림하면 9.2보다 더 큰 값이기 때문입니다.

18 17.5 L　**19** 4.32 kg

20 201.02 km

1 소수 한 자리 수는 분모가 10인 분수로, 소수 두 자리 수는 분모가 100인 분수로 바꾸어 계산합니다.

5 곱하는 소수의 소수점 아래 자리 수가 하나씩 늘어날 때마다 곱의 소수점이 왼쪽으로 한 칸씩 옮겨집니다.

$475 \times 0.1 = 47.5$

$475 \times 0.01 = 4.75$

$475 \times 0.001 = 0.475$

6 ㉠ $12 \times 0.2 = 2.4$

㉢ $6 \times 0.25 = 1.5$

㉣ $34 \times 0.75 = 25.5$

7 ㉠ 0.92×7은 0.9와 7의 곱인 6.3보다 크고,

㉡ $0.8 \times 7 = 5.6$이고, ㉢ 12×0.5는 12의 반인 6입니다.

따라서 계산 결과가 6보다 작은 것은 ㉡입니다.

8 $6.47 \times 3.4 = \frac{647}{100} \times \frac{34}{10} = \frac{21998}{1000} = 21.998$

9 (1) 곱해지는 수가 $\frac{1}{100}$배이므로 계산 결과도 $\frac{1}{100}$배가 됩니다.

(2) 곱하는 수가 $\frac{1}{10}$배이므로 계산 결과도 $\frac{1}{10}$배가 됩니다.

10 (1) 0.001을 곱해서 0.73이 되었으므로 0.73에서 소수점을 오른쪽으로 3칸 옮기면 730입니다.

(2) 0.86에서 8.6으로 소수점이 오른쪽으로 1칸 옮겨졌으므로 10을 곱한 것입니다.

11 $26 \times 39 = 1014$이므로

㉠ $2.6 \times 3.9 = 10.14$,

㉡ $260 \times 0.039 = 10.14$,

㉢ $0.26 \times 3.9 = 1.014$,

㉣ $26 \times 0.39 = 10.14$입니다.

12 (1) $16 \times 2.3 = 36.8$, $12 \times 2.7 = 32.4$

➡ $36.8 > 32.4$

(2) $1.4 \times 2.8 = 3.92$, $4.9 \times 0.8 = 3.92$

13 곱하는 두 수의 소수점 아래 자리 수를 더한 값만큼 소수점 아래 자리 수가 정해집니다. 이때 소수점 아래 마지막 자리의 0은 생략하므로 $84 \times 15 = 1260$에서 소수점을 왼쪽으로 두 칸 옮겨 $8.4 \times 1.5 = 12.6$이 되어야 합니다.

14 $27.48 > 13.9 > 4.1 > 0.5$이므로 가장 큰 수는 27.48이고, 가장 작은 수는 0.5입니다.

➡ $27.48 \times 0.5 = \frac{2748}{100} \times \frac{5}{10} = \frac{13740}{1000} = 13.74$

15 (평행사변형의 넓이)=(밑변)×(높이)

$= 2.3 \times 1.4 = 3.22$ (m^2)

16 ㉠ $2.3 \times 0.4 = 0.92$

㉡ $6.9 \times 0.3 = 2.07$

㉢ $0.2 \times 5.6 = 1.12$

따라서 $0.92 < 1.12 < 2.07$이므로 ㉠<㉢<㉡입니다.

18 일주일은 7일입니다.

(재훈이네 집에서 일주일 동안 마신 우유의 양)

$= 2.5 \times 7 = 17.5$ (L)

서술형

19 하루에 사용하는 쌀의 양은 $36 \times 0.12 = 4.32$ (kg)입니다.

평가 기준	배점(5점)
알맞은 식을 세웠나요?	2점
하루에 사용하는 쌀의 양을 구했나요?	3점

서술형

20 2시간 18분$=2\frac{18}{60}$시간$=2.3$시간입니다.

따라서 2.3시간 동안 갈 수 있는 거리는

$87.4 \times 2.3 = 201.02$ (km)입니다.

평가 기준	배점(5점)
2시간 18분은 몇 시간인지 소수로 나타내었나요?	2점
알맞은 식을 세워 2시간 18분 동안 갈 수 있는 거리를 구했나요?	3점

5 직육면체

친구들이 조각 전시회에 갔어요. 전시회의 조각들은 모두 상자 모양이네요.
조각들은 사각형 몇 개로 둘러싸여 있는지 □ 안에 알맞은 수를 써넣으세요.

여기 조각들은 옆으로나 위로 길쭉한 모양이야.

여기 조각들은 모든 면의 모양과 크기가 같네.

여기 조각들은 정사각형 6 개로 둘러싸여 있구나!

여기 조각들은 직사각형 6 개로 둘러싸여 있구나!

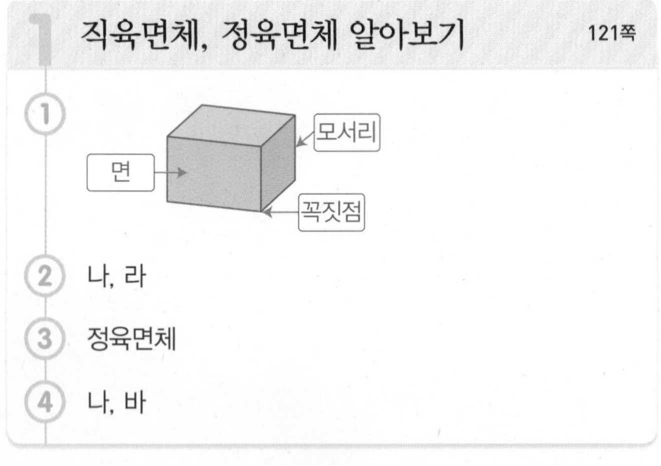

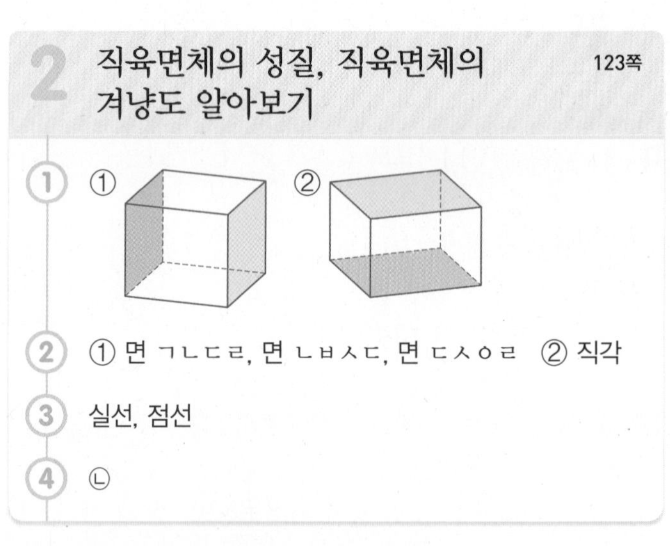

1 선분으로 둘러싸인 부분을 면, 면과 면이 만나는 선분을 모서리, 모서리와 모서리가 만나는 점을 꼭짓점이라고 합니다.

2 직사각형 6개로 둘러싸인 도형을 모두 찾아봅니다.

> 참고 정육면체의 면의 모양은 정사각형이고 정사각형은 직사각형이라 할 수 있으므로 정육면체는 직육면체라고 할 수 있습니다.

4 정육면체는 정사각형 6개로 둘러싸여 있고 모서리의 길이가 모두 같습니다.

1 색칠한 면과 마주 보는 면에 색칠합니다.

3 직육면체의 겨냥도는 직육면체 모양을 잘 알 수 있도록 보이는 모서리는 실선으로, 보이지 않는 모서리는 점선으로 그린 그림입니다.

4 보이는 모서리는 실선으로, 보이지 않는 모서리는 점선으로 그린 것을 찾으면 ㉡입니다.

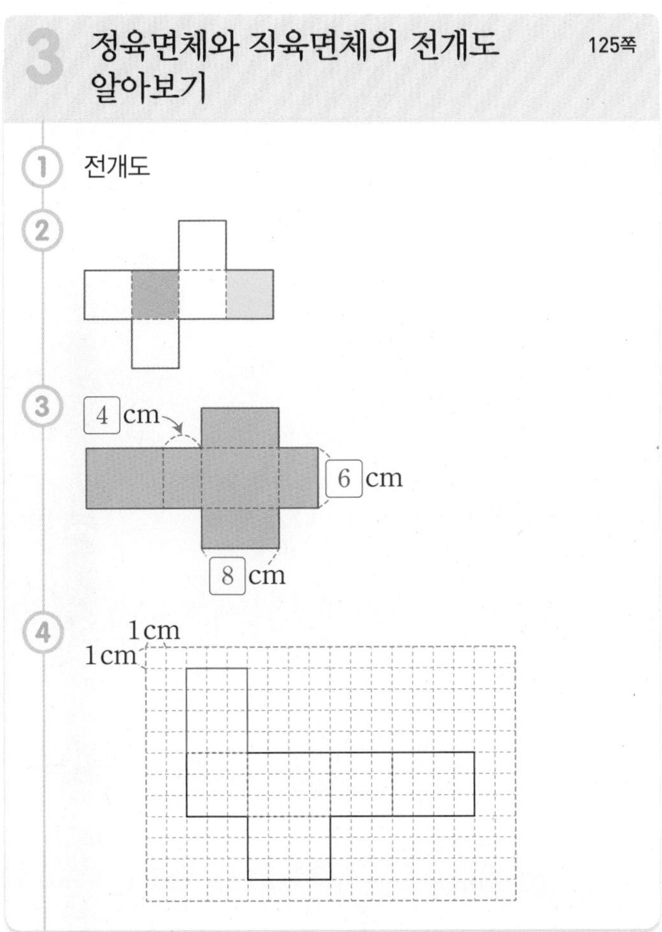

3 정육면체와 직육면체의 전개도 알아보기 125쪽

① 전개도

②

③ 4 cm, 6 cm, 8 cm

④ 1 cm, 1 cm

기본기 강화 문제

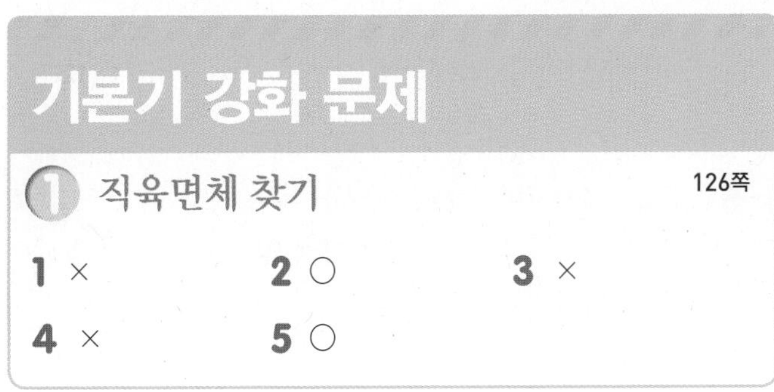

① 직육면체 찾기 126쪽

1 × **2** ○ **3** ×

4 × **5** ○

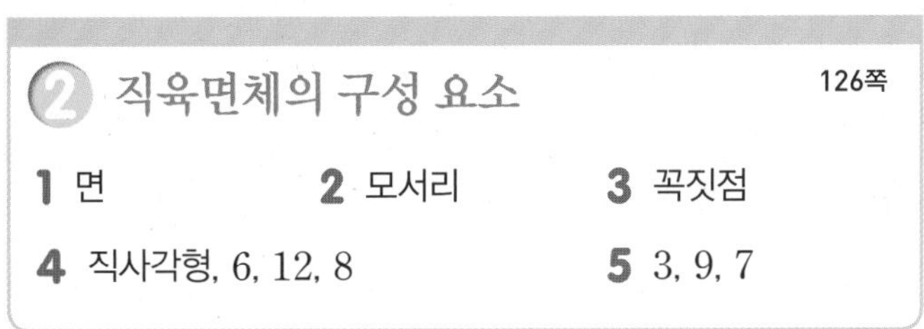

② 직육면체의 구성 요소 126쪽

1 면 **2** 모서리 **3** 꼭짓점

4 직사각형, 6, 12, 8 **5** 3, 9, 7

③ 정육면체 찾기 127쪽

1 × **2** × **3** ○

4 × **5** ○

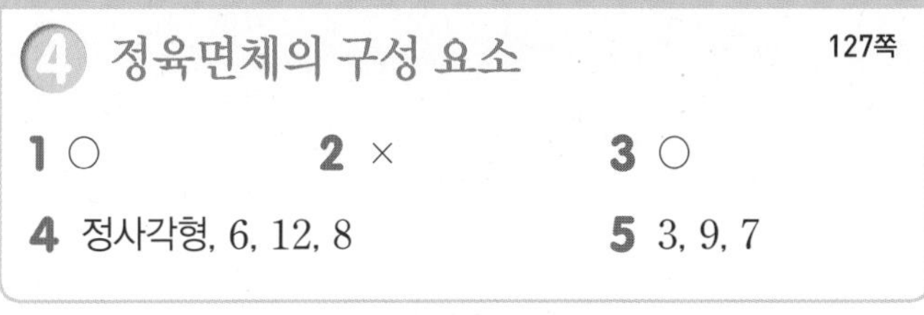

④ 정육면체의 구성 요소 127쪽

1 ○ **2** × **3** ○

4 정사각형, 6, 12, 8 **5** 3, 9, 7

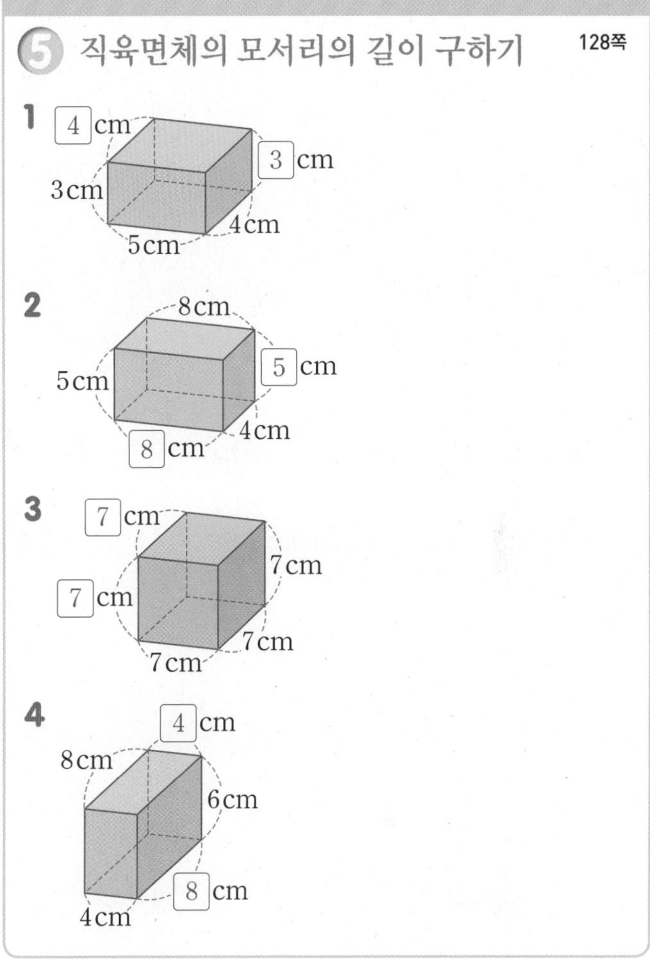

⑤ 직육면체의 모서리의 길이 구하기 128쪽

1 4 cm, 3 cm

2 5 cm, 8 cm

3 7 cm, 7 cm

4 4 cm, 8 cm

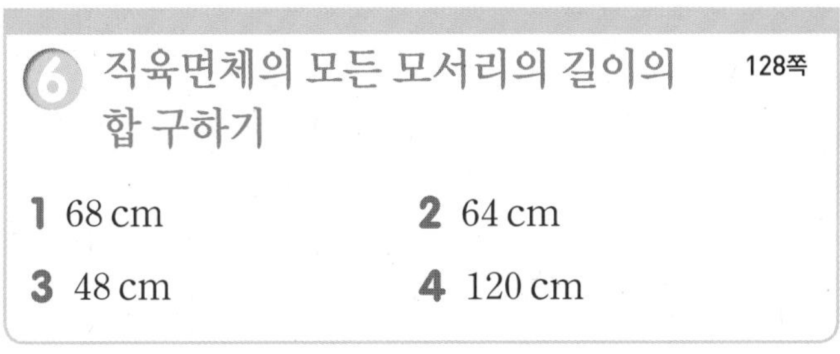

⑥ 직육면체의 모든 모서리의 길이의 합 구하기 128쪽

1 68 cm **2** 64 cm

3 48 cm **4** 120 cm

1 직육면체는 길이가 같은 모서리가 4개씩 3쌍 있습니다.
➡ (모든 모서리의 길이의 합)$=(5+8+4)\times4=68$ (cm)

2 (모든 모서리의 길이의 합)$=(5+4+7)\times4=64$ (cm)

3 정육면체는 모든 모서리의 길이가 같습니다.
➡ (모든 모서리의 길이의 합)$=4\times12=48$ (cm)

4 (모든 모서리의 길이의 합)$=10\times12=120$ (cm)

7 직육면체의 밑면 알아보기 129쪽

1 (위에서부터) 면 ㅁㅂㅅㅇ, 22 cm

2 (위에서부터) 면 ㄹㄷㅅㅇ, 20 cm

3 (위에서부터) 44 cm^2, 면 ㄱㅁㅇㄹ

1 면 ㄱㄴㄷㄹ과 평행한 면은 면 ㅁㅂㅅㅇ입니다.
따라서 면 ㅁㅂㅅㅇ의 모서리의 길이는 5 cm, 6 cm, 5 cm, 6 cm입니다.
➡ (모서리의 길이의 합)$=5+6+5+6=22$ (cm)

2 면 ㄱㄴㅂㅁ과 평행한 면은 면 ㄹㄷㅅㅇ입니다.
따라서 면 ㄹㄷㅅㅇ의 모서리의 길이는 6 cm, 4 cm, 6 cm, 4 cm입니다.
➡ (모서리의 길이의 합)$=6+4+6+4=20$ (cm)

3 면 ㄴㅂㅅㄷ과 평행한 면은 면 ㄱㅁㅇㄹ입니다.
따라서 면 ㄱㅁㅇㄹ은 가로가 4 cm, 세로가 11 cm인 직사각형입니다.
➡ (넓이)$=4\times11=44$ (cm^2)

8 직육면체의 한 꼭짓점에서 만나는 면 알아보기 130쪽

1 면 ㄱㄴㄷㄹ, 면 ㄱㄴㅂㅁ, 면 ㄱㅁㅇㄹ

2 면 ㄱㄴㄷㄹ, 면 ㄱㄴㅂㅁ, 면 ㄴㅂㅅㄷ

3 면 ㄱㄴㄷㄹ, 면 ㄱㅁㅇㄹ, 면 ㄷㅅㅇㄹ

4 면 ㄱㄴㅂㅁ, 면 ㄴㅂㅅㄷ, 면 ㅁㅂㅅㅇ

5 면 ㄴㅂㅅㄷ, 면 ㄷㅅㅇㄹ, 면 ㅁㅂㅅㅇ

9 직육면체의 옆면 알아보기 130쪽

1 ㄱㄴㄷㄹ, ㄱㄴㅂㅁ, ㅁㅂㅅㅇ, ㄷㅅㅇㄹ

2 ㄱㄴㅂㅁ, ㄱㅁㅇㄹ, ㄴㅂㅅㄷ, ㄷㅅㅇㄹ

3 ㄱㄴㄷㄹ, ㄱㅁㅂㄴ, ㅁㅂㅅㅇ, ㄹㅇㅅㄷ

4 ㄱㄴㅂㅁ, ㄱㅁㅇㄹ, ㄴㅂㅅㄷ, ㄷㅅㅇㄹ

10 직육면체의 겨냥도 알아보기 131쪽

1 × 2 ○ 3 ×
4 ○ 5 ×

11 직육면체의 겨냥도 완성하기 131쪽

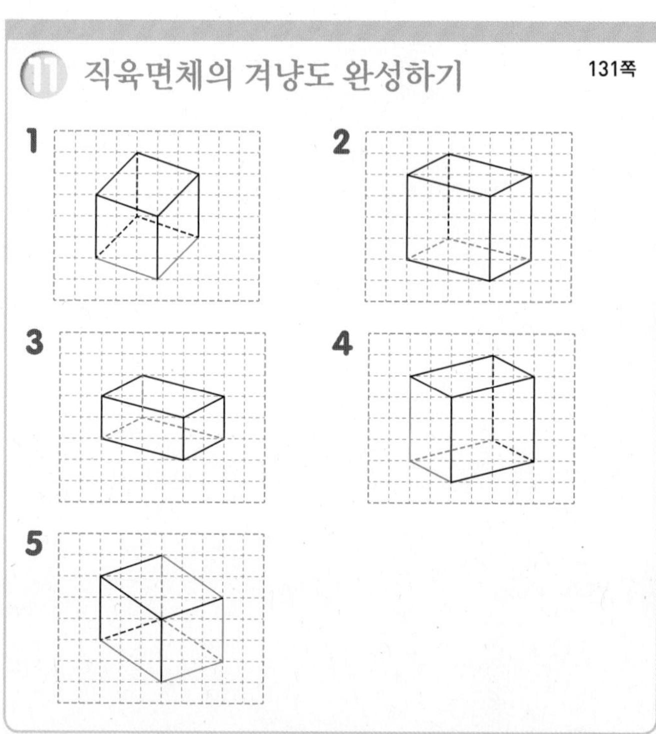

1~5 모눈을 이용하여 평행한 모서리는 평행하게 그리고, 보이는 모서리는 실선으로, 보이지 않는 모서리는 점선으로 그립니다.

12 직육면체에서 보이는 모서리와 보이지 않는 모서리의 길이의 합 구하기 132쪽

1 54 cm, 18 cm 2 33 cm, 11 cm
3 60 cm, 20 cm

1 보이는 모서리는 6 cm인 모서리가 9개, 보이지 않는 모서리는 6 cm인 모서리가 3개입니다.
➡ (보이는 모서리의 길이의 합)$=6\times9=54$ (cm),
(보이지 않는 모서리의 길이의 합)$=6\times3=18$ (cm)

2 보이는 모서리는 3 cm인 모서리가 6개, 5 cm인 모서리가 3개입니다.

➡ (보이는 모서리의 길이의 합)
$=3\times6+5\times3=18+15=33$ (cm)

보이지 않는 모서리는 3 cm인 모서리가 2개, 5 cm인 모서리가 1개입니다.

➡ (보이지 않는 모서리의 길이의 합)
$=3\times2+5\times1=6+5=11$ (cm)

3 보이는 모서리는 4 cm인 모서리가 3개, 7 cm인 모서리가 3개, 9 cm인 모서리가 3개입니다.

➡ (보이는 모서리의 길이의 합)
$=4\times3+7\times3+9\times3=12+21+27=60$ (cm)

보이지 않는 모서리는 4 cm인 모서리가 1개, 7 cm인 모서리가 1개, 9 cm인 모서리가 1개입니다.

➡ (보이지 않는 모서리의 길이의 합)
$=4+7+9=20$ (cm)

13 정육면체의 전개도를 접었을 때 평행한 면 찾기

132쪽

1 면 나 **2** 면 가

3 면 나 **4** 면 다

14 정육면체의 전개도를 접었을 때 수직인 면 찾기

133쪽

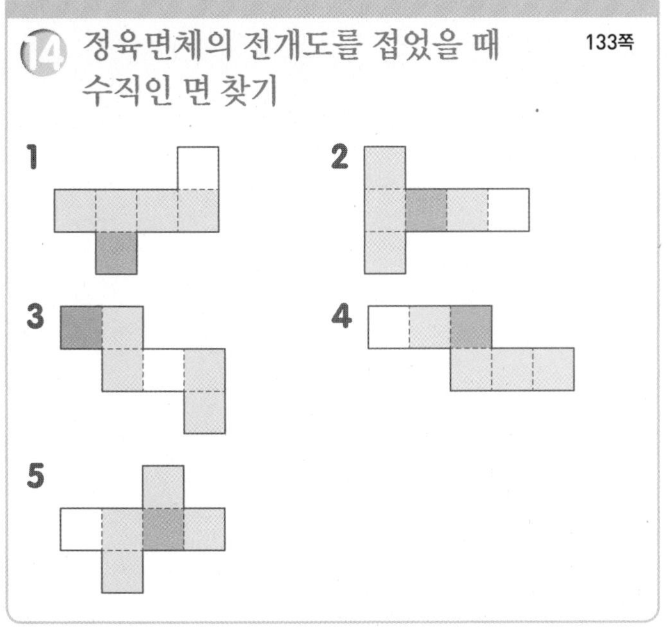

1~5 전개도를 접었을 때 색칠한 면과 수직인 면은 색칠한 면과 평행한 면을 제외한 나머지 4개의 면입니다.

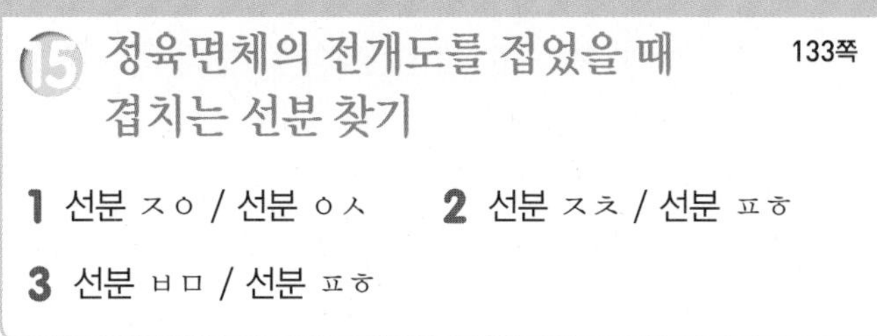

15 정육면체의 전개도를 접었을 때 겹치는 선분 찾기

133쪽

1 선분 ㅈㅇ / 선분 ㅇㅅ **2** 선분 ㅈㅊ / 선분 ㅍㅎ

3 선분 ㅂㅁ / 선분 ㅍㅎ

16 정육면체의 전개도에서 만나는 점 찾기

134쪽

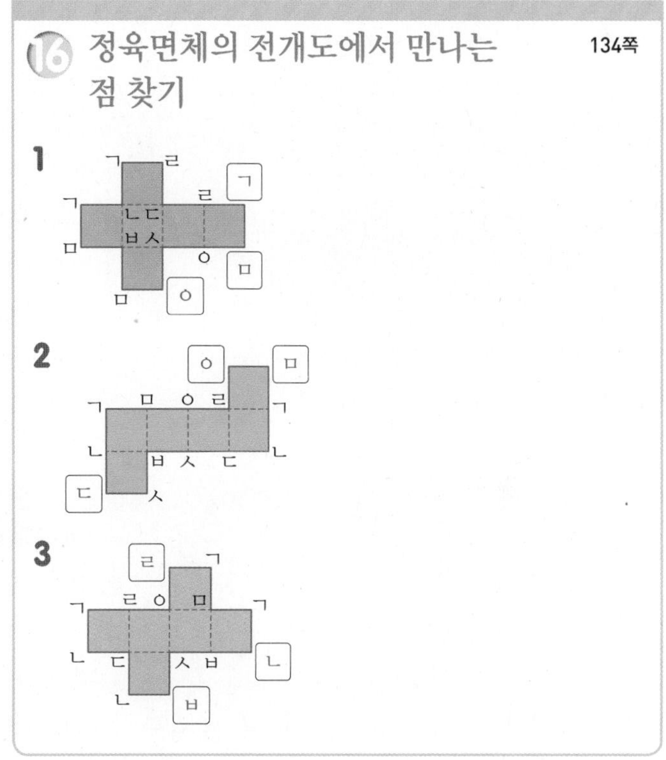

17 직육면체의 전개도에서 모서리의 길이 구하기

134쪽

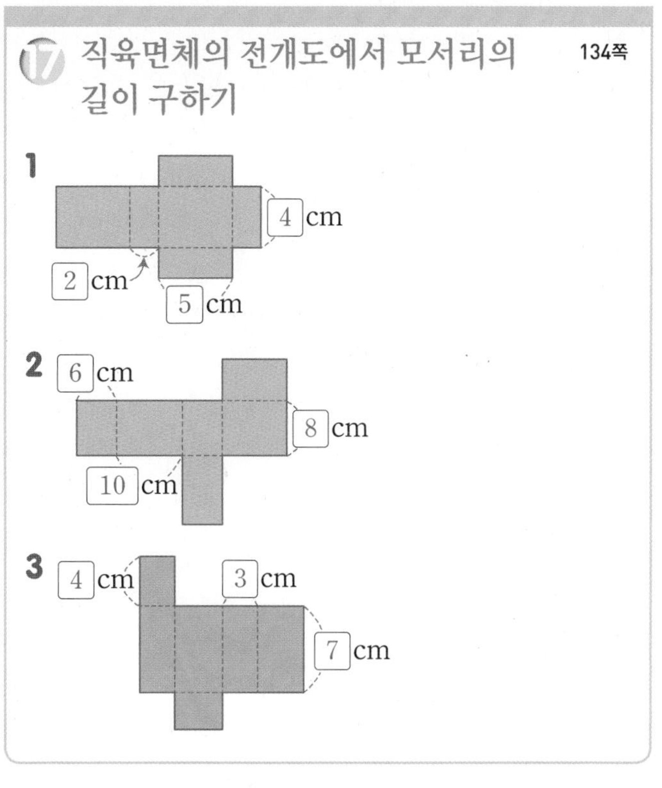

18 직육면체를 보고 전개도 완성하기 135쪽

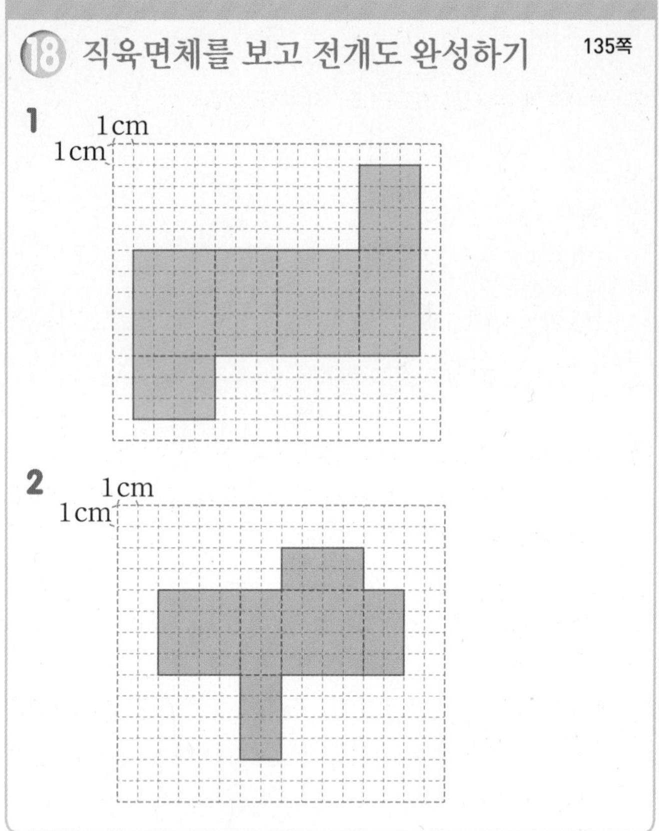

19 직육면체의 겨냥도를 보고 전개도 그리기 135쪽

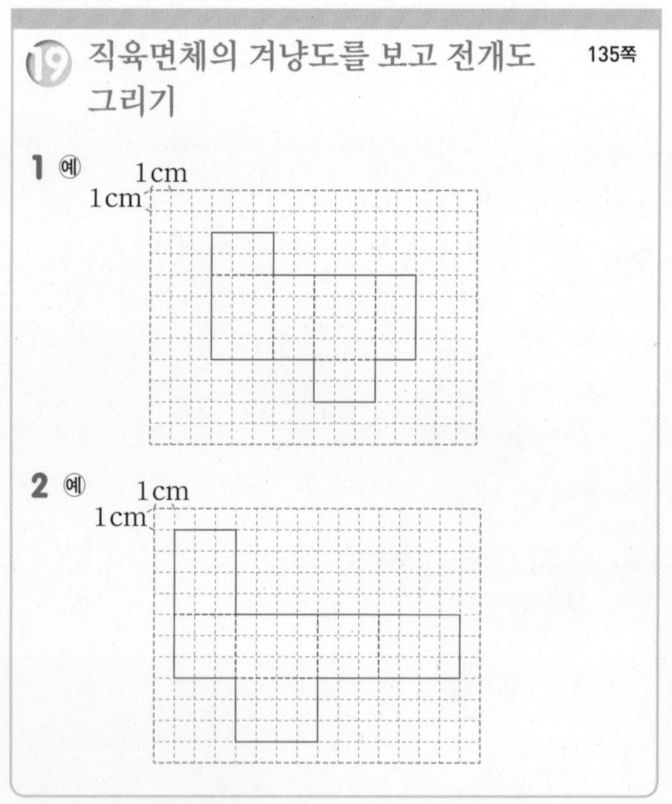

1~2 전개도를 접었을 때 마주 보는 면이 3쌍이고 마주 보는 면의 모양과 크기가 같아야 하며 만나는 모서리의 길이가 같도록 실선과 점선을 그려 넣어야 합니다.

20 선이 지나가는 자리 136쪽

㉣

경로의 한쪽 끝의 가장자리를 표시하고 다른 쪽 끝도 표시합니다.

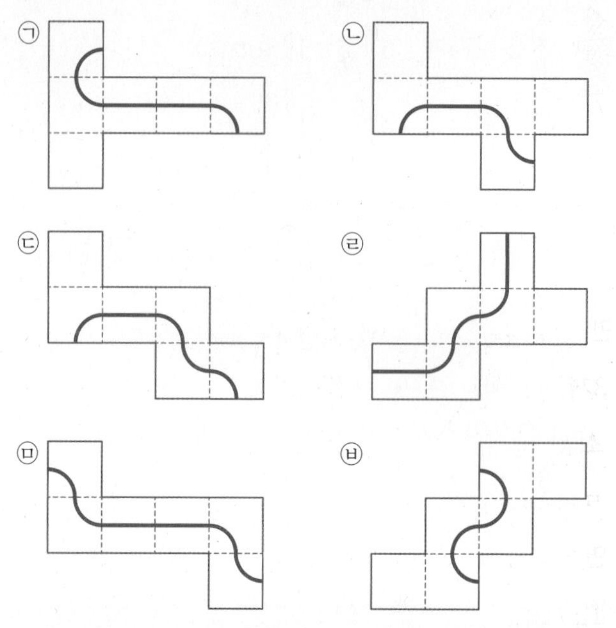

전개도를 접어서 정육면체를 만들었을 때 그 두 선분이 만나는 선분이면 전개도에 그려진 선이 하나로 이어집니다.
따라서 두 끝이 서로 만나 선이 하나로 이어지는 것은 ㉣입니다.

단원 평가 137~139쪽

1 ㉠　2 6개
3 12개　4 8개
5 (1) × (2) ○　6 정사각형
7　8 3
9 ㉡
10
11 면 ㄱㄴㄷㄹ, 면 ㄱㄴㅂㅁ, 면 ㅁㅂㅅㅇ, 면 ㄷㅅㅇㄹ
12 3개　13 12개
14 소율　15 ㉢
16 ㅋㅊ / ㅎㄱ
17 면 ㉣ / 면 ㉮, 면 ㉰, 면 ㉱, 면 ㉲
18 156 cm
19 예 전개도를 접었을 때 면 ㉤과 면 ㉥이 겹치므로 직육면체의 전개도가 아닙니다.
20 18 cm

2 직육면체는 직사각형 6개로 둘러싸여 있습니다.

3 모서리는 면과 면이 만나는 선분으로 모두 12개입니다.

4 꼭짓점은 모서리와 모서리가 만나는 점으로 모두 8개입니다.

5 (1) 정육면체는 직육면체라고 할 수 있지만 직육면체는 정육면체라고 할 수 없습니다.

7 마주 보는 면을 제외한 나머지 4개의 면에 모두 빗금을 그어 봅니다.

9 보이는 모서리는 실선으로, 보이지 않는 모서리는 점선으로 그린 것을 찾아보면 ㉡입니다.

10 평행한 모서리는 평행이 되게 그리고, 보이는 모서리는 실선으로, 보이지 않는 모서리는 점선으로 그립니다.

11 한 면에 수직인 면은 4개입니다.

12 점선으로 된 모서리를 포함하는 면이 보이지 않는 면입니다.

13 정육면체는 모든 모서리의 길이가 같습니다.

14

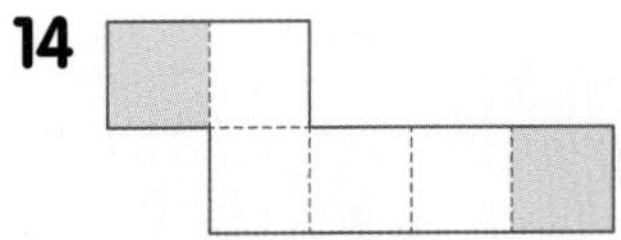

소율이의 전개도를 접으면 색칠한 면이 겹치므로 주사위를 만들 수 없습니다.

15 ㉠ 겹치는 면이 있으므로 직육면체의 전개도가 아닙니다.
㉡, ㉣ 접었을 때 서로 만나는 모서리의 길이가 다르므로 직육면체의 전개도가 아닙니다.

17 평행한 면을 뺀 나머지 면들은 모두 수직입니다.

18 정육면체는 모든 모서리의 길이가 같고, 모서리는 12개이므로 모든 모서리의 길이의 합은 $13\times12=156$ (cm)입니다.

서술형
19

평가 기준	배점(5점)
직육면체의 전개도를 알고 있나요?	2점
겹치는 부분을 찾아 이유를 썼나요?	3점

서술형
20 보이는 모서리는 길이가 3 cm, 1 cm, 2 cm인 모서리가 각각 3개씩이므로 보이는 모서리의 길이의 합은 $3\times3+1\times3+2\times3=18$ (cm)입니다.

평가 기준	배점(5점)
보이는 모서리의 수를 구했나요?	2점
보이는 모서리의 길이의 합을 구했나요?	3점

6 평균과 가능성

친구들이 농장 체험을 가서 농장 곳곳에서 달걀을 찾고 있어요.
한 사람당 달걀을 몇 개씩 가지면 되는지 □ 안에 알맞은 수를 써넣으세요.

1 평균 알아보기, 평균 구하기 143쪽

① ① 예 25명 ② 세진 ③ 25명

② 풀이 참조

1 ③ (5학년 한 학급의 학생 수의 평균)
$=(25+23+26+25+26)\div 5=125\div 5$
$=25$(명)

2 방법 1 예상한 평균: 예 125타
예 평균을 125타로 예상한 후 (125, 125), (130, 120)으로 수를 옮기고 짝 지어 자료의 값을 고르게 하면 지수의 주별 최고 타자 기록의 평균은 125타입니다.

방법 2
예 $(130+125+125+120)\div 4=500\div 4=125$(타)
지수의 주별 최고 타자 기록의 합을 주 수 4로 나누면 125입니다. 따라서 지수의 주별 최고 타자 기록의 평균은 125타입니다.

2 평균을 이용하여 문제 해결하기 145쪽

① ① 80, 320 ② 320, 86

② ① 23 ② 23, 69 ③ 69, 18

③ 14초

1 ① (하은이네 모둠 학생들이 읽은 전체 책 수)
=(평균)×(학생 수)
$=80\times 4=320$(권)

2 ① (한별이의 팔굽혀펴기 기록의 평균)
$=(30+18+25+19)\div 4$
$=23$(회)
② (진혁이의 3회 동안의 팔굽혀펴기 기록의 합)
=(평균)×(자료의 수)
$=23\times 3=69$(회)

3 건우의 4회 동안의 100 m 달리기 기록의 합은 $15\times 4=60$(초)입니다. 따라서 3회의 100 m 달리기 기록은 $60-(15+19+12)=14$(초)입니다.

3 일이 일어날 가능성을 말로 표현하기, 일이 일어날 가능성을 비교하기 147쪽

① ← 일이 일어날 가능성이 낮습니다. / 일이 일어날 가능성이 높습니다. →

~ 아닐 것 같다	~일 것 같다

불가능하다 반반이다 확실하다

② 예

일 \ 가능성	불가능하다	~ 아닐 것 같다	반반이다	~일 것 같다	확실하다
강아지는 동물일 것입니다.					○
주사위를 2번 굴리면 주사위 눈의 수가 모두 3이 나올 것입니다.		○			
곧 태어날 동생은 남자 아이일 것입니다.			○		
개나리는 곤충일 것입니다.	○				
여름에는 반팔 옷을 입은 사람들이 긴팔 옷을 입은 사람보다 많을 것입니다.				○	

③ ① ㉡, ㉢ ② ㉣

4 일이 일어날 가능성을 수로 표현하기 149쪽

① ① 0 — $\frac{1}{2}$ — 1 (↓ 1)

② 0 — $\frac{1}{2}$ — 1 (↓ $\frac{1}{2}$)

③ 0 — $\frac{1}{2}$ — 1 (↓ 0)

② ① 불가능하다 / 0 ② 확실하다 / 1

1 ① 가 주머니에서 공을 한 개 꺼낼 때 꺼낸 공이 검은색 공일 가능성은 '확실하다'이므로 수로 표현하면 1입니다.
② 나 주머니에서 공을 한 개 꺼낼 때 꺼낸 공이 검은색 공일 가능성은 '반반이다'이므로 수로 표현하면 $\frac{1}{2}$입니다.
③ 다 주머니에서 공을 한 개 꺼낼 때 꺼낸 공이 검은색 공일 가능성은 '불가능하다'이므로 수로 표현하면 0입니다.

기본기 강화 문제

1 평균 알아보기(1) 150쪽

1 (1) 예 14 ℃ (2) 14

2 (1) 예 300 kg (2) 300

1 (1) 방법 1 평균을 14 ℃로 예상한 후 (14, 14), (15, 13)으로 수를 옮기고 짝 지어 자료의 값을 고르게 하면 대표적으로 하루 최저 기온이 14 ℃라고 말할 수 있습니다.
방법 2 4일 동안의 하루 최저 기온 15, 14, 13, 14를 모두 더해 날수 4로 나누면 14가 되므로 대표적으로 하루 최저 기온이 14 ℃라고 말할 수 있습니다.
(2) 방법 1 평균을 14 ℃로 예상한 후 (14, 14), (15, 13)으로 수를 옮기고 짝 지어 자료의 값을 고르게 하면 하루 최저 기온은 평균 14 ℃라는 것을 알 수 있습니다.
방법 2 4일 동안의 하루 최저 기온 15, 14, 13, 14를 모두 더하면 $15+14+13+14=56$이고, 56을 날수 4로 나누면 $56\div4=14$이므로 하루 최저 기온은 평균 14 ℃라는 것을 알 수 있습니다.

2 (1) 방법 1 평균을 300 kg으로 예상한 후 (300, 300), (280, 320)으로 수를 옮기고 짝 지어 자료의 값을 고르게 하면 대표적으로 한 과수원의 사과 생산량이 300 kg이라고 말할 수 있습니다.
방법 2 과수원별 사과 생산량 280, 300, 320, 300을 모두 더해 과수원 수 4로 나누면 300이 되므로 대표적으로 한 과수원의 사과 생산량이 300 kg이라고 말할 수 있습니다.
(2) 방법 1 평균을 300 kg으로 예상한 후 (300, 300), (280, 320)으로 수를 옮기고 짝 지어 자료의 값을 고르게 하면 한 과수원의 사과 생산량은 평균 300 kg이라는 것을 알 수 있습니다.
방법 2 과수원별 사과 생산량 280, 300, 320, 300을 모두 더하면 $280+300+320+300=1200$이고, 1200을 과수원 수 4로 나누면 $1200\div4=300$이므로 한 과수원의 사과 생산량은 평균 300 kg이라는 것을 알 수 있습니다.

참고 예상한 평균을 기준으로 수 옮기기를 하여 평균을 구하거나 평균을 구하는 식을 이용하는 등 여러 가지 방법으로 평균을 구할 수 있습니다.

② 평균 알아보기(2) 150쪽

1 (1) 30회 / 28회 (2) 지우네 모둠

2 (1) 86점 / 83점 (2) 준수네 모둠

1 (1) (지우네 모둠의 평균)$=(32+25+27+36)\div 4$
$=120\div 4=30$(회)
(주아네 모둠의 평균)$=(26+26+30+40+18)\div 5$
$=140\div 5=28$(회)

2 (1) (준수네 모둠의 평균)$=(88+96+76+84)\div 4$
$=344\div 4=86$(점)
(지혜네 모둠의 평균)$=(80+85+78+92+80)\div 5$
$=415\div 5=83$(점)

③ 평균 구하기(1) 151쪽

1 ⓔ 85 / 85, 85, 85, 75, 85

2 ⓔ 10 / 10, 10, 10, 11, 13, 10

④ 평균 구하기(2) 151쪽

1 $(141+150+139+146)\div 4=576\div 4=144$ (cm)

2 $(74+88+72+86+90)\div 5=410\div 5=82$(점)

3 $(165+112+134+126+163)\div 5=700\div 5$
$=140$ (cm)

4 $(50+65+50+70+90)\div 5=325\div 5=65$(분)

⑤ 두 가지 방법으로 평균 구하기 152쪽

1 풀이 참조 **2** 풀이 참조

1 방법 1 예상한 평균: ⓔ 4명
ⓔ 평균을 4명으로 예상한 후 (4, 4), (3, 5)로 수를 옮기고 짝 지어 자료의 값을 고르게 하여 구한 기환이네 모둠의 가족 수의 평균은 4명입니다.

방법 2
ⓔ $(4+4+3+5)\div 4=16\div 4=4$(명)
기환이네 모둠의 가족 수의 합을 사람 수 4로 나누면 4입니다. 따라서 기환이네 모둠의 가족 수의 평균은 4명입니다.

2 방법 1 예상한 평균: ⓔ 6자루
ⓔ 평균을 6자루로 예상한 후 (6, 6), (3, 7, 8)로 수를 옮기고 짝 지어 자료의 값을 고르게 하여 구한 하늘이네 모둠 학생들이 가지고 있는 연필 수의 평균은 6자루입니다.

방법 2
ⓔ $(6+3+6+7+8)\div 5=30\div 5=6$(자루)
하늘이네 모둠의 연필 수의 합을 사람 수 5로 나누면 6입니다. 따라서 하늘이네 모둠 학생들이 가지고 있는 연필 수의 평균은 6자루입니다.

⑥ 평균의 이용(1) 152쪽

1 (1) 12초
(2) ⓔ 토요일에는 오래 매달리기 기록이 12초 초과이어야 합니다.

2 (1) 26회
(2) ⓔ 다섯 째 날에는 줄넘기 기록이 26회 미만이어야 합니다.

1 (1) (평균)$=(13+14+10+11+12)\div 5=60\div 5$
$=12$(초)

2 (1) (평균)$=(27+28+26+23)\div 4=104\div 4=26$(회)

⑦ 자연수의 평균 구하기 153쪽

1 8 **2** 14

3 22

1 (자연수의 합)
$=1+2+3+4+5+6+7+8+9+10+11+12$
$+13+14+15$
$=16\times 7+8=120$
➡ (평균)$=120\div 15=8$

2 (자연수의 합)
$=2+4+6+8+10+12+14+16+18+20+22+24+26$
$=28\times6+14=182$
➡ (평균)$=182\div13=14$

3 (자연수의 합)
$=11+13+15+17+19+21+23+25+27+29+31+33$
$=44\times6=264$
➡ (평균)$=264\div12=22$

8 평균의 이용(2) 154쪽

1 (1) 30장 (2) 5명 (3) 6장

2 (1) 10 kg (2) 25명 (3) 400 g

1 (1) (평균)$=120\div4=30$(장)
(2) (평균)$=(6+4+5+5)\div4=20\div4=5$(명)
(3) 한 모둠당 사용할 색종이가 평균 30장이고, 한 모둠당 학생이 평균 5명 있으므로 한 명당 사용할 색종이는 평균 $30\div5=6$(장)입니다.

2 (1) (평균)$=50\div5=10$ (kg)
(2) (평균)$=(22+25+26+27+25)\div5=25$(명)
(3) 한 학급당 모은 쌀은 평균 10000 g이고, 한 학급당 학생이 평균 25명이 있으므로 한 명당 모은 쌀은 평균 $10000\div25=400$ (g)입니다.

9 평균이 주어질 때 자료의 값 구하기 154쪽

1 8 **2** 15
3 86 **4** 16

1 우진이네 모둠의 고리 던지기 기록의 평균이 5개이므로 우진, 지수, 은지, 윤영, 성원 5명이 던져 걸린 고리는 모두 $5\times5=25$(개)입니다.
따라서 은지가 던져 걸린 고리는
$25-(3+5+5+4)=8$(개)입니다.

2 민정이가 5일 동안 접은 종이꽃 수의 평균이 12개이므로 월요일, 화요일, 수요일, 목요일, 금요일 5일 동안 접은 종이꽃은 모두 $12\times5=60$(개)입니다.
따라서 목요일에 접은 종이꽃은
$60-(9+13+12+11)=15$(개)입니다.

3 수아의 과목별 단원 평가 점수의 평균이 84점이므로 국어, 수학, 사회, 과학 4과목의 단원 평가 점수는 모두 $84\times4=336$(점)입니다.
따라서 수학 단원 평가 점수는
$336-(92+80+78)=86$(점)입니다.

4 미애네 모둠의 100 m 달리기 기록의 평균이 18초이므로 미애, 준혁, 찬우, 지영, 세진 5명의 100 m 달리기 기록의 합은 $18\times5=90$(초)입니다.
따라서 준혁이의 100 m 달리기 기록은
$90-(19+17+20+18)=16$(초)입니다.

10 일이 일어날 가능성을 말로 표현하기 155쪽

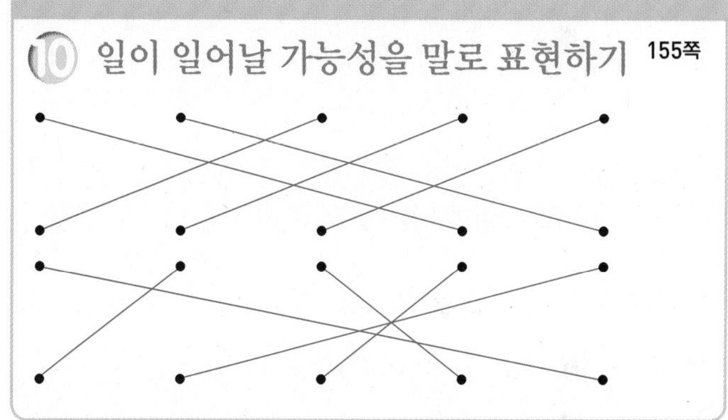

- 주사위의 눈 중에서 2보다 큰 수는 3, 4, 5, 6이므로 가능성은 '~일 것 같다'입니다.
- 월요일 다음에는 화요일이므로 가능성은 '확실하다'입니다.
- 3과 6의 합은 9이므로 가능성은 '불가능하다'입니다.
- 동전을 세 번 던졌을 때 세 번 모두 그림면이 나올 가능성은 '~ 아닐 것 같다'입니다.
- 홀수 달은 1, 3, 5, 7, 9, 11월이므로 가능성은 '반반이다'입니다.
- 초록색 공이 9개, 파란색 공이 1개이므로 공 1개를 꺼낼 때 파란색일 가능성은 '~ 아닐 것 같다'입니다.
- $5+4=9$이므로 가능성은 '확실하다'입니다.
- 1부터 10까지의 수 중에서 2보다 큰 수는 3, 4, 5, 6, 7, 8, 9, 10이므로 가능성은 '~일 것 같다'입니다.
- 한 명의 아이가 태어날 때 여자 아이일 가능성은 '반반이다'입니다.
- 서울의 8월 평균 기온이 영하 10℃보다 낮을 가능성은 '불가능하다'입니다.

11 일이 일어날 가능성 비교하기(1) 156쪽

1 ㉠, ㉤

2 ㉠ 예 9월은 날짜가 30일까지 있을 것입니다.
㉤ 예 파란색 물감에 빨간색 물감을 섞으면 보라색 물감이 될 것입니다.

3 ㉢　　**4** ㉢, ㉥

3 일이 일어날 가능성은 다음과 같습니다.
㉠ 불가능하다　㉡ 반반이다
㉢ 확실하다　㉣ ~ 아닐 것 같다
㉤ 불가능하다　㉥ ~일 것 같다

12 일이 일어날 가능성 비교하기(2) 156쪽

1 라　　**2** 가

3 나　　**4** 다

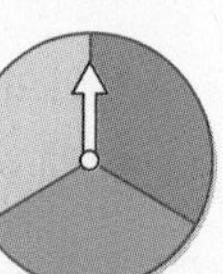

1 회전판에서 빨간색, 초록색, 노란색은 각각 전체의 $\frac{1}{3}$이므로 화살이 멈춘 횟수가 빨간색 34회, 초록색 33회, 노란색 33회인 표 라와 일이 일어날 가능성이 가장 비슷합니다.

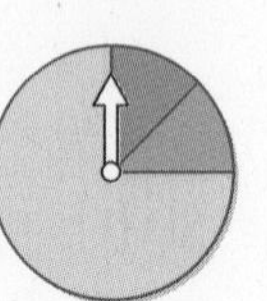

2 회전판에서 빨간색과 초록색은 각각 전체의 $\frac{1}{8}$, 노란색은 전체의 $\frac{3}{4}$이므로 화살이 멈춘 횟수가 빨간색 12회, 초록색 13회, 노란색 75회인 표 가와 일이 일어날 가능성이 가장 비슷합니다.

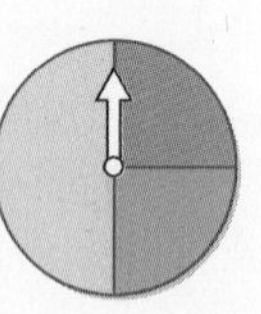

3 회전판에서 빨간색과 초록색은 각각 전체의 $\frac{1}{4}$, 노란색은 전체의 $\frac{1}{2}$이므로 화살이 멈춘 횟수가 빨간색 25회, 초록색 26회, 노란색 49회인 표 나와 일이 일어날 가능성이 가장 비슷합니다.

4 회전판에서 빨간색과 노란색은 각각 전체의 $\frac{1}{4}$, 초록색은 전체의 $\frac{1}{2}$이므로 화살이 멈춘 횟수가 빨간색 24회, 초록색 51회, 노란색 25회인 표 다와 일이 일어날 가능성이 가장 비슷합니다.

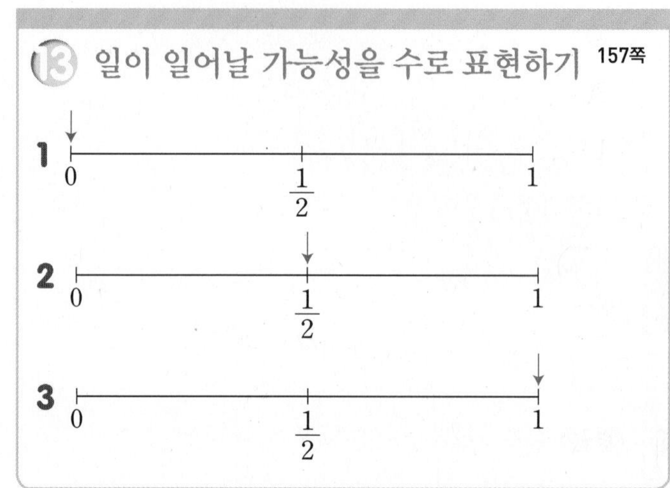

14 일이 일어날 가능성을 말과 수로 표현하기 157쪽

1 반반이다 / $\frac{1}{2}$　　**2** 불가능하다 / 0

3 반반이다 / $\frac{1}{2}$　　**4** 확실하다 / 1

1 나온 면이 그림면일 가능성이 '반반이다'이므로 수로 표현하면 $\frac{1}{2}$입니다.

2 꺼낸 책이 만화책일 가능성이 '불가능하다'이므로 수로 표현하면 0입니다.

3 꺼낸 바둑돌이 흰색 바둑돌일 가능성이 '반반이다'이므로 수로 표현하면 $\frac{1}{2}$입니다.

4 꺼낸 사탕이 딸기 맛 사탕일 가능성이 '확실하다'이므로 수로 표현하면 1입니다.

단원 평가 158~160쪽

1 4명	2 157 cm
3 140타	4 135타
5 희철	6 360
7 0	8 반반이다 / $\frac{1}{2}$
9 반반이다	10 나 회전판
11 22회	
12 준결승에 올라갈 수 있습니다.	
13 ㉡	14 28권
15 33권	16 다
17 141 cm	18 2점
19 153 cm	20 24명

2 (평균)$=(149+176+151+152)\div4$
$=628\div4=157$ (cm)

3 (평균)$=(130+150+130+150)\div4$
$=560\div4=140$(타)

4 (평균)$=(124+162+118+136)\div4$
$=540\div4=135$(타)

5 희철이의 타자 기록의 평균은 140타이고, 기범이의 타자 기록의 평균은 135타입니다. 따라서 희철이가 기범이보다 타자를 더 잘 쳤습니다.

6 (읽은 책의 쪽수)=(평균)×(읽은 날수)이므로
(30일 동안 읽은 책의 쪽수)$=12\times30=360$(쪽)입니다.

7 주사위의 눈의 수는 1부터 6까지입니다. 주사위 한 개를 굴릴 때 나온 눈의 수가 7일 가능성은 '불가능하다'이므로 수로 표현하면 0입니다.

11 (1반의 단체 훌라후프 기록의 평균)
$=(17+29+16+15+33)\div5$
$=110\div5=22$(회)

12 (2반의 단체 훌라후프 기록의 평균)
$=(32+33+22+20+23)\div5$
$=130\div5=26$(회)
따라서 2반은 준결승에 올라갈 수 있습니다.

13 ㉠ 일이 일어날 가능성: $\frac{1}{2}$
㉡ 일이 일어날 가능성: 1

14 (평균)$=(23+25+30+34)\div4$
$=112\div4=28$(권)

15 월 독서량의 평균이 29권이 되려면 총 독서량은 $29\times5=145$(권)이고, 6월까지의 총 독서량은 112권이므로 7월에는 $145-112=33$(권)을 읽어야 합니다.

16 화살이 빨간색에 멈출 가능성이 가장 높기 때문에 회전판에서 가장 넓은 가에 빨간색을 칠하고, 화살이 분홍색에 멈출 가능성이 주황색에 멈출 가능성의 3배이므로 다에 분홍색, 나에 주황색을 칠합니다.

17 (반 전체 학생의 멀리뛰기 기록의 합)
$=142.9\times16+139.4\times19=4935$ (cm)
(강주네 반 전체 학생의 멀리뛰기 기록의 평균)
$=4935\div35=141$ (cm)

18 (평균)$=(85+75+89+83)\div4$
$=332\div4=83$(점)
(점수를 높인 후 평균)$=(332+8)\div4$
$=340\div4=85$(점)
따라서 평균은 $85-83=2$(점) 더 올라갑니다.

다른 풀이
8점 더 높아지면 전체 점수의 합도 8점 올라가므로 평균은 $8\div4=2$(점) 더 올라갑니다.

서술형
19 (평균)$=(152+146+160+154)\div4$
$=612\div4=153$ (cm)

평가 기준	배점(5점)
보기와 같이 키의 평균을 구했나요?	5점

서술형
20 (3반의 여학생 수)
$=20\times5-(17+18+22+19)=24$(명)

평가 기준	배점(5점)
5학년 여학생 수의 합을 구했나요?	3점
3반의 여학생 수를 구했나요?	2점

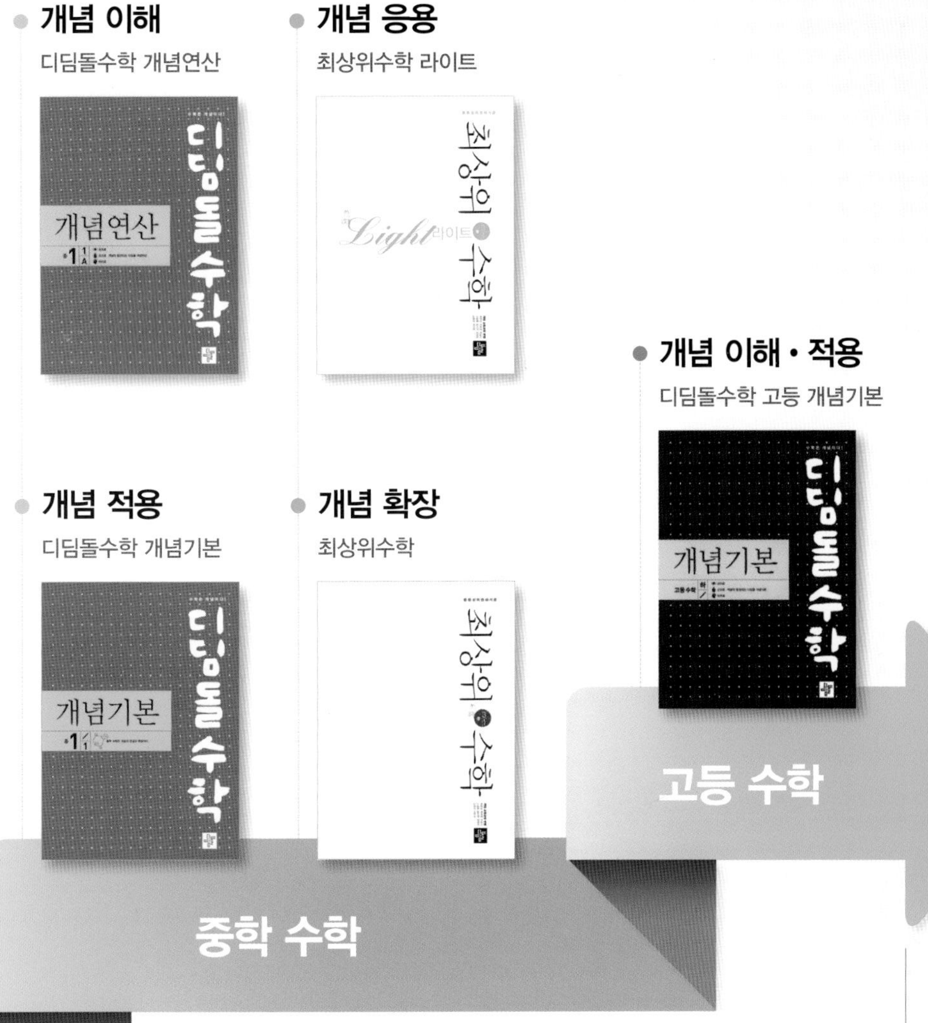

초등부터 고등까지

수학 좀 한다면 디딤돌

개념을 이해하고, 깨우치고, 꺼내 쓰는
올바른 중고등 개념 학습서

다음에는 뭐 풀지?

다음에 공부할 책을 고르기 어려우시다면, 현재 성취도를 먼저 체크해 보세요.
최상위로 가는 맞춤 학습 플랜만 있다면 내 실력에 꼭 맞는 교재를 선택할 수 있어요!
단계에 따라 내 실력을 진단해 보고, 다음 학습도 야무지게 준비해 봐요!

첫 번째, 단원평가의 맞힌 문제 수 또는 점수를 모두 더해 보세요.

단원	맞힌 문제 수	OR 점수 (문항당 5점)
1단원		
2단원		
3단원		
4단원		
5단원		
6단원		
합계		

※ 단원평가는 각 단원의 마지막 코너에 있는 20문항 문제지입니다.

두 번째, 첫 번째의 합계로 나에게 꼭 맞는 교재를 찾아보세요.

맞힌 문제 수	점수	이번 학기 진도&심화	다음 학기 예습
109~120	**545~600**	디딤돌 초등수학 **응용** OR 디딤돌 초등수학 **문제유형**	디딤돌 초등수학 **기본**
참 잘 했어요! 개념 이해는 충분해요. 이제는 '응용'이나 '문제유형'으로 개념응용 문제를 풀면서 문제 해결력을 길러 보세요. 그리고 다음 학기에는 한 단계 높은 '기본'으로 예습을 진행하여 실력을 더욱 높여 보세요			
91~108	**455~540**	 디딤돌 초등수학 **기본+응용** OR  디딤돌 초등수학 **기본+유형**	 디딤돌 초등수학 **원리** / **디딤돌 연산**
잘 하고 있어요! 개념을 잘 이해했지만 확실히 내 것으로 만들기 위한 개념 학습이 좀 더 필요해요. '기본+응용'이나 '기본+유형'으로 개념을 확실히 다지면서 문제 해결력을 길러 보세요. 다음 학기에도 '원리'로 예습을 진행하면서 연산 학습을 함께 해 보세요.			
90 이하	**450** 이하	디딤돌 초등수학 **기본** / **디딤돌 연산**	디딤돌 초등수학 **원리**
개념 이해를 위한 노력이 좀 더 필요해요! '기본'으로 다음 교재를 진행하면서 개념을 다시 한 번 이해하는 학습을 진행해요. 연산 학습으로 기본 실력을 함께 다져 보세요. 다음 학기에도 '원리'로 예습을 진행하면서 차근차근 개념을 익혀 보세요.			

※ 난이도가 높은 문제들에서 오답이 발생함을 기준으로 작성한 것입니다.
위 교재들의 난이도와 특징을 참고하셔서 자녀별 오답 유형에 따라 교재를 선택하셔도 무방합니다.

★ 디딤돌 플래너 만나러 가기

디딤돌 초등수학 교재의 용도 및 난이도 안내

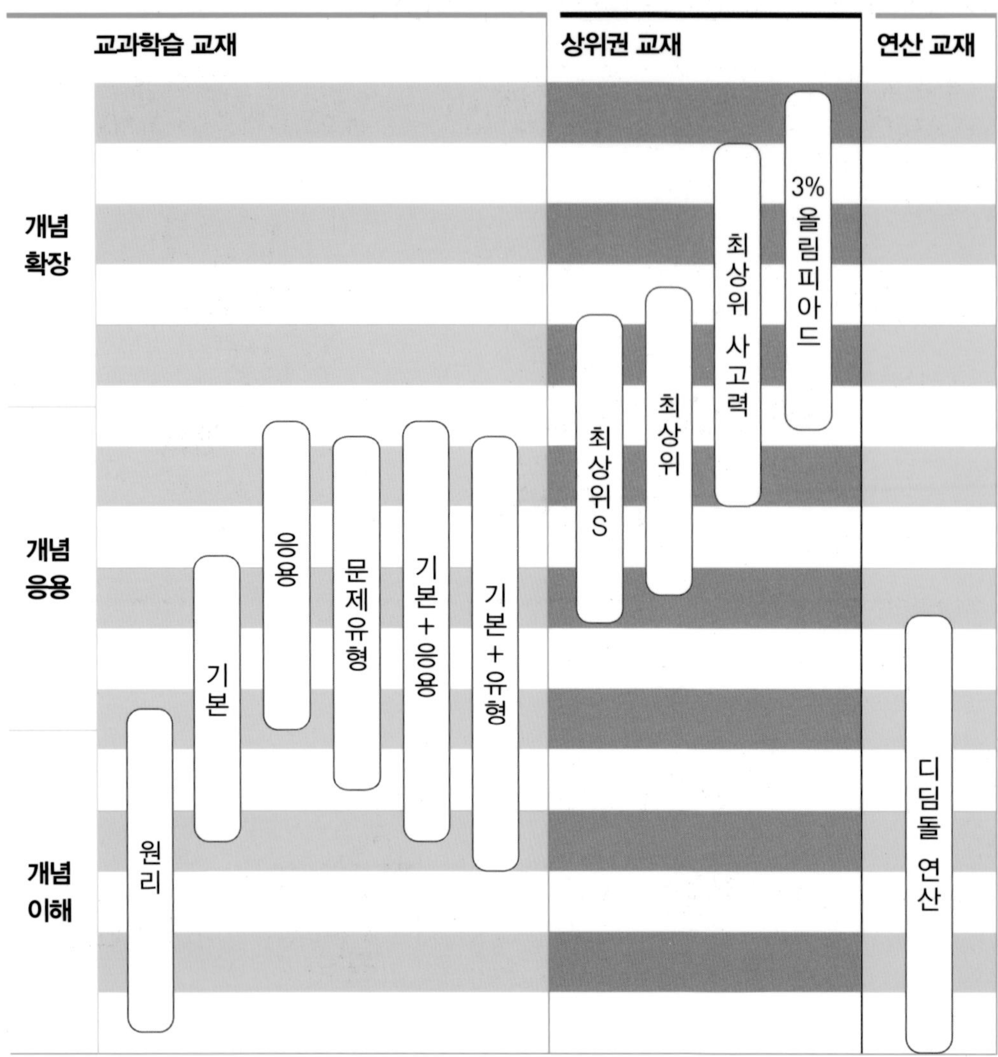

정답과 풀이는 디딤돌 초등 홈페이지(**http://www.didimdol.co.kr**)에서도 확인할 수 있습니다.

정가 14,000원

ISBN 978-89-261-6574-4

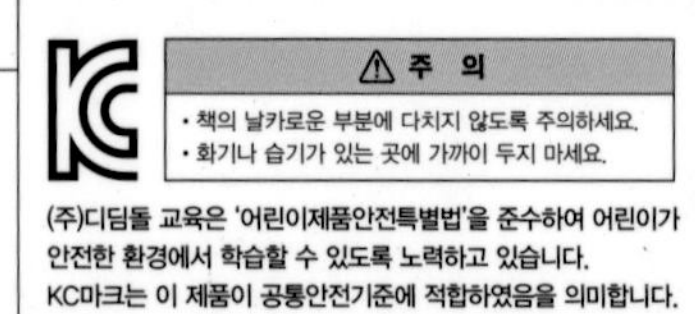

⚠ 주 의

• 책의 날카로운 부분에 다치지 않도록 주의하세요.
• 화기나 습기가 있는 곳에 가까이 두지 마세요.

(주)디딤돌 교육은 '어린이제품안전특별법'을 준수하여 어린이가 안전한 환경에서 학습할 수 있도록 노력하고 있습니다.
KC마크는 이 제품이 공통안전기준에 적합하였음을 의미합니다.